新旧対照・逐条解説

# 宅地造成及び特定盛土等規制法

弁護士 **坂和章平** [著]

発行 民事法研究会

# はしがき

　私は、平成12年7月に『実況中継　まちづくりの法と政策』（日本評論社）を出版し、公益社団法人日本都市計画学会の「石川賞」と公益社団法人日本不動産学会の「実務著作賞」を受賞した。同書は、平成11年11月に愛媛大学法文学部で4日間行った「都市法政策」の集中講義をテープ起こししたうえ、補筆したもので、『実況中継』は、われながら絶妙のネーミングだった。愛媛大学の集中講義はその後も、2年ごとに計4回続いたため、その都度、『実況中継　まちづくりの法と政策PARTⅡ』（日本評論社、平成14年9月）、『実況中継　まちづくりの法と政策PARTⅢ』（日本評論社、平成16年6月）、『実況中継　まちづくりの法と政策PART 4』（文芸社、平成18年9月）として出版した。

　また、卒業生が年1回、90分の授業を担当する、大阪大学法学部の特殊講義（ロイヤリング）は、平成3年から今日まで「まちづくりの法と政策」と題した講義名で30年以上続けて担当している。

　他方、私は昭和59年5月の大阪駅前再開発問題研究会への参加を契機として、「まちづくり法」の研究と実践を弁護士のライフワークにしてきた。そのため、都市計画法を中心とするさまざまな「まちづくり法」に関する出版は、『まちづくり法実務体系』（共著、新日本法規出版、平成8年5月）、『Q&A改正都市計画法のポイント』（共著、新日本法規出版、平成13年6月）、『実務不動産法講義』（民事法研究会、平成17年4月）、『津山再開発奮闘記』（文芸社、平成20年4月）、『早わかり！大災害対策・復興をめぐる法と政策』（民事法研究会、平成27年11月）、『まちづくりの法律がわかる本』（学芸出版社、平成29年6月）等々と続いた。さらに、新日本法規出版の加除式書籍は、『わかりやすい都市計画法の手引』（都市計画法令実務研究会編）をはじめとして、『問答式　土地区画整理の法律実務』（土地区画整理実務研究会編）、『Q&A　災害をめぐる法律と税務』（災害救済法研究会編）に広がったうえ、近時の災害の多発化を受けて、その執筆範囲も広がっている。

　このように、私は都市問題についての情報収集と学習を、しっかり続けて

きた。

　近時の日本列島は毎年のように台風や豪雨、地震等の災害に襲われている。令和4年9月23日から24日にかけて静岡県などに豪雨をもたらした台風15号の被害は記憶に新しい。また、令和3年7月に静岡県熱海市で発生した大規模な土石流被害も悲惨なものだった。その土石流被害を受けて、宅地造成等規制法改正の必要性が模索され、「盛土による災害の防止に関する検討会」の提言を受けて、令和4年3月31日に「宅地造成等規制法の一部を改正する法律」が成立し、4月1日に公布された。

　私はその学習をするべく書籍を探したが、国土交通省のウェブサイトで公表している要綱、法律案・理由、新旧対照条文、参照条文などの資料をまとめたものしか見あたらなかった。

　近時、まちづくり法関連に限らず法律の改正は多い。そのため、解説書の出版が間に合わない状況が常態化し、たとえば、首都直下地震対策特別措置法、南海トラフ地震に係る地震防災対策の推進に関する特別措置法等はもとより、複雑かつ多岐にわたる膨大な「安保法制」についての解説書も少ない。それは、今回の宅地造成等規制法の改正についても同じで、上記の実情だった。「それならば、宅地造成等規制法の今回の改正については私が！」それが、本書執筆の動機である。

　本書の狙いは、何よりも今回の宅地造成等規制法の改正内容を理解してもらうことにある。今回の大改正は、昭和36年に制定され、平成18年に改正された宅地造成等規制法の大改正だが、決して難解なものではない。筋道よく勉強すればすぐに理解できるものである。近時の法律は、第1に基本方針を定め、第2に「○○地区」を指定し、第3に「○○地区」での規制を定める、という構造のものが多い。したがって、その枠組みさえ理解できれば、その法律の理解は容易である。

　昭和36年に制定された宅地造成等規制法は、「宅地造成工事規制区域」の

制度を設け、平成18年改正法は「造成宅地防災地域」の制度を追加した。それに対して、令和4年改正法は、従来の「宅地造成」のみならず、新たに「特定盛土等」と「土石の堆積」を定義して（2条）、それらも規制するとともに、同法の目的も「宅地造成、特定盛土等又は土石の堆積に伴う崖崩れ又は土砂の流出による災害の防止のため必要な規制を行う……」（1条）とした。そして、改正法は、従来の「宅地造成工事規制区域」を「宅地造成等工事規制区域」に改正するとともに、新たに「特定盛土等規制区域」の制度を追加した。他方、「造成宅地防災区域」の制度は基本的に旧法と同様である。さらに、罰則についても、新たに、懲役3年以下、罰金1000万円以下、300万円以下、100万円以下を設け、大幅に強化した。

改正法は規制の範囲を広げたため条文も大幅に増えたが、ポイントさえ理解できれば、今回の大改正の全貌は容易に理解できるはずである。本書をしっかり読みこなしてもらうことを期待したい。

令和4年11月

弁護士　坂 和 章 平

『新旧対照・逐条解説 宅地造成及び特定盛土等規制法』

# 目 次

## 第1部 宅地造成等規制法の成立とその沿革

## 第2部　宅地造成等規制法の抜本的改正と 盛土規制法の成立

## 第3部　新旧対照・逐条解説

## 第4部　盛土規制法の運用と新法への期待

## 資料編

## 第 1 部

# 宅地造成等規制法の成立と
# その沿革

1　近代都市法は昭和43年〜44年に成立したが、宅地造成等規制法は
それに先立つ昭和36年に制定された。宅地造成等規制法は、宅地造成
工事規制区域を定め、同区域内における宅地造成に関する工事につい
ては、都道府県知事の許可を必要とする制度を定めたが、それは、都
市計画法29条の開発許可の制度と考え方を共通にするものであった。

　宅地造成工事規制区域の指定は順次広がり、同法は平成12年施行の
地方分権一括法における改正を経て、平成18年に改正された。その背
景は、平成7年の阪神・淡路大震災、平成16年の新潟県中越地震である。
平成18年改正では、宅地造成工事規制区域において政令で定める技術
的基準が強化されるとともに、宅地造成工事規制区域とは別に造成宅
地防災区域の制度が創設された。平成23年の東日本大震災や平成28年
の熊本地震を受けて、造成宅地防災区域の指定（と解除）も進んでいたが、
令和3年に静岡県熱海市伊豆山地区で発生した土石流災害を受けて、
全国一律に規制する法制度が必要とされ、令和4年改正がなされた。

2　本書は、その令和4年改正の内容を新旧条文を対照して解説する
ものであるが、そのためには当然、昭和36年法と平成18年改正法の理
解が不可欠である。そこで、第1部では宅地造成等規制法の成立とそ
の沿革について解説する。

3　なお、宅地造成等規制法の運用に関しては、昭和36年法については、
平成12年の地方分権一括法の施行に伴って「宅地造成等規制法の施行に
あたっての留意事項について」（平成13年5月24日国総民発第7号）が通
知され（資料編【資料1－①】）、平成18年改正法については、「宅地造成
等規制法等の改正について（技術的助言）」（平成18年9月29日国都開第12号）
が通知されている（資料編【資料1－②】）。これは重要な資料であるため、
便宜上、本書では、随時、前者を「平成13年通知」、後者を「平成18年助言」
と略称する。その理解にあたっては、資料編【資料1－①】【資料1－②】
に付けられている「別紙」および「別添」の各種資料が重要である。

# 第1章 「都市三法」の成立と「近代都市法」たる都市計画法の「開発許可」

　昭和43年〜44年（1968年〜69年）にかけて、都市計画法と建築基準法が大改正されるとともに都市再開発法が制定されたことによって、いわゆる「都市三法」が成立し、「近代都市法」の骨格が確立した。そして、「日本列島改造論」を引っさげて登場した田中角栄首相が主導した目玉政策である「新全国総合開発計画」（新全総）のもと、日本列島全体が開発の嵐に巻き込まれた。

　昭和43年に改正された、「都市計画の母」と呼ばれる都市計画法の近代都市法としての特徴は、次の4点にある。

①　都市における土地の合理的利用を図るため、市街化区域と市街化調整区域を線引きして区分する区域区分の制度を導入したこと。

②　市街化区域については、住居地域・商業地域などの用途地域の指定を中心とした地域地区制を充実させ、土地利用の純化をめざしたこと。

③　都市計画法の用途規制と連動させて、建築基準法によって建ぺい率、容積率、高さ制限等（集団規定）を設け、建物の用途と形態を規制したこと。

④　開発行為を「主として建築物の建築又は特定工作物の建設の用に供する目的で行なう土地の区画形質の変更をいう」と定義したうえで（都市計画法4条12項）、市街化区域、市街化調整区域を問わず、都市計画区域内において、宅地の開発行為を行う場合については、都道府県知事の許可を要するとする開発許可の制度で規制し（都市計画法29条、33条、34条）、また個々の建築行為については、建築確認の制度で規制したこと。

# 第2章　宅地造成等規制法の成立（昭和36年）と その概要・構成

## 1　宅地造成等規制法の成立（昭和36年）

　新全総が全国的に展開される中で、宅地開発が飛躍的に拡大したが、宅地造成等規制法は近代都市三法の成立に先立つ昭和36年に制定された。同法制定の背景は、各地で宅地開発が進められた宅地造成地において集中豪雨等により崖崩れ等の災害が頻発したことである。そのため、同法の目的は「宅地造成に伴いがけくずれ又は土砂の流出を生ずるおそれが著しい市街地又は市街地となろうとする土地の区域内において、宅地造成に関する工事等について災害の防止のため必要な規制を行なうことにより、国民の生命及び財産の保護を図り、もつて公共の福祉に寄与すること」とされた（宅地造成等規制法制定時の1条）。

　そのために同法が創設した骨格となる制度の第1は、宅地造成に伴い崖崩れや土砂の流出による災害が生じるおそれが大きい市街地または市街地になろうとする土地の区画を、都道府県知事が「宅地造成工事規制区域」として指定し（3条）、当該区域内において行われる宅地造成工事を都道府県知事の許可にかからしめる（8条）とともに、宅地所有者等に対して宅地の保全（16条1項）に必要な勧告（同条2項）を行う制度である。これは、近代都市法としての都市計画法29条が定める開発許可の制度と共通する制度である。そして、第2は、宅地造成工事規制区域内において行われる宅地造成に関する工事は、政令（その政令で都道府県の規則に委任した事項に関しては、その規則を含む）で定める技術的基準に従い、擁壁または排水施設の設置その他宅地造成に伴う災害を防止するため必要な措置が講ぜられたものでなければならない、とする「技術的基準を定めたこと」（9条）である。その具体的内容は、宅地造成等規制法施行令と宅地造成等施行規則に委ねられた。これは、都市計画法33条等が市街化区域について、34条が市街化調整区域について、そ

れぞれ開発許可の技術的基準を定めた制度と共通するものである。

## 2 宅地造成等規制法の概要

昭和36年に制定された宅地造成等規制法の概要は〔表１−①〕のとおりである（なお、目的や許可権者等は、平成18年改正後のもので示している）。

## 3 宅地造成等規制法の構成

また、昭和36年に制定された宅地造成等規制法の構成は、〔表１−②〕のとおりである（なお、指定者等は平成18年改正後のもので示している）。

〔表１−①〕 宅地造成等規制法の概要

| 目的（法１条） | 宅地造成に伴う崖崩れ又は土砂の流出による災害の防止のため必要な規制を行うことにより、国民の生命及び財産の保護を図り、もって公共の福祉に寄与することを目的とする。 |
|---|---|
| 宅地造成工事規制区域の指定（法３条） | ① 指定者　都道府県知事、政令指定市・中核市・特例市の長等<br>② 指定要件　宅地造成に伴い災害が生ずるおそれが大きい市街地または市街地となろうとする土地の区域であって、宅地造成に関する工事について規制を行う必要があるもの |
| 宅地造成に関する工事の許可（法８条） | ① 申請者　造成主（宅地造成工事の請負契約の注文者、または自ら工事をするもの）<br>② 許可者　都道府県知事、政令指定市・中核市・特例市の長等<br>③ 対象となる工事　宅地造成工事規制区域内において行われる宅地造成で、一定規模以上のもの。<br>　ⓐ 切土で高さが２mを超えるがけを生ずるもの<br>　ⓑ 盛土で高さが１mを超えるがけを生ずるもの<br>　ⓒ 切土と盛土を同時に行って２mを超えるがけを生ずるもの<br>　ⓓ 切土または盛土をする土地が500㎡を超えるもの |
| 宅地造成に関する工事の技 | 宅地造成工事規制区域内において行われる宅地造成に関する工事は、擁壁、排水施設の設置その他宅地造成に伴う災害を防止す |

| 術的基準（法9条） | るため必要な措置が講ぜられたものでなければならない。 |
|---|---|
| 宅地の保全<br>（法16条1項） | 　宅地造成工事規制区域内の宅地の所有者、管理者、占有者は、災害が生じないよう、宅地を常時安全な状態に維持するように努めなければならない。 |
| 災害防止のための勧告（法16条2項） | 　都道府県知事等は、災害の防止のため必要があると認める場合において、宅地の所有者、管理者、占有者、造成主または工事施行者に対し、擁壁等の設置または改造その他宅地造成に伴う災害の防止のため必要な措置をとることを勧告することができる。 |

（出典：国土交通省ウェブサイト）

〔表1－②〕　宅地造成等規制法の構成

| 宅地造成工事規制区域の指定（法3条） | ①　指定者　　都道府県知事、政令指定市・中核市・特例市の長等<br>②　指定要件　　宅地造成に伴い災害が生ずるおそれが大きい市街地または市街地となろうとする土地の区域であって、宅地造成に関する工事について規制を行う必要があるもの |
|---|---|
| 測量または調査のための土地の立入り（法4条） | ①　内容　　宅地造成工事規制区域の指定のため他人の占有する土地に立ち入って測量または調査を行う必要がある場合においては、その必要の限度において、他人の占有する土地に立ち入ることができる<br>②　実施者　　都道府県知事、政令指定市・中核市・特例市の長またはその命じた者・委任した者 |
| 宅地造成に関する工事の許可（法8条） | ①　制限の内容　　宅地造成工事規制区域内において行われる切土、盛土など一定の行為は、許可が必要<br>　ⓐ　切土で高さが2mを超えるがけを生ずるもの<br>　ⓑ　盛土で高さが1mを超えるがけを生ずるもの<br>　ⓒ　切土と盛土を同時に行って2mを超えるがけを生ずるもの<br>　ⓓ　切土または盛土をする土地が500㎡を超えるもの<br>②　申請者　　造成主（宅地造成請負契約の注文者等）<br>③　許可者　　都道府県知事、政令指定市・中核市・特例市の長等 |
| 宅地造成に関 | 宅地造成工事規制区域内において行われる宅地造成に関する工 |

| | |
|---|---|
| する工事の技術的基準（法9条） | 事は、擁壁、排水施設の設置その他宅地造成に伴う災害を防止するため必要な措置が講ぜられたものでなければならない。 |
| 監督処分（法14条） | 監督処分者：都道府県知事、政令指定市・中核市・特例市の長<br>【工事施工中：2項】<br>①　内容　　ⓐ　工事施工の停止命令<br>　　　　　　ⓑ　災害防止措置命令<br>②　要件　　ⓐ　無許可<br>　　　　　　ⓑ　技術基準不適合<br>③　対象者　　造成主、請負人、現場管理者<br>【工事施工中：3項】<br>①　内容　　ⓐ　宅地の使用禁止・制限<br>　　　　　　ⓑ　災害防止措置命令<br>②　要件　　ⓐ　無許可<br>　　　　　　ⓑ　完了検査不受<br>　　　　　　ⓒ　技術基準不適合<br>③　対象者　　宅地の所有者・管理者・占有者・造成主 |
| 宅地の保全（法16条1項） | ①　内容　　災害が生じないよう、宅地を常時安全な状態に維持するように努めなければならない<br>②　努力義務者　　宅地の所有者・管理者・占有者 |
| 勧告（法16条2項） | ①　内容　　宅地造成に伴う災害の防止のため必要があると認める場合において擁壁等の設置または改造その他災害の防止のため必要な措置をとることを勧告することができる<br>②　勧告者　　都道府県知事、政令指定市・中核市・特例市の長<br>③　対象者　　宅地の所有者・管理者・占有者・造成主・工事施行者 |
| 改善命令（法17条） | ①　内容　　災害の防止のために必要であり、かつ、土地の利用状況等からみて相当であると認められる限度において、擁壁等の設置・改造、地形・盛土の改良のための工事を行うことを命ずることができる<br>②　命令者　　都道府県知事、政令指定市・中核市・特例市の長<br>③　対象者　　宅地・擁壁等の所有者・管理者・占有者 |

（出典：国土交通省ウェブサイト）

# 第3章　宅地造成等規制法（昭和36年）の運用

## 1　宅地造成規制区域の指定状況

　昭和36年の宅地造成等規制法の制定によって、宅地造成工事規制区域は次々と指定された。国土交通省のウェブサイトによれば、令和3年4月1日現在、資料編【資料1－③】のとおりである。その指定は全国各地に及んでおり、総面積1,024,140ha（16都道府県、15政令指定都市、37中核市、5施行時特例市、75事務処理市町村）である。

## 2　宅地造成規制区域に関する施行状況（8条、11条〜17条）

　国土交通省都市局都市安全課都市防災対策企画室の「宅地造成等規制法施行状況調査結果（調査対象：令和2年度）」によれば、宅地造成工事規制区域に関する施行状況、すなわち、8条、11条〜17条の規定に基づく各種の処理は、資料編【資料1－④】のとおりまとめられている。

## 3　地方分権一括法の施行（平成12年）に伴う一部改正

　平成12年4月1日付けで「地方分権の推進を図るための関係法律の整備等に関する法律」（地方分権一括法。平成11年法律第87号）が施行された。
　それに伴って宅地造成等規制法は、次のとおり所要の一部改正がされた。

---

（宅地造成等規制法の一部改正）
第427条　宅地造成等規制法（昭和36年法律第191号）の一部を次のように改正する。
　　第3条第1項中「の区域内」を「、同法第252条の22第1項の中核市（以下「中核市」という。）又は同法第252条の26の3第1項の特例市（以下「特例市」という。）の区域内」に、「指定都市の長。以下この条、次条及び第5条第3項において同じ」を「それぞれ指定都市、中核市又は特例市の長。第20条を

8

除き、以下同じ」に改める。
　第5条第1項中「（指定都市又は地方自治法第252条の22第1項の中核市（以下「中核市」という。）の区域内の土地については、それぞれ指定都市又は中核市の長。第3項及び第20条を除き、以下同じ。）」を削る。
　第7条第1項中「（指定都市」の下に「、中核市又は特例市」を加え、「、指定都市」を「、それぞれ指定都市、中核市又は特例市」に改める。
　第11条中「又は中核市」を「、中核市又は特例市」に改める。
　第19条を次のように改める。
　　第19条　削除

## 4　「宅地造成等規制法の施行にあたっての留意事項について」（平成13年5月24日国総民発第7号）の通知

　平成12年の地方分権一括法の施行によって、宅地造成等規制法に基づく許可等の事務は機関委任事務から自治事務に移行した。これに伴い、宅地造成等規制法の施行に関して発出していた各種通達はその効力を失った。そこで、国土交通省総合政策局民間宅地指導室長は、平成13年5月24日付けで都道府県・政令指定都市・中核市・特例市宅地防災行政担当部長あてに、「宅地造成等規制法の施行にあたっての留意事項について」（国総民発第7号）を通知した（資料編【資料1－①】。以下、本書では、便宜上、随時「平成13年通知」と略称する）。
　この「平成13年通知」は、宅地造成等規制法の運用にあたって、次の5点が重要である。
　①　「別紙一」として、効力を失った通達22本を列記したこと。
　②　「別紙二」として、「宅地造成等規制法の施行にあたっての留意事項について」をまとめたこと。
　③　「別紙二」の「第1　総括的事項」では、「(2)　適正な区域指定の促進等」の中で、「別添一」として「宅地造成等規制法に基づく宅地造成工事規制区域指定要領」を掲げ、「これを参考とする」、としたこと。

9

④　「別紙二」の「第2　宅地造成に関する工事等の許可について」の中に、「別添二」として「宅地防災マニュアル」を、さらに「別添三」として「宅地開発に伴い設置される浸透施設等設置技術指針」を掲げ、「これらを参考にする」、としたこと。

⑤　「別紙二」の「第5　監督処分等について」の中に、「別添四」として「宅地擁壁の復旧技術マニュアル」を掲げ、「これを参考とする」、としたこと。

以上のとおり、この「平成13年通知」は実務上極めて重要なものであり、昭和36年制定の宅地造成等規制法は、平成12年に施行された地方分権一括法に伴う改正以降、この「平成13年通知」を参考にして（沿って）運用されてきた。

# 第4章　宅地造成等規制法の平成18年改正

## 1　平成18年改正の背景と経緯

　平成7年の阪神・淡路大震災、平成16年の新潟県中越地震において多く
の地盤災害が生じたことによって、大規模な地震時に崩落の危険性がある盛
土造成地が全国に多数あることが明らかになり、各地の盛土造成地の安全性
確保の必要性が強く認識された。とりわけ、近い将来の到来が予測されてい
る、首都直下地震や南海トラフ地震等の大規模地震が現実のものになれば、
多くの盛土の崩落等により多数の人的被害や住宅・公共施設等の被害が発生
することが確実だと予測された。また、昭和40年代から50年代にかけて高
度経済成長の波に乗って大量供給された宅地は、造成から30年を経て、設
置された擁壁等の老朽化が見受けられ、修復を要するものが確実に増えてい
た。

　昭和36年に制定された宅地造成等規制法の根幹的制度である宅地造成工
事規制区域は、「宅地造成に伴い災害が生ずるおそれが大きい市街地又は市
街地となろうとする土地の区域」と定義されていたため、個々の宅地や盛土
でなく、脆弱な地盤等を抱える既成市街地の区域などが広域に指定され、将
来の造成工事も含めて、長期にわたって規制することが想定されてきた。ち
なみに、その点について、宅地造成等規制法令研究会編『改正　宅地造成等
規制法の解説』（ぎょうせい、平成19年）では、「昭和36年に本法制定の契機と
なった豪雨災害が発生した横浜市では、丘陵地を中心に市域の約2／3の区
域が指定されているほか、シラス台地を抱える鹿児島市、丘陵地の多い広島
市、神戸市などで広域に指定されている。宅地造成工事規制区域は、全国で
約1万㎢であり、国土全体の約2.7%である」とされている（同書25頁）。令和
3年4月1日現在の宅地造成等規制区域の指定面積は、全国で102万4140ha
である。

　このような社会状況のもと、国土交通省は、平成17年 5 月に有識者から
なる「総合的な宅地防災対策に関する検討会」を設置して宅地造成等規制法
の改正に着手し、平成18年 1 月25日に「総合的な宅地防災対策に関する検討
会報告」が発表された。この報告を受けて、同年 1 月31日に「宅地造成等規
制法等の一部を改正する法律」案が閣議決定され、平成18年の第164回国会
で審議され、 3 月31日に可決、成立し、 4 月 1 日に公布され、 9 月30日に
施行された（以下、「平成18年改正法」という）。

　また、宅地造成に係る耐震性を確保するための技術的基準を法令上明確に
した「宅地造成等規制法施行令及び都市計画法施行令の一部を改正する政令」
が、11月29日に公布され、平成19年 4 月 1 日に施行された。

## 2　平成18年改正のポイント①──政令による技術的基準の強化

　宅地造成等規制法の平成18年改正のポイントは 2 つある。その第 1 は、
宅地造成工事規制区域内で行われる宅地造成に関する耐震性を確保するため
の技術的基準を政令で明確にしたことである。すなわち、「宅地造成工事規
制区域内において行われる宅地造成に関する工事は、政令（その政令で都道
府県の規則に委任した事項に関しては、その規則を含む。）で定める技術的基準
に従い、擁壁、排水施設その他の政令で定める施設（以下「擁壁等」という。）
の設置その他宅地造成に伴う災害を防止するため必要な措置が講ぜられたも
のでなければならない」と定めた平成18年改正法 9 条 1 項に基づく政令たる
宅地造成等規制法施行令は次のとおり定めた（これらの条文はすべて第 3 部に
掲載）。

---

政令 4 条（擁壁、排水施設その他の施設）

政令 5 条（地盤について講ずる措置に関する技術的基準）

政令 6 条（擁壁の設置に関する技術的基準）

政令 7 条（鉄筋コンクリート造等の擁壁の構造）

政令 8 条（練積み造の擁壁の構造）

---

政令9条（設置しなければならない擁壁についての建築基準法施行令の準用）

政令10条（擁壁の水抜穴）

政令12条（崖面について講ずる措置に関する技術的基準）

政令13条（排水施設の設置に関する技術的基準）

政令14条（特殊の材料又は構法による擁壁）

政令15条（規則への委任）

　これらの許可の基準がどのように定められ、どのように運用されるかは、宅地造成等規制法の肝の部分であるが、平成18年改正法とそれに基づく政令では、耐震性を確保するための基準等が追加された。

## 3　宅地造成等規制法の技術的基準強化と都市計画法の開発許可との連動

　都市計画法の近代都市法としての４つの特徴の１つとして開発許可の制度をあげたとおり、都市計画法は市街化区域、市街化調整区域を問わず、都市計画区域内における宅地造成工事には都道府県知事の開発許可を必要とした（都市計画法29条、33条、34条）。他方、昭和36年の宅地造成等規制法は、宅地造成工事規制区域を定め、同区域内での工事については都道府県知事（昭和36年制定時は建設大臣）の許可を必要とし、平成18年改正法でもそれを承継した。宅地造成等規制法８条に基づく宅地造成に関する工事の許可と都市計画法29条に基づく開発許可の関係については、８条１項が「宅地造成工事規制区域内において行われる宅地造成に関する工事については、造成主は、当該工事に着手する前に、国土交通省令で定めるところにより、都道府県知事の許可を受けなければならない。ただし、都市計画法（昭和43年法律第100号）第29条第１項又は第２項の許可を受けて行われる当該許可の内容（同法第35条の２第５項の規定によりその内容とみなされるものを含む。）に適合した宅地造成に関する工事については、この限りでない」と定めていた。

　宅地造成等規制法8条の許可と都市計画法の開発許可は、このように連動されていたところ、平成18年改正法によって技術的基準が強化されたことを受けて、都市計画法の開発許可の基準についても次のとおり改正された（都市計画法33条7号）。

| 平成18年改正後の都市計画法33条7号 | 平成18年改正前の都市計画法33条7号 |
|---|---|
| 七　地盤の沈下、崖崩れ、出水その他による災害を防止するため、開発区域内の土地について、地盤の改良、擁壁又は排水施設の設置その他安全上必要な措置が講ぜられるように設計が定められていること。この場合において、開発区域内の土地の全部又は一部が宅地造成等規制法（昭和36年法律第191号）第3条第1項の宅地造成工事規制区域内の土地であるときは、当該土地における開発行為に関する工事の計画が、同法第9条の規定に適合していること。 | 七　開発区域内の土地が、地盤の軟弱な土地、がけ崩れ又は出水のおそれが多い土地その他これらに類する土地であるときは、地盤改良、擁壁の設置等安全上必要な措置が講ぜられるように設計が定められていること。 |

　すなわち、地盤災害に係る開発許可の基準としては、これまで、造成により生じた「がけ」ののり面に擁壁を設置すること、軟弱地盤の上に開発をする場合は、地盤改良等の措置を講じること等が基準とされているのみであったが、平成18年改正によって、宅地造成工事規制区域内の宅地造成工事に係る技術的基準に、耐震性を確保するための技術的基準が追加されたことに伴って、開発許可の基準についても見直しがされ、開発許可を要するすべての開発行為について、地盤災害を防止するための措置を講ずべきことが技術的基準に追加されたのである。

　以上の技術的基準の改正についての宅地造成等規制法の構成は、〈図1－①〉のとおりである。

## 4　平成18年改正のポイント②──造成宅地防災区域の創設

　改正のポイントの第2は、宅地造成工事規制区域を指定し（3条）、同区域内における宅地造成工事を都道府県知事の許可に係らしめる（4条～7条）と

〈図１－①〉　宅地造成等規制法における技術的基準の改正（平成18年改正）

宅地造成工事許可および開発許可（都市計画法）の基準として、以下の２点を追加

必要な地下水排除工の設置
（施行令13条２号～４号）

切土または盛土をする場合において、地下水により崖崩れまたは土砂の流出が生じるおそれがあるときは、その地下水を排除することができるように、排水施設を設置する。

締め固めに係る工法の明確化
（施行令５条３号）

概ね30cm以下の厚さの層に分けて土を盛り、かつ、その層の土を盛るごとに、これをローラーその他これに類する建設機械を用いて締め固める。

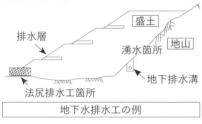

地下水排水工の例

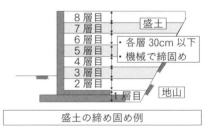

盛土の締め固め例

（出典：国土交通省ウェブサイト）

いう従来の制度とは別に、「宅地造成に伴う災害で相当数の居住者その他の者に危害を生ずるものの発生のおそれが大きい一団の造成宅地（これに附帯する道路その他の土地を含み、宅地造成工事規制区域内の土地を除く。）の区域であつて政令で定める基準に該当するもの」を「造成宅地防災区域」として指定し（20条）、同区域内での災害の防止のための措置等を定めたことである（21条、22条）。

　造成宅地防災区域の指定は、宅地造成工事規制区域の指定と同様、都道府県知事または政令市、中核市、特例市の長が行う。

　政令で定める「造成宅地防災区域」指定の基準は、①盛土の安定計算により、地震力および盛土の自重による滑り出す力がその滑り面に対する最大摩擦抵抗力その他の抵抗力を上回ることが確認された一定の一団の造成宅地の区域、②地盤の滑動、擁壁の沈下、崖の崩落等の現象が生じていることから、災害発生のおそれが切迫していることが確認される一団の造成宅地の区域、である（宅地造成等規制法施行令19条）。

　造成宅地防災区域の指定についての、平成18年改正法の構成は、〈図1 －②〉のとおりである。

〈図1 －②〉　宅地造成等規制法の構成（平成18年改正）

> **造成宅地防災区域の指定（法20条）**

① 　指定者　　都道府県知事、政令指定市・中核市・特例市の長
② 　指定要件　　宅地造成に伴う災害で相当数の居住者その他の者に危害を生ずるものの発生のおそれが大きい一団の造成宅地の区域であって政令で定める基準に該当するもの（宅地造成工事規制区域内の土地を除く）

（注）「造成宅地」とは宅地造成に関する工事が施行された宅地をいう

---

**政令で定める指定の基準（令19条）**

① 　下のいずれかに該当する一団の造成宅地の区域であって、安定計算によって、地震力およびその盛土の自重による当該盛土の滑り出す力がその滑り面に対する最大摩擦抵抗力その他の抵抗力を上回ることが確かめられたもの
② 　切土または盛土をした後の地盤の滑動、宅地造成に関する工事により設置された擁壁の沈下、切土または盛土をした土地の部分に生じた崖の崩落その他これらに類する事象が生じている一団の造成宅地の区域

谷埋め型

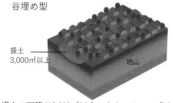

盛土
3,000㎡以上

盛土の面積が3,000㎡以上であり、かつ、盛土をしたことにより地下水位が盛土をする前の地盤面の高さを超え、盛土の内部に浸入している宅地

腹付け型

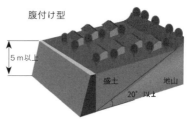

5 m以上

盛土　　　地山
20°以上

盛土をする前の地山の傾斜が20°以上の急な斜面で、高さ5 m以上の盛土を行った宅地

---

| 災害の防止のための措置（法21条1項） | 勧告（法21条2項） | 改善命令（法22条） |
|---|---|---|
| ① 　内容　　災害が生じないよう、擁壁等の設置または改造その他必要な措置を講ずるように努めなければならない<br>② 　努力義務者　　宅地の所有者・管理者・占有者 | ① 　内容　　宅地造成に伴う災害の防止のため必要があると認める場合において、擁壁等の設置または改造その他災害の防止のため必要な措置をとることを勧告することができる<br>② 　勧告者　　都道府県知事・政令指定市・中核市・特例市の長<br>③ 　対象者　　宅地の所有者・管理者・占有者 | ① 　内容　　災害の防止のため必要であり、かつ、土地の利用状況等からみて相当であると認められる限度において、擁壁等の設置・改造・地形・盛土の改良のための工事を行うことを命ずることができる<br>② 　命令者　　都道府県知事・政令指定市・中核市・特例市の長<br>③ 　対象者　　宅地・擁壁等の所有者・管理者・占有者 |

（出典：国土交通省ウェブサイト）

# 第5章　平成18年改正法の運用

## 1 「宅地造成等規制法等の改正について（技術的助言）」（平成18年9月29日・国都開第12号）の通知

　4月1日に公布された宅地造成等規制法の平成18年改正とともに、宅地造成等規制法施行令（平成18年改正政令・平成18年政令第310号）および宅地造成等規制法施行規則（平成18年改正省令・平成18年国土交通省令第90号）が平成18年9月30日に施行されたことに伴い、国土交通省都市・地域整備局長は、平成18年9月29日付けで都道府県、政令市、中核市、特例市宅地防災行政担当部長あてに、「以下の点に留意の上、適切な運用をお願いいたします」とする「宅地造成等規制法等の改正について（技術的助言）」（国都開第12号）を通知した（資料編【資料1－②】。以下、本書では、便宜上、随時「平成18年助言」と略称する）。

　この「平成18年助言」は、「また、今般、『宅地造成等規制法の施行にあたっての留意事項について（平成13年5月24日国総民発第7号）（別紙2）』に関して、別紙のとおり、所要の改正を行ったので、参考としていただきますようお願いいたします」とした。つまり、「平成18年助言」は、いわば第3章4で述べた「平成13年通知」（資料編【資料1－①】）の改正版である。

　この「平成18年助言」は、「平成13年通知」と同じく、宅地造成等規制法の運用にあたって、次の6点が重要である。

① 「平成18年助言」は、「『宅地造成等規制法等の一部を改正する法律』（平成18年法律第30号。以下『改正法』という。）については、本年4月1日に公布され、『宅地造成等規制法等の一部を改正する法律の施行に伴う関係政令の整備に関する政令』（平成18年政令第310号）及び『宅地造成等規制法施行規則等の一部を改正する省令』（平成18年国土交通省令第90号）とともに本年9月30日より施行されることとなりますが、これらの施

行に当たっては、以下の点に留意の上、適切な運用をお願いいたします」
としたこと。

② 「平成18年助言」は、「平成13年通知」の（別紙2）の「宅地造成等規制
法の施行にあたっての留意事項について」に関して、「別紙のとおり、所
要の改正を行ったので、参考としていただきますようお願いいたします」
としたこと。

③ 「平成18年助言」は、（別紙）「宅地造成等規制法の施行にあたっての留
意事項について（下線部分は改正部分）」の「第2　宅地造成工事規制区域
の指定等」の中で、（別添1）として「宅地造成等規制法に基づく宅地造
成工事規制区域指定要領」を掲げ、「参考にする」、としたこと。

④ 「平成18年助言」は、（別紙）「宅地造成等規制法の施行にあたっての留
意事項について（下線部分は改正部分）」の「第3　宅地造成に関する工事
等の許可について」の中で、（別添2）として「宅地防災マニュアル」、（別
添3）として「宅地開発に伴い設置される浸透施設等設置技術指針」を
掲げ、「参考にする」、としたこと。

⑤ 「平成18年助言」は、（別紙）「宅地造成等規制法の施行にあたっての留
意事項について（下線部分は改正部分）」の「第7　造成宅地防災区域の指
定等」の中で、（別添5）として「大規模盛土造成地の変動予測調査ガイ
ドライン」を、（別添6）として「宅地造成等規制法に基づく造成宅地防
災区域指定要領」を掲げ、「参考にする」、としたこと。

⑥ 「平成18年助言」は、（参考）として、「『宅地造成等規制法の施行にあたっ
ての留意事項について』新旧対照表」を掲げたこと。

　以上のとおり、この「平成18年助言」は実務上極めて重要なものであり、
平成18年改正法は、この「平成18年助言」を参考にして（沿って）運用されて
きた。

## 2 造成宅地防災区域の指定（と解除）の状況

### ⑴ 政令で定める基準（宅地造成等規制法施行令19条）

　政令（宅地造成等規制法施行令）と省令（宅地造成等規制法施行規則）は、宅地造成等規制法の平成18年改正と同じく、平成18年9月30日に施行された。第3部の新旧対照条文の中で、旧法に関連する政令は掲げるが、造成宅地防災区域指定の要件を定める政令19条は重要であるため、下記にも掲げておく。

---

【宅地造成等規制法施行令】

第19条　法第20条第1項の政令で定める基準は、次の各号のいずれかに該当する一団の造成宅地（これに附帯する道路その他の土地を含み、宅地造成工事規制区域内の土地を除く。以下この条において同じ。）の区域であることとする。

　一　次のいずれかに該当する一団の造成宅地の区域（盛土をした土地の区域に限る。次項第3号において同じ。）であつて、安定計算によつて、地震力及びその盛土の自重による当該盛土の滑り出す力がその滑り面に対する最大摩擦抵抗力その他の抵抗力を上回ることが確かめられたもの

　　イ　盛土をした土地の面積が3000平方メートル以上であり、かつ、盛土をしたことにより、当該盛土をした土地の地下水位が盛土をする前の地盤面の高さを超え、盛土の内部に浸入しているもの

　　ロ　盛土をする前の地盤面が水平面に対し20度以上の角度をなし、かつ、盛土の高さが5メートル以上であるもの

　二　切土又は盛土をした後の地盤の滑動、宅地造成に関する工事により設置された擁壁の沈下、切土又は盛土をした土地の部分に生じた崖の崩落その他これらに類する事象が生じている一団の造成宅地の区域

2　前項第1号の計算に必要な数値は、次に定めるところによらなければならない。

　一　地震力については、当該盛土の自重に、水平震度として0.25に建築基準法施行令第88条第1項に規定するZの数値を乗じて得た数値を乗じて得た数値

　二　自重については、実況に応じて計算された数値。ただし、盛土の土質

---

に応じ別表第2の単位体積重量を用いて計算された数値を用いることができる。

　三　盛土の滑り面に対する最大摩擦抵抗力その他の抵抗力については、イ又はロに掲げる一団の造成宅地の区域の区分に応じ、当該イ又はロに定める滑り面に対する抵抗力であつて、実況に応じて計算された数値。ただし、盛土の土質に応じ別表第三の摩擦係数を用いて計算された数値を用いることができる。

　　イ　前項第1号イに該当する一団の造成宅地の区域　その盛土の形状及び土質から想定される滑り面であつて、複数の円弧又は直線によつて構成されるもの

　　ロ　前項第1号ロに該当する一団の造成宅地の区域　その盛土の形状及び土質から想定される滑り面であつて、単一の円弧によつて構成されるもの

(2)　指定要領（「平成18年助言」の（別添5）および（別添6））

　造成宅地防災区域は、「平成18年助言」の（別紙）「宅地造成等規制法の施行にあたっての留意事項について（下線部分は改正部分）」の「第7　造成宅地防災区域の指定等」の中に掲げられた、（別添5）「大規模盛土造成地の変動予測調査ガイドライン」と、（別添6）「宅地造成等規制法に基づく造成宅地防災区域指定要領」を参考に指定されてきた。

(3)　造成宅地防災区域の指定状況

　造成宅地防災区域の指定状況は、令和3年4月1日現在、資料編【資料1－⑤】のとおりである。

(4)　造成宅地防災区域の指定および解除状況

　造成宅地防災区域の指定および解除状況は、令和3年4月1日現在、資料編【資料1－⑥】のとおりである。

(5)　造成宅地防災区域の指定と解除の実情

　造成宅地防災区域の指定要件は宅地造成規制区域外で3000㎡以上の盛土等とされているため、広範囲で宅地造成規制区域が指定されている都市部ではその要件を満たすケースは比較的少ない。すなわち、造成宅地防災区域と

して指定される対象は、宅地造成工事規制区域の指定がなされていない、すでに造成された一団の宅地であって、地震等による崩壊等による災害で、相当数の居住者等に被害が発生するおそれが大きい区域である。そのため、資料編【資料1-⑥】のとおり、平成23年3月11日に発生した東日本大震災に伴って、岩手県一関市、宮城県、福島県、茨城県、栃木県、等で合計37区域が指定された。また、熊本県で、平成28年4月14日に発生した平成28年熊本地震やその後の熊本地震に伴って、356区域で指定された。

　他方、造成宅地防災区域は、（旧）法20条2項が定めるとおり、「擁壁等の設置又は改造その他前項の災害の防止のため必要な措置を講ずることにより、造成宅地防災区域の全部又は一部について同項の指定の事由がなくなったと認めるとき」は「指定を解除する」とされている。そのため、宅地造成者等により、地下水排除工、地滑り抑止ぐいおよびグラウンドアンカー工その他の土留の設置等、適切な防災工事が実施され、造成宅地の安全性が確保されたと認められる場合には解除すべきことになる。したがって、平成23年の東日本大震災に伴って造成宅地防災区域として指定された、上記の岩手県一関市等で指定されていた37の造成宅地防災区域は、【資料1-⑥】のとおり指定後数年ですべて解除されている。同じように、平成28年熊本地震やその後の熊本地震に伴って指定された熊本県の356の造成宅地防災区域も【資料1-⑥】のとおり、その後数年ですべて解除されている。

　その後も熊本県では、次々と造成宅地防災区域の指定がなされ、令和3年4月1日現在、指定されている（解除されていない）区域が【資料1-⑤】のとおり153ある。また、北海道では、【資料1-⑤】のとおり、平成30年の北海道胆振東部地震に伴って北海道安平町（追分柏が丘地区）が造成宅地防災区域に指定され、解除されていない。

# 第 6 章　宅地造成等規制法の令和 4 年改正

　令和 3 年 7 月に発生した静岡県熱海市伊豆山地区の土石流災害を契機として、「盛土による災害の防止に関する検討会」が発足し、「盛土による災害の防止に関する検討会　提言」が公表された。それを受けて、宅地造成等規制法の令和 4 年改正に至った。それについては、「第 2 部　宅地造成等規制法の抜本的改正と盛土規制法の成立の背景」で解説する。

第2部

# 宅地造成等規制法の抜本的改正と盛土規制法の成立

# 第1章　熱海市での土砂災害の発生と検討会の発足、検討会の提言

## 1　令和3年（2021年）7月の静岡県熱海市伊豆山地区での土砂災害の発生

　令和3年（2021年）6月末から梅雨前線が北上し、7月1日から3日にかけて西日本から東日本に停滞した。そして、前線に向かって暖かく湿った空気が次々と流れ込み、大気の状態が非常に不安定となったため、東海地方から関東地方南部を中心に記録的な大雨となった。そのため、数日間にわたって断続的に雨が降り続き、静岡県の複数の地点で72時間降水量の観測史上1位の値を更新するなど、記録的な大雨になった。

　7月2日6時29分に気象庁（静岡地方気象台）が熱海市全域に警戒レベル3に相当する「大雨警報」を発令したことを受けて、熱海市は、同日10時00分に警戒レベル3の「高齢者等避難」を発令した。そして、同日12時30分には、静岡県と気象庁（静岡地方気象台）が熱海市について警戒レベル4に相当する「土砂災害警戒情報」を発表したが、熱海市は「雨は弱まる」との予報が出ていたため、警戒レベル4の「避難指示」は発令しなかった。そのような中、7月3日の10時30分頃熱海市伊豆山地区で土石流が発生したため、熱海市は11時5分に警戒レベル5の「緊急安全確保」を発令した。

　市町村は、災害の危険性を示す5段階の「警戒レベル」を用いて住民に避難情報を発令するが、この避難情報については令和3年5月に見直しがなされ、警戒レベル4に位置づけられていた「避難勧告」と「避難指示」のうち、「避難勧告」は廃止され、「避難指示」に一本化された。これは、効果的な避難のタイミングを住民に伝えるについて、避難勧告と避難指示の違いがわかりにくいという指摘が多かったためだった。また、警戒レベル5の「災害発生情報」は「緊急安全確保」に変更され、直ちに安全な場所で命を守る行動をとるよ

うにとの呼びかけが行われることになった。

　熱海市伊豆山地区の土石流は、この避難情報の見直し後に発生したが、「避難指示」が発令されないまま災害が発生し、甚大な被害が発生したため、弱い雨が降り続いた場合における避難情報の発表の難しさが浮き彫りになった。

　熱海市伊豆山地区において発生した土石流は、逢初川の源頭部（海岸から約2km上流、標高約390m地点）から逢初川に沿って流下した。この土石流によって被災した範囲は延長約1km、最大幅約120mにわたり、多くの人的・物的被害が発生した。消防庁報告によると、令和4年（2022年）2月14日現在の人的被害は、死者27名（災害関連死1名を含む）、行方不明者1名、負傷者3名、住宅被害は、全壊53棟、半壊11棟、一部破損34棟とされている。

## 2 「盛土による災害の防止に関する検討会」の発足

　熱海市伊豆山地区土砂災害では、盛土の崩落が被害の甚大化につながったため、国土交通省は、この土石流災害を受けて、全国の盛土の総点検を始めた。また、熱海市伊豆山地区土砂災害を教訓として、盛土による災害の防止に向けて、盛土の総点検等を踏まえた対応方策等について検討をすることを目的として、令和3年9月30日に「盛土による災害の防止に関する検討会」（座長：中井検裕東京工業大学環境・社会理工学院教授）が設置された。

## 3 「盛土による災害の防止に関する検討会」の提言の公表

　「盛土による災害の防止に関する検討会」は各分野の専門的な見地から、令和3年12月20日までに4回開催された。そして、それまでの議論や政府において整理された盛土の総点検に関する状況を踏まえて、①盛土の総点検と関連する法制度の状況、②危険な盛土箇所に関する対策、③危険な盛土等の発生を防止するための仕組み、について、「盛土による災害の防止に関する検討会　提言」（以下、「提言」という）が取りまとめられ、同年12月24日に公表された。

　同提言の「はじめに」は以下のとおりであるが、そこでは「盛土による災

害の防止に向けては、各々の地方公共団体の自治事務による対応が不十分なものとならないよう、広域的な対応の観点から、国による関与が不可欠である。このため、今後は、この提言をもとに、政府において早急に、盛土による災害の防止に向けた対応を決定すること」等を求めている（提言1頁）。

---

はじめに
- 　令和3年7月1日からの大雨により、静岡県熱海市において土石流災害が発生し、多くの貴重な生命や財産が失われた。この災害については、盛土の崩落が被害の甚大化につながったとされている。
- 　自然災害が激甚化・頻発化し、土砂災害リスクがただでさえ高まっている中、人為的に行われる違法な盛土や不適切な工法の盛土により貴重な生命・財産が失われることは決してあってはならない。いつどこででも同様の事案が発生し得るという危機意識の下、今回の災害を教訓として、盛土による災害の防止に向けた対応にしっかりと取り組まなければならない。
- 　このような中、令和3年9月30日に「盛土による災害の防止に関する検討会」が設置され、各分野の専門的な見地から、これまで4回にわたり議論を行ってきた。
- 　これまでの議論や、政府において整理された盛土の総点検に関する状況を踏まえ、今回、危険な盛土箇所に関する対策の方向性や、今後、危険な盛土等の発生を防止するための仕組みの方向性について、提言を取りまとめた。
- 　盛土による災害の防止に向けては、各々の地方公共団体の自治事務による対応が不十分なものとならないよう、広域的な対応の観点から、国による関与が不可欠である。このため、今後は、この提言をもとに、政府において早急に、盛土による災害の防止に向けた対応を決定することを求める。また、盛土による災害の防止については、宅地・林地・農地などの土地利用行政、あるいは廃棄物行政など、多くの行政分野に及ぶことから、内閣官房に置かれる関係府省連絡会議の枠組みなども活用しつつ、関連する様々な省庁による緊密な連携の下、取り組んでいくことを求める。
- 　また、地方公共団体が果たす役割も非常に大きい。盛土の総点検等により「災害危険性の高い盛土」とされた箇所については、住民への周知などが重要となってくるほか、安全性を確保するための一刻も早い対策が求めら

れる。加えて、盛土造成を規制する諸制度が絵に描いた餅とならないよう、現場における強固な法執行体制が求められる。さらに、公共工事の発注者、すわなち建設発生土の発生原因者の立場として、しっかりと取り組むことが重要である。なお、盛土問題については、広域自治体である都道府県と、基礎自治体である市町村とが、適切な役割分担の下、緊密に連携し対処していくことが非常に重要である。

・　さらに、建設発生土の管理を行う建設業者や運送業者、廃棄物処理業者等をはじめとした、盛土に関する民間事業者についても、違法な盛土や不適切な工法の盛土の発生責任の一端を担っているとの意識の下、この提言を受けたより一層の取組を期待する。

・　このように、盛土に関連する主体は公共から民間まで多岐にわたっている。盛土による災害により、二度と尊い命が失われることのないよう、関係者一人一人が社会的な役割と責任を果たしていくことを切に希望する。

# 第2章 「盛土による災害の防止に関する検討会」の提言・その1

## ――盛土の総点検と関連する法制度の状況

## 1 盛土の総点検の実施

### (1) 盛土の総点検

盛土の総点検について、以下のとおりとされている（提言2頁）。

---

- 静岡県熱海市における土石流災害を教訓として、盛土による災害から国民の安全・安心を確保するためには、今後起こり得る局所的な豪雨等の発生を踏まえ、被害の発生を未然に抑える取組を進めることが必要である。
- 盛土については、これまで全国の状況を網羅的に調査した事例はなく、その実態は必ずしも明らかになっていなかった。
- このため、まずは人家等に影響のある盛土について、その実態を把握するとともに、危険と思われる箇所については早急に対策を講じる必要があることから、令和3年8月より、関係機関の連携の下、全国的な盛土の総点検が開始された。
- 総点検の実施に当たっては、土地利用規制等や廃棄物の規制（廃棄物の処理及び清掃に関する法律（昭和45年法律第137号。以下「廃棄物処理法」という。））を所管する各機関が、各々の規制区域及び規制事項の観点から、横断的に調整を図りつつ点検することが効果的であるため、令和3年8月11日に、農林水産省、林野庁、国土交通省、環境省の関係局長等による連名にて、都道府県知事に対し、総点検実施の依頼文書が発出されている。
- これを受け、現在、各都道府県等において、各々の現場における目視での確認も含め、盛土の総点検が進められているところであるが、今回、関係府省において、現時点での点検状況の整理が以下のとおり行われた。

---

### (2) 盛土の総点検の進め方について

盛土の総点検の進め方について、以下のとおりとされている（提言2頁～

3頁)。

<点検範囲>
- 崩落等により人家等へ被害を及ぼす可能性の高い盛土を効果的・効率的に点検するため、重点的に点検すべきエリア及び箇所を以下のとおり設定。また、各都道府県等において点検が必要と考える箇所も対象。
  — 土砂災害警戒区域（土石流）の上流域及び区域内（地すべり、急傾斜）
  — 山地災害危険地区の集水区域（崩壊土砂流出）及び地区内（地すべり、山腹崩壊）
  — 大規模盛土造成地

<盛土の把握方法>
- 盛土の把握に当たり、都道府県が有する知見や現場での取組の経験等を活かしつつ効果的・効率的に作業を進めるため、以下のような手法等により確認した盛土を点検箇所として抽出。
  — 許可・届出資料等から確認した盛土
  — 盛土可能性箇所データ（国土地理院提供）等から推定される盛土
  — その他、各都道府県等において点検が必要と考える盛土　等
- 点検に当たっては、実際に法令等に基づく土地利用制限の権限を有し、かつ、現場の状況に関する一定の知見を有する各都道府県の各部局が、市町村等と連携しつつ、点検を実施。

<点検項目>
- 抽出された点検箇所の危険性の確認について、実際の現場において、以下の点検事項に則って、目視による点検を実施。なお、必要に応じ、各都道府県等が、各々の創意工夫等により、点検手法の改善や必要と考える盛土の追加的な点検等を行うこととしている。
  ① 許可・届出等の必要な手続きが行われているか
  ② 手続き内容と現地の状況が一致しているか
  ③ 災害防止の必要な措置がとられているか
  ④ 禁止事項に関する確認

## 2　令和3年（2021年）11月末時点における総点検の状況

### ⑴　令和3年（2021年）11月末時点における総点検のまとめ

令和3年（2021年）11月末時点における総点検の状況について、以下のとおりとされている（提言3頁）。

---

（ⅰ）抽出した点検箇所の総数は36,226箇所であり、重点点検エリア及び重点点検箇所等の土地利用規制等別箇所数（重複を含む。）は以下のとおり（筆者注：後掲〔表2－①〕）である。これまでに28,152箇所（約8割）について、現場の目視等による点検が完了している（令和3年11月末時点）。

〔表2－①〕　土地利用規制等別点検箇所数　　　　　　　　　　（箇所）

| | 土砂災害警戒区域 | | | 山地災害危険地区 | | | 大規模盛土造成地 | 左記以外の箇所 | 合計 |
|---|---|---|---|---|---|---|---|---|---|
| | 土石流上流域 | 地すべり | 急傾斜 | 崩落土砂流出 | 地すべり | 山腹崩落 | | | |
| 宅地造成等規制法 | 515 | 292 | 5,719 | 393 | 12 | 807 | 2,498 | 1,491 | 11,727 |
| 都市計画法 | 1,381 | 656 | 7,613 | 754 | 41 | 1,147 | 4,665 | 3,688 | 19,945 |
| 農地法、農振法 | 267 | 215 | 300 | 182 | 65 | 62 | 40 | 685 | 1,816 |
| 森林法 | 1,364 | 158 | 1,114 | 1,693 | 119 | 541 | 356 | 1,809 | 7,154 |
| その他の法令等 | 2,065 | 439 | 1,984 | 1,255 | 86 | 404 | 1,969 | 4,139 | 12,341 |
| 合計 | 5,592 | 1,760 | 16,730 | 4,277 | 323 | 2,961 | 9,528 | 11,812 | 52,983（重複除き36,226） |

・　総点検では、盛土に関する現場状況及び法令手続きとの関係について、点検を行っている。

（ⅱ）現場における状況として、（ア）必要な災害防止措置が確認できなかった盛土が657箇所あった。また、（イ）廃棄物の投棄等が確認された盛土が137箇所あった（令和3年11月末時点）。

（ⅲ）法令手続きとの関係については、法令手続き上、（ウ）許可・届出等の手

---

続きがとられていなかった盛土が743箇所あった。また、（エ）盛土規模が申請時の計画を超過する等、手続き内容と現地の状況に相違があった盛土が660箇所あった（令和 3 年11月末時点）。

（ⅳ）　（ア）〜（エ）のいずれかに該当する盛土は1,375箇所あった（重複除く。）（令和 3 年11月末時点）。

## (2)　今後の対応について

今後の対応について、以下のとおりとされている（提言 4 頁）。

- ・　多くの都道府県等において、概ね令和 3 年度内の点検完了が見込まれているが、全ての都道府県等においてできる限り早期に点検を完了する必要がある。その上で、必要な災害防止措置等の現地の状況や法令手続きとの関係を踏まえ、都道府県等において災害危険性の高い盛土を特定していくことが重要なプロセスとなる。
- ・　必要な災害防止措置が確認できなかった箇所のうち、人家・公共施設等に直ちに被害を及ぼすおそれがあると判断されたものについては、速やかに応急対策をとることが重要である。また、詳細調査が必要とされた箇所についても、速やかにボーリング等の詳細調査を行い、必要な災害防止措置の有無等を明らかにする必要がある。その上で、優先的に安全対策を行う「災害危険性の高い盛土」を特定することが重要である。
- ・　盛土の災害危険性については、その形状や土質、地形条件等によって各々の状況が異なることから、一律に定めることは困難である。このため、許可・届出内容、宅地造成等規制法（昭和36年法律第191号）等における既存の技術基準との整合、崩落した場合の人家、公共施設、農地等への影響及び現地の状況等を踏まえながら、最終的には現場において「災害危険性の高い盛土」を特定していくことが適当である。
- ・　また、法令に基づく適正な手続きがとられていない盛土については、当然ながら、各種法令に基づき必要な行政上の措置をとっていくことが求められる。

## 3　関連する法制度の状況

### (1)　建設工事から発生する土と土地利用に関する法制度の概要

　建設工事から発生する土と土地利用に関する法制度の概要について、以下のとおりとされている（提言5頁〜6頁）。

---

- 　建設工事から発生する土は、工事の状況等により、コンクリート塊等の廃棄物が混じっているものと、廃棄物が混じっていないものに大別される。
- 　コンクリート塊等の廃棄物が混じっている土は、建設現場等において土と廃棄物にできるだけ分別した上で、廃棄物については廃棄物処理法に基づき適正に処理を行う必要がある。
- 　他方、廃棄物が混じっていない土（廃棄物と分別後のものも含む。）は、「資源の有効な利用の促進に関する法律」（平成3年法律第48号。以下「資源有効利用促進法」という。）及び同法施行令（平成3年政令第327号）において「指定副産物」に定められ、再生資源としての利用促進が特に必要なものとして位置付けられている（筆者注：〈図2−①〉参照）。

〈図2−①〉　建設工事から発生する土の分別と利用・処理

- 　また、盛土が行われる場合、当該盛土が行われる箇所における土地利用区分に応じ、それぞれ固有の目的を有する土地利用制度に基づいた規制がかけられている。土地利用区分については、次頁の表（筆者注：後掲〔表2−②〕）に示すとおり、都市地域・森林地域・農業地域などがあり、森林地

---

域と農業地域、あるいは都市地域と農業地域など、重複していることが少なくない。それぞれの土地の利用区分に応じて、都市地域については宅地造成等規制法や都市計画法（昭和43年法律第100号）等、森林地域については森林法（昭和26年法律第249号）等、農業地域については農業振興地域の整備に関する法律（昭和44年法律第58号。以下「農振法」という。）などの土地利用制度が設けられている。他方、廃棄物については、その土地利用区分にかかわらず、廃棄物処理法に基づき、不法投棄が一律に禁止されている。

〔表２－②〕　土地利用区分と規制制度

| 地域名　※１ | 土地利用区域の名称　※２ | 土地利用規制 | 廃棄物 |
|---|---|---|---|
| 都市地域<br>（約30％） | 宅地造成工事規制区域・都市計画区域 | 宅地造成等規制法・都市計画法 | 土地利用区分にかかわらず、不法投棄は禁止。 |
| 森林地域<br>（約70％） | 地域森林計画対象の民有地<br>（約70％） | 森林法 | |
| | 国有林<br>（約30％） | 国有林野管理経営法・森林法 | |
| 農業地域<br>（約50％） | 農用地区域<br>（約30％） | 農地法・農振法 | |
| | 農振白地地域<br>（約70％） | 農地法 | |
| 自然公園地域<br>（約15％） | 特別地域<br>（約80％） | 自然公園法 | |
| | 普通地域<br>（約20％） | 自然公園法 | |
| 自然保全地域<br>（約0.3％） | 原生自然環境保全地域・自然環境保全地域（特別地区）<br>（約85％） | 自然環境保全法 | |
| | 自然環境保全地域（普通地区）<br>（約15％） | 自然環境保全法 | |
| 上記以外<br>（約１％） | ダム湛水地、無人島等 | | |

※１：パーセントは、国土面積に占める各地域の面積の割合。重複しているものを含むため、合計は100％にならない。

※２：パーセントは、各地域内における各土地利用区域の面積の割合。ただし、自然公園地域、自然保全地域における各土地利用区域の面積の割合は、都道府県条例区域を含まない面積を元に算出。

・　また、土地利用制度に基づく規制措置がかけられていない地域や規制措

　置が緩やかな地域については、一部の都道府県及び市町村において、各々
　の地域の実情に応じた独自の条例が制定されている。

### (2)　土地利用区分と盛土に関する現行規制の状況

　土地利用区分と盛土に関する現行規制の状況については、提言7頁から8
頁で、提言資料の参考1〜参考4を掲げて解説しているが、簡明すぎて、か
えって難解な感がある。そこで、これについては、筆者なりの解釈を加えな
がら、以下のとおり解説する。

#### (A)　盛土等の土地利用規制（総論）

　「宅地造成等規制法の一部を改正する法律」制定以前の、盛土等の土地利
用規制は、前記(1)のとおり、国土利用計画法が定める①都市地域、②森林地
域、③農業地域、④自然公園地域、⑤自然保全地域、という5つの「地域」
ごとに、宅地の安全確保、森林機能の確保、農地の保全等を目的とする各種
の法律によって規制されていた（〔表2-②〕）。

　すなわち、①の都市地域の土地利用規制は、都市計画法に基づき指定した
「都市計画区域」については都市計画法が定め、宅地造成等規制法に基づき
指定した「宅地造成工事規制区域」については宅地造成等規制法が定めてい
た。そして、②の森林地域の土地利用規制は、森林地域のうち約70％を占
める「地域森林計画対象の民有林」については森林法が、森林地域のうち約
30％を占める「国有林」については国有林野の管理経営に関する法律と森林
法が定めていた。また、③の農業地域の土地利用規制は、農業振興地域の整
備に関する法律（以下、「農業振興地域整備法」）に基づき指定した「農用地区域」
（農業地域のうち約30％）については農地法と農業振興地域整備法が、「農振白
地地域」（農業地域のうち約70％）については農地法が定めていた。そして、
④の自然公園区域の土地利用規制は、自然公園法に基づき指定した「特別地
域」（自然公園地域のうち約80％）についても、「普通地域」（自然公園地域のうち
約20％）についても自然公園法が定め、⑤の自然保全地域の土地利用規制は、
自然環境保全法に基づき指定する「原生自然環境保全地域・自然環境保全地

域（特別地区）」（自然保全地域のうち約85％）についても、「自然環境保全地域（普通地区）」（自然保全地域のうち約15％）についても自然環境保全法が定めていた。

　盛土等の土地利用規制は、以上のような法体系（総論）のもとで行われていたが、盛土等の土地利用規制の各論としての、(i)規制対象（法目的、規制対象区域、規制対象行為、許可権者）、(ii)安全性確保のための方策（安全性確保のための許可基準・技術基準、施工中の安全性の確認方法、工事後の安全性の確認方法）、(iii)盛土等の安全性に関する責任の所在（違反行為、命令の相手方、命令内容、保全義務）、(iv)罰則、についても、国土利用計画法が定める、①都市地域、②森林地域、③農業地域、④自然公園地域、⑤自然保全地域、という５つの地域ごとにその規制を定めている。そこで、以下それを各論(i)から(iv)として解説する

　　(B)　各論(i)盛土等の土地利用に関する規制──「規制対象について」
　　　（法目的、規制対象区域、規制対象行為、許可権者）

　各論(i)の「規制対象について」は、どういうエリアで、どのような行為が規制されるのかという問題である。

　「各法律において、それぞれの法目的に応じた適切な土地利用の観点から、開発行為を規制している。そのため、例えば、宅地造成等規制法は宅地造成に伴う災害の防止を目的としているため、500㎡以上の盛土等を行う場合に都道府県知事等の許可制としている一方で、森林法は森林の保続培養等を目的としているため、１ヘクタールを超える盛土等を行う場合に都道府県知事の許可制としているなど、規制内容に濃淡が存在する」（提言７頁）。

　前記(A)①の都市地域については、「宅地の造成に伴う災害の防止」を法の目的とする宅地造成等規制法が、その規制対象区域を「宅地造成工事規制区域」として定め、その規制対象行為を「宅地造成（盛土等の土地の形質の変更）（ただし、１ｍ以上の盛土、500㎡以上の盛土等が対象）」とし、許可権者を「都道府県知事等の許可」としている。そして、②の森林地域については、「森林の保続培養、森林生産力の増進」を目的とする森林法が、③の農業地域については、「耕作者の地位の安定、国内の農業生産の増大」を目的とする農地法と「農業

の健全な発展」を目的とする農業振興地域整備法が、④の自然公園地域については、「優れた自然の風景地の保護、利用の増進」を目的とする自然公園法が、そして、⑤の自然保全地域については、「自然環境の適正な保全」を目的とする自然環境保全法が、〔表2－③〕（提言・参考1）のとおり、それぞれ法の目的、規制対象区域、規制対象行為、許可権者、を定めている。

このように、5つの地域ごとにそれぞれの法律で、どういうエリアで、どのような盛土を含めた土地の形質変更を規制するのかを定めているが、法律にはそれぞれ固有の目的があるため、盛土を行う区域や規模によっては、その規制の網からこぼれ落ちてくるものが出てくるという問題点が指摘されていた。ちなみに、令和3年（2021年）7月に発生した熱海市伊豆山地区の土砂災害では、宅地造成工事規制区域の中には入っていたが、宅地造成にあたらないため規制の対象にならなかったり、規模が1ha未満だったため、森林法における開発許可の対象にならなかったり、という問題点が明らかになった。

また、「過去の盛土の崩落事例を見ると、大都市近郊の森林地域、農業地域などのうち、人目につきにくい地域での崩落が発生していることが多い」（提言7頁）。

　(C)　各論(ii)盛土等の土地利用に関する規制——「安全性確保のための方策について」（安全性確保のための許可基準・技術基準、施工中の安全性の確認方法、工事後の安全性の確認方法）

各論(ii)の「安全性確保のための方策について」は、各法律とも盛土にあたっての許可である。そして、①都市地域、②森林地域、③農業地域、④自然公園地域、⑤自然保全地域、の地域ごとに、各種法律の目的に応じて、盛土等の安全性確保のための許可基準を設定している。

①の都市地域においては、宅地造成等規制法により、安全性確保のための許可基準を「宅地造成に伴う災害の防止のため、必要な措置を講じていること」とするとともに、政令において「地盤、擁壁、崖面保護、排水施設に関する技術基準を規定」していた。そして、施工中の安全性の確認方法につい

〔表２－③〕　規制対象について

---

● 各法律において、それぞれの目的の範囲内で開発を規制。
そのため、盛土等が行われる区域や規模等によって、規制対象とならないものが存在。

| | 都市地域 | 森林地域 | 農業地域 | | 自然公園地域 | 自然保全地域 | 産業廃棄物 |
|---|---|---|---|---|---|---|---|
| | 宅地造成等規制法 | 森林法 | 農地法 | 農業振興地域整備法 | 自然公園法 | 自然環境保全法 | 廃棄物処理法 |
| 法目的 | 宅地造成に伴う災害の防止 | 森林の保続培養、森林生産力の増進 | 耕作者の地位の安定、国内の農業生産の増大 | 農業の健全な発展 | 優れた自然の風景地の保護、利用の増進 | 自然環境の適正な保全 | 廃棄物の適正な処理等による生活環境の保全及び公衆衛生の向上 |
| 規制対象区域 | 宅地造成工事規制区域 | 地域森林計画の対象民有林（保安林以外） | （なし） | 農用地区域 | 国立・国定公園内の特別保護地区、特別地域 | 原生自然環境保全地域、自然環境保全地域内の特別地区 | （なし） |
| 規制対象行為 | 宅地造成（盛土等の土地の形質の変更）※１ｍ以上の盛土、500㎡以上の盛土等が対象 | 土石の採掘等の土地の形質の変更（土石の集積を含む） | 農地を農地以外のものに転用 | 宅地の造成、土石の採取その他の土地の形質の変更等 | 土地の開墾等の土地の形状の変更、土石の集積 | 土地の開墾等の土地の形質の変更等 | 廃棄物の処理（不法投棄の禁止） |
| 許可権者 | 都道府県知事等の許可 | 都道府県知事の許可（※１ha超の場合。１ha以下の場合は市町村長への届出） | 都道府県知事等の許可 | 都道府県知事等の許可 | 大臣、都道府県知事の許可 | 大臣の許可 | 処理業・施設設置は都道府県知事等の許可 |

て「都道府県知事等による報告徴取・立入検査が可能」とし、工事後の安全性の確認方法を「工事完了後に都道府県知事等による完了検査を実施」と定めている。

　さらに、①の都市地域についての規制を定める宅地造成等規制法と②の森林地域の規制について定める森林法では、法律において具体的な技術基準を設定するとともに、工事完了後の完了検査を実施し、許可基準に沿って安全対策が行われていることを確認するよう定めている。

　そして、②森林地域、③農業地域、④自然公園地域、⑤自然保全地域、についても、それぞれの法律において、〔表2－④〕（提言・参考2）のとおり、安全性確保のための許可基準、技術基準等、施工中の安全性の確認方法、工事後の安全性の確認方法、について定めている。

　なお、「宅地造成等規制法及び森林法では、法令等において具体的な技術基準を設定しているが、農地法（昭和27年法律第229号）や農振法、自然公園法（昭和32年法律第161号）、自然環境保全法（昭和47年法律第85号）では具体的な技術基準を設定していない」（提言7頁）。

　細かい基準があるのは、①の都市地域についての規制を定める宅地造成等規制法と②の森林地域についての規制を定める森林法である。同法では、擁壁や排水施設についての技術基準を設けている。また、許可をした後には、基準どおりに安全対策が行われているかどうかをチェックすることが必要になるが、同法によれば、施工中における報告徴収・立入検査が可能である。そして、宅地造成等規制法と森林法では、完了検査の規定が定められている。このように、「宅地造成等規制法と森林法の技術基準については、宅地造成等規制法が法令に基づき基準を設定し、工事後に完了検査を実施している一方で、森林法は法律に要件を定め、通知において具体的な基準を設定し、工事後に完了検査を実施している点で異なるが、基準や検査の内容は概ね同水準となっている」（提言7頁）。

〔表2－④〕　安全性確保のための方策について

● 各法律の目的に応じて、盛土等の安全性確保のための許可基準を設定。宅地造成等規制法等では、法令において具体的な技術基準を設定。
● 宅地造成等規制法等では、工事完了後に完了検査を実施し、許可基準に沿って安全対策が行われていることを確認。

| | 都市地域 | 森林地域 | 農業地域 | | 自然公園地域 | 自然保全地域 |
|---|---|---|---|---|---|---|
| | 宅地造成等規制法 | 森林法 | 農地法 | 農業振興地域整備法 | 自然公園法 | 自然環境保全法 |
| 安全性確保のための許可基準 | 宅地造成に伴う災害の<u>防止</u>のため、必要な措置を講じていること | <u>森林の災害防止機能維持</u>の観点から、周辺地域において災害を発生させるおそれがないこと等 | <u>周辺の農地の営農条件に支障</u>を及ぼす災害を発生させるおそれがないこと | <u>周辺の農用地等の耕作・養畜業務に支障</u>を及ぼす災害を発生させるおそれがないこと | <u>国立公園の風致維持の観点</u>から、土砂の流出のおそれがないこと（安全性確保を目的としていないことに留意） | <u>自然環境の保全に支障</u>を及ぼすおそれがないこと（安全性確保を目的としていないことに留意） |
| | 技術基準等 | 地盤、擁壁、崖面保護、排水施設に関する<u>技術基準を規定</u>（政令） | 地盤、擁壁、崖面保護、排水施設等に関する<u>技術基準を規定</u>（通知） | （なし） | （なし） | （なし） | （なし） |
| 施工中の安全性の確認方法 | 都道府県知事等による<u>報告徴取・立入検査</u>が可能 | 都道府県知事等による<u>報告徴収・立入調査</u>が可能 | 都道府県知事等による<u>立入調査</u>が可能 | （なし） | 大臣、都道府県知事等による<u>報告徴収・立入検査</u>が可能 | 大臣等による<u>報告徴収・実地検査</u>が可能 |
| 工事後の安全性の確認方法 | 工事完了後に都道府県知事等による<u>完了検査</u>を実施 | 工事完了後に都道府県知事等による<u>完了検査</u>の実施（通知） | （なし） | （なし） | （なし） | （なし） |

(D)　各論(ⅲ)盛土等の土地利用に関する規制――「盛土等の安全性に関する責任の所在について」（違反行為、命令の相手方、命令内容、保全義務）

　各論(ⅲ)は、盛土等の安全性に関する問題があった場合に責任の所在がどうなるかという問題である。「盛土等を行うことに際し、必要な許可手続きや

安全基準に関する違反があった場合、実施主体等に対し、安全性確保のための措置命令等を発出している」（提言7頁）。この「盛土等の安全性に関する責任の所在について」も、①都市地域、②森林地域、③農業地域、④自然公園地域、⑤自然保全地域、の5つの地域ごとに各種の法律で定めている。①の都市地域においては、宅地造成等規制法において、違反行為を「無許可での宅地造成、許可基準違反、完了検査未受検など」と、命令の相手方を「造成主、工事請負人、土地所有者等」、命令内容を「工事停止・使用禁止・災害防止措置命令」とし、保全義務を「土地所有者等」と定め、造成された宅地の所有者等に対し、当該宅地を常時安全な状態に維持する責務を定めている。また、「法人である造成主等が倒産した場合や、工事完了後に土地が譲渡された場合にも、造成主等の役員・従業員であった個人や譲渡後の土地所有者等に対して安全性確保のための措置命令等が可能となっている。また、造成された宅地の所有者等に対し、当該宅地を常時安全な状態に維持する責務を規定している」（提言7頁〜8頁）。

　そして、②森林地域、③農業地域、④自然公園地域、⑤自然保全地域、についても、それぞれの法律において、〔表2－⑤〕（提言・参考3）のとおり、違反行為、命令の相手方、命令の内容、保全義務、について定めている。

　このように、盛土等を行うに際して必要な許可手続や安全基準に関する違反があった場合は、実施主体等に対して、安全確保のための措置命令等を発出することができ、これは、各法律とも共通である。さらに、宅地造成等規制法においては、造成された宅地の所有者等に対し、当該宅地を常時安全な状態に維持する責務を規定している。なお、「過去の盛土の崩落事例を見ると、盛土箇所付近は法律や条例による土地利用規制がかかっていたものの、これらに基づく改善命令等が発出された事案は限られており、行政指導のみの対応にとどまっていることが多い」（提言8頁）。

　　(E)　各論(iv)盛土等の土地利用に関する規制──「罰則について」

　各論(iv)は、無許可で盛土を行った場合や命令違反をした場合の罰則である。無許可で盛土等を行った場合や都道府県知事等の命令に違反した場合の罰則

〔表２－⑤〕　盛土等の安全性に関する責任の所在について

● 　盛土等を行うに際して必要な許可手続や安全基準に関する違反があった場合、実施主体等に対し、安全確保のための措置命令等を発出。
● 　宅地造成等規制法においては、造成された宅地の所有者等に対し、当該宅地を常時安全な状態に維持する責務を規定。

| | 都市地域 | 森林地域 | 農業地域 | | 自然公園地域 | 自然保全地域 |
|---|---|---|---|---|---|---|
| | 宅地造成等規制法 | 森林法 | 農地法 | 農業振興地域整備法 | 自然公園法 | 自然環境保全法 |
| 違反行為 | 無許可での宅地造成、許可基準違反、完了検査未受検など | 無許可での開発行為、許可条件違反、不正な手段による許可取得 | 無許可での転用行為、許可条件違反、不正な手段による許可取得 | 無許可での開発行為、許可条件違反、不正な手段による許可取得 | 無許可での開発行為、許可条件違反 | 無許可での開発行為、許可条件違反 |
| 命令の相手方 | 造成主、工事請負人、土地所有者等 | 開発行為を行う者 | 農地転用を行う者、工事請負人等 | 開発行為を行う者 | 開発行為を行う者 | 開発行為を行う者 |
| 命令内容 | 工事停止・使用禁止・災害防止措置命令 | 中止・復旧命令 | 工事停止・原状回復等の違反是正命令 | 中止・復旧命令 | 中止命令、原状回復命令、措置命令 | 中止命令、原状回復命令、措置命令 |
| 保全義務 | 土地所有者等 | なし | なし | なし | なし | なし |

についても、①都市地域、②森林地域、③農業地域、④自然公園地域、⑤自然保全地域、の５つの地域ごとに各種の法律で対象者と法定刑を定めている。①の都市地域においては、宅地造成等規制法において、無許可の場合は、対象者を「無許可で宅地造成を行った造成主」とし、法定刑を「懲役６月以下、罰金30万円以下」と定め、命令違反の場合は、対象者を「災害防止措置命令等に違反した造成主、工事請負人、土地所有者等」とし、法定刑を「懲役１年以下、罰金50万円以下」と定めている。

　そして、②森林地域、③農業地域、④自然公園地域、⑤自然保全地域、についても、それぞれの法律において、〔表２－⑥〕（提言・参考４）のとおり、無許可の場合の対象者と法定刑、命令違反の場合の対象者と法定刑、について定めている。ちなみに、「森林法では懲役３年以下、罰金300万円以下、また農地法では懲役３年以下、罰金300万円以下、法人重科１億円以下となっ

## 〔表2－⑥〕 罰則について

●無許可で盛土等を行った場合や、都道府県知事等の命令に違反した場合の罰則を措置。

| | | 都市地域 | 森林地域 | 農業地域 | | 自然公園地域 | 自然保全地域 | 産業廃棄物 |
|---|---|---|---|---|---|---|---|---|
| | | 宅地造成等規制法 | 森林法 | 農地法 | 農業振興地域整備法 | 自然公園法 | 自然環境保全法 | 廃棄物処理法 |
| 無許可 | 対象者 | 無許可で宅地造成を行った造成主 | 無許可で開発行為を行った者 | 無許可で農地転用を行った者 | 無許可で開発行為を行った者 | 無許可で開発行為を行った者 | 無許可で開発行為を行った者 | 不法投棄、無許可営業：懲役5年以下罰金1,000万円以下法人重課3億円以下 |
| | 法定刑 | 懲役6月以下罰金30万円以下 | 懲役3年以下罰金300万円以下 | 懲役3年以下罰金300万円以下法人重科1億円以下 | 懲役1年以下罰金50万円以下 | 懲役6月以下罰金50万円以下 | 【原生自然環境保全地域】懲役1年以下罰金100万円以下【自然環境保全地域内の特別地区】懲役6月以下罰金50万円以下 | |
| 命令違反 | 対象者 | 災害防止措置命令等に違反した造成主、工事請負人、土地所有者等 | 中止復旧命令に違反した開発行為を行う者 | 違反是正命令等に違反した農地転用を行う者、工事請負人等 | 停止復旧命令に違反した開発行為を行う者 | 中止命令等の命令に違反した者 | 中止命令等の命令に違反した者 | 措置命令違反：懲役5年以下罰金1,000万円以下 |
| | 法定刑 | 懲役1年以下罰金50万円以下 | 懲役3年以下罰金300万円以下 | 懲役3年以下罰金300万円以下法人重科1億円以下 | 懲役1年以下罰金50万円以下 | 懲役1年以下罰金100万円以下 | 懲役1年以下罰金100万円以下 | |

【参考】条例による罰則の上限は、懲役は2年以下、罰金は100万円以下。

ているなど、各法令によって罰則の内容が異なっている」(提言 8 頁)。なお、
「後述するとおり、都道府県等が独自に盛土行為を規制する条例を制定して
いるが、その多くは地方自治法 (昭和22年法律第67号) に定められた上限であ
る懲役 2 年以下、罰金100万円以下としており、宅地造成等規制法や農振法(懲
役 1 年以下、罰金50万円以下)、自然公園法 (最大で懲役 1 年以下、罰金100万円
以下)、自然環境保全法 (懲役 1 年以下、罰金100万円以下) はそれよりも低い
水準となっている」(提言 8 頁)。

### (3)　盛土に関連する条例の状況

　盛土に関連する条例の状況について、以下のとおりとされている (提言 9
頁～ 10頁)。

- 盛土に関連する条例については、現在、26の都府県で制定されている (令
　和 3 年11月時点)。
- 高度経済成長期における無秩序な開発行為を規制する観点から、昭和40
　年代から50年代にかけて条例を制定した県が一部あるものの、大部分の都
　府県については、平成10年頃から、当時課題となっていた不適正な盛土に
　よる災害の防止等を図る観点から、条例を制定している。
- これらの条例は全て、盛土行為を規制する法令の委任を受けているもの
　ではなく、都府県がそれぞれの地域の事情によって自主的に定めているも
　のである。このため、条例の目的も都府県によって異なっており、土砂の
　埋立て等の規制を目的とするものや、自然の保護を目的とするもの、生活
　環境の保全を目的とするものがある。
- 規制措置については、26の都府県全てで、盛土造成等に対する許可又は
　届出、土地所有者の同意、工事の完了時の届出、違反時の措置命令等、罰
　則等を定めているが、その内容は都府県によって異なっている (筆者注:〔表
　2 －⑦〕参照)。
- 例えば、盛土造成等に対する許可・届出の対象となる埋立て面積は3,000
　㎡以上としている都府県が多く、それぞれ地域の実情に応じた面積設定が
　なされている (筆者注:〈図 2 －②〉参照)。また、3,000㎡未満の盛土造成
　等に対し、市町村において独自に条例を制定している地域も見られる。400
　を超える市町村において独自の条例が制定されており、そのうち240程度の

　市町村では、許可・届出の対象となる埋立て面積を500㎡以上としている（筆者注：〈図2-③〉参照）。
・　違反時の措置命令等については、26の都府県全てで、無許可の盛土造成等に対し、行為者に対する是正命令を設けており、そのうち、許可の取消しを規定している都府県は23となっている。また、土砂崩落等による災害防止の対応が必要な場合に、土地所有者に対する是正命令を規定している都府県もある。
・　罰則については、地方自治法に定められた上限である、2年以下の懲役又は100万円以下の罰金を定めている府県が多いが、懲役を1年以下、罰金を50万円以下としている都県も一部見受けられる。

### (4)　廃棄物に関する現行の規制

　廃棄物に関する現行の規制について、以下のとおりとされている（提言11頁）。

・　廃棄物は、不要であるために占有者の自由な処理に任せるとぞんざいに扱われるおそれがあり、生活環境の保全上の支障を生じる可能性を常に有していることから、廃棄物処理法に基づき厳格に規制されている。
・　廃棄物が混じっている土については、建設現場等において判定を行い、土と廃棄物にできるだけ分別した上で、廃棄物については廃棄物処理法に基づき適正に処理を行う必要がある。
・　廃棄物の不法投棄を行った場合、5年以下の懲役若しくは1,000万円以下の罰金、又はこれが併科されるとともに、法人に対しては3億円以下の罰金が併せて科される。
・　廃棄物のうち、産業廃棄物については、排出事業者に処理責任を課すとともに、産業廃棄物の処理業者に対する事業の許可制度、産業廃棄物処理施設の設置等の許可制度を設け、都道府県等が指導・監視するなど、厳格な運用が行われている。
・　また、廃棄物処理法では、平成10年より全ての産業廃棄物の委託処理について、マニフェスト（排出事業者が産業廃棄物の処理を委託する際に、種類・数量等を記載した産業廃棄物管理票（マニフェスト）を処理業者に交付し、処理終了後、処理業者よりその旨を記載したマニフェストの写しの

〔表2-⑦〕　主な規制内容

| 規制内容 | 都府県数（全26中） |
|---|---|
| 盛土造成等に対する許可・届出（※） | 25（知事許可等）、1（届出） |
| 土地所有者の同意 | 26 |
| 地元説明会の開催等 | 12 |
| 工事着手時等の届出 | 23 |
| 定期的な施工状況の報告 | 18 |
| 完了時の届出 | 26 |
| 措置命令等 | 26 |
| 罰則 | 26 |

〈図2-②〉　知事許可等・届出が必要となる面積の下限値（㎡）

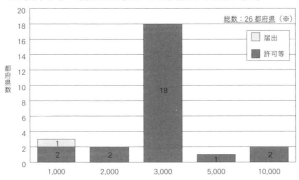

〈図2-③〉　市町村長許可等・届出が必要となる面積の下限値（㎡）

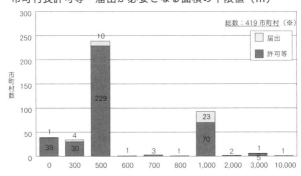

※盛土造成の等の際に、事前に知事・市町村長の許可等又は届出を必要とする条例を独自に制定・施行している都府県・市
　町村数を計上（令和3年11月時点）。盛土の総点検の際に実施している地方公共団体への条例制定状況調べに基づき作成。
注1）上記条例制定状況調べに対し地方公共団体から回答のあった条例のみ計上。
注2）面積要件だけではなく、盛土高さや体積など、面積以外の要件等も定めている条例がある。
注3）面積の下限値は概数として整理している。

送付を受ける仕組み。これにより、排出事業者が自ら排出した産業廃棄物について、排出から最終処分までの流れを一貫して把握・管理し、排出事業者としての処理責任を果たすための制度）の使用が義務付けられ、排出事業者が自ら排出した産業廃棄物について、排出から最終処分までの流れが一貫して把握・管理されており、産業廃棄物の不法投棄の減少について一定の効果が上げられている。また、近年は、電子マニフェスト（マニフェストの記載内容を電子データ化し、排出事業者、収集運搬業者、処分業者の３者が情報処理センターを介したネットワーク上でやりとりする仕組み）の普及を通じ、産業廃棄物の不適正処理の原因究明の迅速化等が図られている。

・　建設工事においては、元請業者が排出事業者として位置付けられている。環境省が発出している「建設廃棄物処理指針」においては、排出事業者は建設廃棄物（建設工事に伴い生じる廃棄物）の発生抑制、再生利用等による減量化に努めなければならない、自らの責任において建設廃棄物を適正に処理しなければならないと定められている。

### ⑸　太陽光発電に関する現行の規制

　太陽光発電に関する現行の規制について、以下のとおりとされている（提言12頁）。

・　太陽光発電事業は、日当たりの良い立地であれば比較的導入しやすいため、特に、「電気事業者による再生可能エネルギー電気の調達に関する特別措置法」（平成23年法律第108号。以下「再エネ特措法」という。）に基づく固定価格買取制度が創設されて以来、全国的に導入が進んでいる。また、再生可能エネルギー発電事業者の適切な事業実施の確保等を図る観点から、平成28年６月に再エネ特措法が改正され、再生可能エネルギー発電事業計画を認定する新たな認定制度が創設されている。

・　また、出力50kW以上の太陽光発電設備を設置する場合、電気事業法（昭和39年法律第170号）に基づき、事業用電気工作物扱いとなり、設置者に対し、電気設備に関する技術基準を定める省令（平成９年通商産業省令第52号）及び発電用太陽電池設備に関する技術基準を定める省令（令和３年経済

産業省令第29号）で定める技術基準への適合義務や経済産業大臣への電気主任技術者の選任・保安規程の届出が必要となる。また、出力50kW未満の場合については、届出等の手続きは不要であるが、設置者には技術基準への適合義務が生じる。

・　電気設備に関する技術基準を定める省令で定める技術基準については、令和元年2月に斜面等に設置される太陽光発電設備について規定が設けられたが、具体的な設計・施工方法について令和3年11月にNEDO（国立研究開発法人新エネルギー・産業技術総合開発機構）において傾斜地設置型太陽光発電システムの設計・施工ガイドラインが策定された。

・　さらに、太陽光発電設置に際し、盛土等の土地造成が必要となる場合、①（筆者注：前記(1)）にて既述のとおり、当該盛土等が行われる箇所における土地利用区分に応じ、様々な土地利用制度に基づいた規制がかけられている。

・　加えて、太陽光発電事業の実施に伴い、土砂災害や景観、水の濁り等の環境保全上の懸念が生じており、環境保全と両立した形で適正に太陽光発電を導入することが、地域の理解も得られ、結果的に太陽光発電事業の円滑な普及促進に貢献することとなることから、令和2年4月から新たに、太陽光発電事業が環境影響評価法（平成9年法律第81号）の対象事業として追加された。

・　環境影響評価法の対象とならない規模（出力3万kW未満）の太陽光発電事業についても、適切に環境配慮が講じられ、環境と調和した形での事業の実施が確保されることを目的として、ガイドライン（太陽光発電の環境配慮ガイドライン（令和2年3月）：環境省）が示され、自主的な環境配慮の取組を実施する旨が周知されている。当該ガイドラインでは、盛土等を行う場合は、土地の安定性を確保するため、適切な対策を実施する必要があるとされている。

## 4　静岡県熱海市の土石流発生箇所における土地利用規制等の状況

### (1)　前　提

提言13頁において、以下のとおりとされている。

> ・ 令和3年7月3日に静岡県熱海市において発生した土石流の発生箇所における土地利用規制等の状況や行政の対応等については、現在、静岡県と熱海市で調査中であり、詳細については今後公表することとされている。これまでの静岡県の発表資料等を基に事実関係を整理すると以下のとおり。

なお、「当該箇所の隣接地において太陽光発電施設が設置されたが、静岡県資料（令和3年10月18日）によれば、令和3年7月4日に県熱海土木事務所、県東部農林事務所が現地調査を実施し、太陽光発電施設地上の水の流れは、開発前に比べて、逢初川源頭部盛土の安定に影響を及ぼすことにはなっていないことが確認されている」（提言13頁）。

## (2) 「森林法」関係

森林法関係では、以下のとおりとされている（提言13頁）。

> ・ 当該箇所は地域森林計画対象の民有林であるため、1ヘクタールを超える盛土等の開発行為を行う場合、知事の許可が必要となるが、本事案では1ヘクタール未満の開発行為として静岡県条例に基づく届出が行われたため、許可が不要であった。
> ・ 工事開始後、現地調査の結果、許可を受けないまま1ヘクタールを超えて開発行為が行われていることが確認されたことから、平成19年5月に、県から行為者に対し、土地改変行為の中止・森林復旧の文書指導がなされた。
> ・ その後、平成20年8月に、行為者による是正措置が完了したとされている。

## (3) 「宅地造成等規制法」関係

宅地造成等規制法関係では、以下のとおりとされている（提言13頁）。

> ・ 当該箇所は宅地造成工事規制区域の範囲内であり、宅地造成に関する工事を行う場合は、知事（熱海市の場合、権限移譲により市長）の許可が必要であるが、本事案は宅地造成に関する工事ではないため、許可は不要であっ

た。

## (4)　「静岡県条例」関係

静岡県条例関係では、以下のとおりとされている（提言13頁）。

- 　当該箇所を含む静岡県全域において盛土等を行う場合は、条例に基づき知事への届出が必要とされている（1ヘクタール未満の盛土等を行う場合は、市長に権限が移譲されている。）。
- 　本事案では、平成19年3月に条例に基づく届出が熱海市になされていたが、届出書に記載された面積と現場の面積が異なっていたことから、平成21年7月に、熱海市により行為者及び施工業者に対して指導が行われた。また、同年11月に、熱海市から行為者に対して、工期及び工法の変更手続き、災害防止措置及び施工面積の確定をするよう指導が行われた（平成21年12月に、行為者から変更届出書が提出された。）。
- 　また、平成22年9月に、熱海市から行為者に対し、工事中止と完了届の提出をするよう指導が行われた。行為者が指導に従わないことから、同年10月、行為者に対し、土砂搬入の中止を要請した。
- 　その後、平成23年2月に、土地所有者が行為者から他者に変更された。

## (5)　「廃棄物処理法」関係

廃棄物処理法関係では、以下のとりとされている（提言14頁）。

- 　廃棄物については、土地利用区分にかかわらず、廃棄物処理法に基づき、不法投棄が禁止されている。
- 　本事案では、平成22年8月に盛土の中に木くずが混じっていることが発覚し、静岡県及び熱海市により撤去するよう指導が行われた。同年11月、静岡県の指導を受けて、関連会社が木くずを搬出したことの確認がなされた。

# 第3章　「盛土による災害の防止に関する検討会」の提言・その2

## ——危険な盛土箇所に関する対策と危険な盛土等の発生を防止するための仕組み

### 1　危険な盛土箇所に関する対策

#### (1)　基本的な考え方

基本的な考え方として、以下のとおりとされている（提言15頁）。

---

- 　盛土の総点検等で確認された「災害危険性の高い盛土」については、盛土の崩落等により人家、公共施設、農地等への影響が懸念され、国民の生活に重大な影響を及ぼす可能性があることから、安全性を確保するための対策を早期に実施する必要がある。
- 　対策は行為者等による是正措置が基本となる。このため、廃棄物担当部局と土地利用規制部局等が連携し廃棄物の有無を確認した上で、廃棄物が混入されていない盛土、混入されている盛土それぞれの場合に応じ、地方公共団体等から行為者等に対し、速やかに是正指導を行うべきである。
- 　他方、これまでの実例を踏まえると、行為者等が是正指導に従わない場合、又は存在しない、特定できない場合等、対策が円滑に進捗しないケースが見受けられるところである。また、行為者等による是正のみでは、対策までに大幅な時間を要し、安全確保に必要な対策を十分かつ機動的に実施できないことも十分懸念される。
- 　このため、「災害危険性の高い盛土」については、行為者等による是正措置のみならず、対策の緊急性等を踏まえながら、地方公共団体等による対策も含め、実施する必要がある。国は、こうした地方公共団体等による安全対策に対し、必要に応じ長期間にわたって、ソフト・ハード面での継続的な支援を行うことが求められる。
- 　また、安全対策が完了するまでの間、現地における監視体制の充実や緊急時の通報体制の構築などにより、盛土の崩落等による被害を未然に防止・

---

軽減する取組を行うことも重要である。

### (2) 行為者等に対する法令上の措置の徹底

#### (A) 廃棄物が混入されていない盛土の場合

廃棄物が混入されていない盛土の場合について、以下のとおりとされている（提言15頁〜16頁）。

- 総点検の結果、法令上の手続きが適切にとられていない盛土については、地方公共団体（土地利用規制部局等）より、行為者に対し、撤去等の必要な是正措置をとるよう速やかに指導を行う必要がある。特に、「災害危険性の高い盛土」については、優先して重点的に指導することが求められる。行為者がこれに応じず、法令等に基づく行政指導や行政処分（以下「行政処分等」という。）の対象となる場合は、躊躇なくこれを行い、厳正に対処するべきである。
- また、行為者が行政処分等に応じない場合や、行為者が確知できない場合で、法令等に基づき、土地所有者等に対して行政処分等が可能な場合は、地方公共団体（土地利用規制部局等）より土地所有者等に対しても、必要な是正措置をとるよう指導する必要がある。当該者がこれに応じない場合は、躊躇なく行政処分等を行うべきである。
- 現行法令の規制が及んでいない土地にある既存の盛土についても、人家や公共施設等に危害を生ずるおそれが大きいものについては、是正命令や行政代執行等による対応が可能となるよう、法制度を整備する必要がある（後述の「3.（2）危険な盛土等を規制するための新たな法制度の創設」（筆者注：後記2(2)）を参照。）。

#### (B) 廃棄物が混入されている盛土の場合

廃棄物が混入されている盛土の場合について、以下のとおりとされている（提言16頁）。

- 廃棄物が混入されていない盛土の場合における地方公共団体（土地利用

規制部局等）の対応に加え、廃棄物担当部局より、行為者等に対し速やか
に行政指導を行った上で、対象となる場合は躊躇なく廃棄物処理法に基づ
く措置命令等を行い、厳正に対処するべきである。

・　また、不法投棄を実施した者のみならず、斡旋又は仲介したブローカーや、
これを知りつつ土地を提供するなどした土地所有者等も行政処分等の対象
となり得ることから、事実関係を精査の上、厳正に対処する必要がある。

### (3) 危険箇所対策等

危険箇所対策等について、以下のとおりとされている（提言16頁）。

・　点検等によって判明した「災害危険性の高い盛土」については、人家等へ
の影響や現場状況（災害履歴、地質等）に応じて様々であり、そうした状況
に応じて各種の危険箇所対策等を講じることが急務である。

・　「災害危険性の高い盛土」については、抜本的な危険箇所対策（土砂の撤去、
擁壁、堰堤等）、一時的に崩落等の被害を回避するための応急対策（土嚢設
置等）、「災害危険性の高い盛土」か否か等を確認するための詳細調査（測量、
ボーリング、監視等）を行うことが考えられる。

・　このため、「災害危険性の高い盛土」を対象に、法令等に基づく行政処分
等を行ってもなお、行為者等による是正が困難であることが想定される場
合、地方公共団体等が行為者等に代わり、速やかに危険箇所対策を行って
いく必要がある。

・　また、地方公共団体が実施する危険箇所対策や応急対策、詳細調査につ
いては、国から地方公共団体に対し、行政代執行を含めた積極的対応を支
援することが求められる。

・　危険箇所対策については、行政代執行による手続きをとることを基本（緊
急の場合には一部の手続きを経ないで代執行をすることを含む。）とし、事
業に要した費用を行為者等に請求し、徴収に至った場合には、国からの支
援に相当する費用について、国庫への返還を行うべきである。

・　また、混入している不法投棄された廃棄物の処理についても同様に、詳
細調査や撤去・処分等について国から支援を行うとともに、例えば重量等
に基づいて要した費用を按分する等、国の支援が省庁をまたがっても円滑
に実施できる仕組みとすることが不可欠である。

### (4)　危険箇所対策が完了するまでの間の措置

危険箇所対策が完了するまでの間の措置について、以下のとおりとされている（提言17頁）。

- ・　「災害危険性の高い盛土」と特定された盛土については、各都道府県等において速やかにその内容を公表し、住民に周知等を図ることが望ましい。それとともに、緊急の通報体制の構築等により盛土の変状等の異常が発生した際や台風の接近等で大雨による土砂災害の発生が予想される場合に近隣の住民の迅速な避難につなげる情報を発信するなど、行政と住民の情報共有による被害の防止を図ることも重要である。盛土の点検結果等を踏まえ、市町村の地域防災計画や避難情報の発令基準等の見直しの検討が必要となった場合には、都道府県の関係部局が連携し、市町村等への適切な助言や支援を行うことが望ましい。
- ・　また、撤去等の措置により盛土の安全性が確保できるまでのソフト対策として、必要に応じ、監視カメラや定点観測等による現地状況の監視を行うことが重要であり、国による必要な支援が求められる。
- ・　行政においては、撤去等の措置を実施する部局の対応のみではなく、危機管理部局や被害を生じるおそれがある公共施設の管理者、警察や消防など関係者が連携して対応するべきである。

## 2　危険な盛土等の発生を防止するための仕組み

### (1)　基本的な考え方

基本的な考え方について、以下のとおりとされている（提言18頁）。

- ・　建設工事から発生する土のうち、コンクリート塊等の廃棄物が混じっているものは、建設現場等において土と廃棄物にできるだけ分別した上で、廃棄物については廃棄物処理法に基づき適正に処理を行う必要がある。
- ・　他方、廃棄物が混じっていない土（廃棄物と分別後のものも含む。）は、資源有効利用促進法及び同法施行令において「指定副産物」に定められ、再

生資源としての利用促進が特に必要なものとして位置付けられている。

- 廃棄物が混じっていない土は、水などと同様のどこにでもある自然由来のものであり、生活環境の保全上の支障を生じかねない廃棄物とは異なり、それ自体が生活環境の保全や公衆衛生上の支障を生じるものではなく、崩落等の安全性に配慮して、適切に活用あるいは自然に還していくべきものである。

- このため、廃棄物が混じっていない土については、廃棄物と同一視して同様の規制の下に置くことは適当ではなく、現行法の考え方を維持しつつ、崩落により人家等に影響を与えないよう、盛土等の崩落危険性を解消するための規制を強化することが重要と考える。その際、一定の区域内において一律に盛土造成等を禁止することは、厳しい私権制限となるおそれがあることに留意する必要がある。また、民間事業者による自主規制・設計基準の適用を促すことも重要である。

- 盛土等に対する規制については、これまで、各種土地利用制度により、それぞれ、当該地域での土地利用の目的に着目して規制する仕組みであったことに加え、都道府県や市町村で定める条例についても規制内容に差異があったため、結果として、規制の弱い地域に危険な盛土等が発生していたと考えられる。

- このため、崩落による人家等への被害が生じないよう、危険な盛土造成等を規制するための新たな法制度を創設するべきである。また、新たな制度を実効性のあるものとするため、法施行体制・能力を強化するとともに、制度を所管する関係部局間の緊密な連携が重要であることから、今般設置された関係府省連絡会議を継続して開催するなど、チェック体制を充実すべきである。また、当該会議において、制度を運用する地方公共団体からの相談内容を共有し、関係府省で連携して対応することも重要である。

- また、建設現場から搬出される自然由来の土についても、搬出先の適正を確保するための方策を講じることも重要である。加えて、廃棄物混じり土の発生を防止するため、建設現場等における土と廃棄物の分別促進・適正処理の徹底も図っていく必要がある。

- なお、盛土等に関連して土壌汚染の懸念がある場合等は、土壌汚染対策法(平成14年法律第53号)等に基づき、適切に対応していくことが肝要である。

- 太陽光発電設備については、近年、導入に対して抑制的な条例等も制定されるなど、地域の懸念（住民説明会の開催を義務化する等の条例はこの

5年で約5倍となり、令和2年度末で134件となっている）が高まっており、このような懸念に向き合って適切に対応していくことが重要である。

### (2)　危険な盛土等を規制するための新たな法制度の創設

危険な盛土等を規制するための新たな法制度の創設について、以下のとおりとされている（提言19頁〜21頁）。

盛土等に伴う災害の発生を防止するため、以下の観点に留意しつつ、危険な盛土等を包括的に規制する法制度を構築するべきである。
① 国による基本方針の策定等
・ 盛土等に伴う災害の発生防止のための対応策は、土地利用規制、廃棄物処理等多くの行政分野に及ぶものであり、それらが相互に連携しながら取組を進めていくことが効果的であることから、国が危険な盛土等への対策に関して国土全体にわたる総括的な考え方を示すとともに、関連する対応策を総覧できる基本方針を策定し、その方針の下で、地方公共団体が規制等を円滑に実施できるようにすることが重要である。
・ 規制に関する事務の遂行においては、一定の専門的・技術的な知見や執行体制が必要であり、現在、宅地造成等規制法や都市計画法（開発許可制度）、森林法（林地開発許可制度）等の土地利用制度において主に都道府県知事が自治事務として処理していることも踏まえ、新たな法制度に基づく規制についても同様とすることが合理的である。その際、後述の規制対象区域の指定において市町村長からの意見の申出を可能とするなど、地域の実情を最も把握しやすい立場にある市町村と都道府県とが連携しながら事務を遂行する仕組みとすべきである。
・ 新たな法制度により全国的な規制を行うに当たっては、地方公共団体において不適正な盛土による災害の防止等を目的として定めている条例との関係について、整理する必要がある。
② 隙間のない規制
・ 危険な盛土等を隙間なく規制するため、宅地・森林・農地などの造成、土砂の投棄・一時的な堆積といった行為の目的や、都市地域・森林地域・農業地域といった土地の利用区分にかかわらず、人家等に被害を及ぼし得る盛土等を許可にかからしめるなどの措置を講ずる必要がある。

- 　規制に当たっては、それが過度な私権制限とならないよう、盛土等に伴う災害の発生防止の目的に照らして必要かつ十分な一定の対象区域を設定して行うことが適当である。区域の設定に当たっては、①盛土等に伴う土砂の流出等によって近隣の人家等に被害が生ずる蓋然性が高い市街地や集落のエリアのほか、②人家等から離れた場所であっても、地形等の条件から、盛土等が崩落した場合に土砂が流下して下方の人家等に危害を及ぼし得る斜面地のエリアなどについても、対象とする必要がある。
- 　地方公共団体が盛土等に伴う災害発生のリスクを正確に把握し、規制対象区域の設定や盛土等に伴う災害の防止のために必要な対策を的確かつ迅速に遂行できるよう、定期的に、包括的な基礎調査を行う仕組みを構築するべきである。

③　盛土等の安全性の確保

- 　盛土等の規制に当たっては、災害の発生防止を目的として宅地造成のための盛土等を厳格に規制している宅地造成等規制法の安全基準などを参考に、盛土等が行われるエリアの地形・地質等に応じて、災害の発生防止のために必要かつ十分な安全基準を設定し、その安全性を確保する必要がある。特に、山間部の谷筋など地形・地質上危険度の高いエリアにおいては、それに応じた厳格な安全基準を設定し、安全対策に万全を期することが求められる。
- 　地方公共団体が制定している盛土等に関連する条例の規定のうち、盛土等の安全性の確保の観点から全国一律に措置することが適当であると考えられるものについては、法律において、全国一律のルールとして規定することも必要である。
- 　例えば、盛土等に係る安全基準は全国一律のものとし、法律において当該基準への適合を求めることが適当である。
- 　また、盛土等の実施に当たっては、安全かつ適正な工事が円滑に行われるよう、土地所有者等の同意や周辺住民への事前周知（説明会の開催等）を求めることが適当である。
- 安全基準に沿って安全対策が確実に行われていることを確認するため、
  - ─盛土等の施工状況の定期的な報告
  - ─施工中の検査
  - ─工事完了後の検査

等により、工事期間全体を通じて安全対策をチェックする仕組みを設ける

べきである。
・ 規制に当たっては、地方公共団体が地域の実情に応じて対応できるよう、条例等により、地質や気象条件などの地域の特殊性に応じて安全基準を強化したり、安全対策のチェック項目等を上乗せしたりできるようにすることが考えられる。

④ 責任の所在の明確化と危険性の確実な除去
・ 盛土等が行われた土地について工事完了後もその安全性が継続的に担保されるよう、土地の所有者等（盛土等の工事完了後に当該土地を譲渡等された所有者等を含む。）が常時安全な状態に維持する責務を有することを明確化することが重要である。
・ 災害防止のため必要なときは、土地の所有者等だけでなく、原因行為者に対しても、安全対策の実施を求めることを可能とすることも必要となる。
・ 土地所有者等によって危険な盛土等の安全対策が適切に講じられず、これを放置すると災害発生の危険性が高い場合には、土地所有者等に代わって、行政が自らその危険性を迅速に除去するための措置を講ずることを可能とするべきである。

⑤ 厳格な罰則
・ 現状では条例による罰則が抑止力として十分機能していないとの指摘を踏まえ、必要な許可等を取得せずに盛土等を行った者や安全基準に違反して盛土等を行った者等に対し、条例による罰則の上限を上回る水準を目安として、厳格な罰則を措置する必要がある。
・ 法人が違反行為に関与する場合については、法人に対しても十分な抑止力となる水準の罰金刑を科すことも重要である。

### (3) 法施行体制・能力の強化

法施行体制・能力の強化について、総論として、以下のとおりとされている（提言22頁）。

・ 過去の盛土の崩落事例では、法令に基づく改善命令等が行われたケースが必ずしも多くないことから、制度の運用に当たっては、ノウハウの共有や体制等を考慮していく必要がある。新たな法制度を実効性のあるものと

するためには、違反行為に対する厳格な罰則を措置することに加え、衛星写真データなどの活用も含め平素からの監視や違反行為の早期発見、関係機関での情報共有や行為者等に対する迅速な行政処分等など、法の施行体制・能力を強化することが極めて重要である。
・　特に、新たな法制度に基づく許可を受けていない土地で盛土等が作られた場合や、許可を受けたものの申請と異なる盛土等が作られた場合など、いわゆる不法盛土に対する対処体制をしっかりと確立する必要がある。
・　まずは、許認可権者である地方公共団体の体制を確立するとともに、新たな法制度所管部局と廃棄物担当部局や警察など関係部局間の連携を強化することが不可欠である。また、行政のみならず住民等も含め、地域一体となった不法盛土への監視体制を整えていくことも必要である。併せて、盛土行為や土砂の運搬等に関連する事業者への対応を強化することが重要である。
・　なお、地方公共団体は新たな法制度所管部局を決める必要があるが、国としても、地方公共団体の取組状況を把握し、情報提供や助言を行うなど、早期の執行体制の確立を促す必要がある。当該部局を決めるに当たっては、既存の法制度所管部局との整合性、規制当局としての専門性・中立性の確保、都市計画法・森林法・農地法・廃棄物処理法等の関連法令所管部局との連携体制の確保などに留意すべきである。

また、各論として、以下のとおりとされている（提言22頁〜23頁）。

①　不法盛土発見時の現認方法、手続等のガイドラインの整備
・　地方公共団体による不法盛土への対処が適切に行われるよう、違法性の疑いのある盛土等を発見した際の違法性や安全性等に関する現認方法や、その後の対応のために必要な法的手続きや安全対策等について、ガイドラインを整備することが不可欠である。
②　地方公共団体における新たな法制度所管部局、廃棄物担当部局、警察等との連絡会議、人事交流等の実施
・　不法盛土については、地方公共団体における新たな法制度所管部局だけでなく、廃棄物の不法投棄対策を行う廃棄物担当部局や、不法行為の取締りを行う警察等関係部局等と緊密に連携して対応する必要があるため、定

期的に関係者による連絡会議を開催することが重要である。
・　また、必要に応じて、新たな法制度所管部局と廃棄物担当部局や警察等
の関係部局の間で人事交流を行うなど、関係部局間の連携がより一層効果
的になる取組を行うことが求められる。
③　許可地一覧の公表、現地掲示と地方公共団体内の通報情報の共有
・　3.（2）（筆者注：前記(2)）の新たな法制度に基づく許可を受けた盛土等
について、地方公共団体による許可地一覧の公表や、建設現場等における
許可を受けている旨の表示を求めることで、住民等が不法盛土を認識しや
すい環境を整備するとともに、ワンストップの相談窓口を整備するなど、
通報しやすい環境を整備することが重要である。
・　また、地方公共団体内の関係部局間において、入手した不法盛土に関す
る通報情報を共有することで、不法盛土の早期発見に努めるよう促すべき
である。
④　関連事業者への対応
・　建設業法（昭和24年法律第100号）においては、建設業者が建設業法以外
の法令に違反し、建設業者として不適当と認められる場合、当該建設業者
に対して必要な指示及び営業の停止を命じることができる。建設業者が新
たな法制度に違反した場合についても、この措置の対象に位置付けるべき
である。
・　建設現場等から土砂を搬出するトラック運送事業者については、搬出先
が新たな法制度の許可等を受けているかどうかの確認を要請するとともに、
許可地以外に運搬する等の悪質な行為を行った場合には、当該事業者を貨
物自動車運送事業法（平成元年法律第83号）に基づく指導・処分の対象とす
るべきである。
・　廃棄物処理法においては、廃棄物処理業者が廃棄物処理法以外の法令に
違反し、廃棄物処理業者として廃棄物の適正な処理を確保することができ
ないと認められる場合、当該廃棄物処理業者に対して事業の停止を命ずる
ことができる。廃棄物処理業者が新たな法制度や貨物自動車運送事業法に
違反した場合についても、適切に対処するべきである。

### (4)　建設工事から発生する土の搬出先の明確化等

建設工事から発生する土の搬出先の明確化等について、総論として、以下
のとおりとされている（提言24頁）。

> - 　建設工事から発生する土のうち、廃棄物が混じっていないもの（廃棄物と分別後のものも含む。）は、水などと同様のどこにでもある自然由来のものであり、生活環境の保全上の支障を生じかねない廃棄物とは異なり、それ自体が生活環境の保全や公衆衛生上の支障を生じるものではなく、崩落等の安全性に配慮して、適切に活用あるいは自然に還していくべきものである。既に、資源有効利用促進法等において位置付けられているところではあるが、引き続き、再生資源としての利用促進が特に必要なものである。
> - 　このため、このような自然由来のものである土自体を、廃棄物と同一視して同様の規制の下に置くことは、経済活動に対して過度な規制となるおそれがあり適当ではないが、不法盛土の発生を防止し、建設発生土の適正利用等を徹底する観点から、新たな法制度の創設と連携した建設発生土の発生側での取組等として、建設発生土の搬出先の明確化等を行う必要がある。
> - 　建設発生土の搬出先の明確化等を行うに当たっては、専門的知見を持ち建設工事の施工全般に責任を持つ元請業者側による取組と、その元請業者に建設工事を注文する発注者側、特に公共工事の発注者側による取組とを、一体的に強化することが重要である。
> - 　また、発注者側における取組については、まずは国が率先して取り組むことはもとより、地方公共団体や民間発注者についても、これまで以上に積極的な役割を果たすことが求められる。

また、各論として、以下のとおりとされている（提言24頁〜27頁）。

> ①　元請業者による建設発生土の搬出先の明確化等
> <公共・民間工事での建設発生土の再生資源利用促進計画の徹底等>
> - 　元請業者による建設発生土の搬出先の明確化に当たっては、搬出先の適正確保と資源としての有効活用を一体的に図っていくことが、建設発生土の不適正処理の防止に効果的であることから、現行の資源有効利用促進法等に基づく再生資源利用促進の仕組みを活用し、これを強化していくことが適切である。
> - 　具体的には、建設発生土の搬出先が適正であり、また、当該搬出先に実際に搬出されたことを事後的にも確認できるよう、元請業者に対し、再生

資源利用促進計画の作成等に際して、搬出先における３.（２）（筆者注：前記(2)）の新たな法制度の許可等の有無の確認や、搬出時に搬出先から交付される土砂受領書等の確認を新たに義務付けるべきである。

・　加えて、再生資源利用促進計画の作成対象工事を拡大するとともに、これらの書類の保存期間を延長することも重要である。

・　資源有効利用促進法に基づく立入検査や勧告・命令の対象事業者を拡大するとともに、再生資源利用促進計画の建設現場への掲示を義務付けることにより、建設発生土の不法盛土への悪用防止と適正な利用を徹底していくことが求められる。

・　加えて、汚染された土壌の搬出防止を図るため、元請業者が再生資源利用促進計画を作成する際に、土壌汚染対策法に基づく土地の形質変更の届出の有無、土壌汚染状況調査の実施命令の有無、調査実施命令を受けた場合の基準超過の有無など、発注者等が行った土壌汚染対策法上の手続き結果を元請業者が確認するようにすべきである。

・　また、元請業者による適正な搬出先の選定に資するよう、新たな法制度に基づく盛土等の許可地一覧表について、元請業者等へ周知を行うべきである。

・　発注者は建設工事の注文者として、自らの工事から発生する土砂とその適正処理について関心を持ち、必要な費用等を適切に負担することが求められる。

・　このため、発注者に対して、建設発生土の適正な処理が行えるよう、国から契約締結時における適切な費用負担や、予期せぬ費用増が生じた場合には追加負担について受注者と適切に協議することなどを改めて要請すべきである。

・　また、発注者が自らの建設工事から発生する土砂とその搬出先等について情報を得て、必要に応じてその変更等を求めることができるよう、元請業者は再生資源利用促進計画の建設現場への掲示に先立ち、その内容を発注者に報告・説明することが適当である。

・　さらに、継続的に大規模な建設工事を発注している民間発注者については、公共工事の発注者と同様に、工事の発注段階で建設発生土の搬出先を指定する、指定利用等の取組の実施や、それが困難な場合でも元請業者により適正処理が行われることを確認するなど、建設発生土の適正処理にこれまで以上の積極的な役割を果たすことが期待されるところであり、とり

わけ公益性の高い事業を行っている会社等は率先して取り組むことが求められる。この旨をガイドライン等で明確化すべきである。

② 公共工事の発注者による建設発生土の搬出先の明確化等

＜指定利用等の徹底＞

・　公共工事においては、発注者が行政主体であることから、工事の発注段階で建設発生土の搬出先を指定する、指定利用等の取組を徹底していくことが重要である。公共工事のうち国発注工事においては、従前より指定利用等を適用しており、ほぼ全ての工事で指定利用等が図られている。引き続き、指定利用等の実施について全省庁で取組を徹底する必要がある。

・　一方、地方公共団体の発注工事では、指定利用等の適用は一定程度進んでいるものの、国と比較すると、なお改善の余地がある。今般、盛土問題が地方公共団体共通の大きな課題となっていることを踏まえ、地方公共団体各々が自らの問題として、建設発生土の有効利用等について主体的かつ積極的に取り組んでいくことが強く求められている。そのため、地方公共団体は自らの発注工事において指定利用等の原則実施を目指すことが重要であり、国と地方の関係に留意しつつ、国から地方公共団体に要請すべきである。

・　また、指定利用等の促進に当たっては、発注者が工事の発注段階で建設発生土の運搬・処理費を適切に計上するなど、現場の関係者が円滑に対応できるような環境を整え、実効性を確保していくことが必要である。地方公共団体発注の公共工事については、各地方建設副産物対策連絡協議会を活用して、国から、指定利用等の徹底や、それに伴う適切な処理費の負担等について周知を行うことも重要である。

・　国は、公共工事における指定利用等の実施状況について、定期的にフォローアップを実施するとともに、フォローアップの状況等を踏まえ、その結果を公表するなど、地方公共団体における指定利用等が促進される方策を検討すべきである。

③ 建設発生土の更なる有効利用に向けた取組

＜建設発生土の工事間利用の促進＞

・　建設発生土を工事間で有効利用することは、建設発生土の需要を拡大し、不法盛土の発生の防止を図る上でも重要である。

・　このため、他工事等から建設発生土の搬入を行う工事の際に、あらかじめ元請業者が作成する再生資源利用計画の作成対象工事を拡大するととも

に、再生資源利用計画の建設現場への掲示等を新たに義務付け、建設発生土の更なる有効利用を図るべきである。

- また、各地方建設副産物対策連絡協議会において、建設発生土の需給状況や、新たな法制度に基づく盛土等の許可地一覧等について情報を共有し、工事間の利用調整を行う等、建設発生土の更なる有効利用を促進するための取組を講じることが重要である。

- さらに、公共工事間はもとより、官民の工事間利用を促進するため、官民有効利用マッチングシステム（公共・民間工事間の建設発生土の工事間利用に係るマッチングを促進するためのオンライン情報交換システム）を積極的に活用するよう、国から各地方建設副産物対策連絡協議会を通じて、地方公共団体や建設業団体、民間発注者に対して継続的に依頼を行うことが求められる。また、工事間利用の好事例について共有することが望ましい。

- 国では、必要に応じ、工期・土質等の異なる工事との利用調整のため、自らの事業用地等に一時的に建設発生土を保管する等の取組を行っている。地方公共団体発注の公共工事においても、工期・土質等の異なる工事間での利用のため、自らも同様の取組を行う必要がある。

＜事業の計画・設計段階からの取組の推進＞

- 公共工事、特に国発注の公共工事においては、建設発生土の発生抑制や有効利用の取組推進等、事業の計画・設計段階から必要な対策を検討するよう率先して取り組むべきである。

＜建設発生土活用の優良事例の展開＞

- 適切な土質改良が必要な建設発生土等の利用促進を図るため、国において建設発生土の利活用事例集を作成し、横展開を図ることが必要である。

## (5)　廃棄物混じり盛土の発生防止等

廃棄物混じり盛土の発生防止等について、総論として、以下のとおりとされている（提言28頁）。

- 廃棄物が混じっている土については、建設現場等において土と廃棄物をできるだけ分別した上で、分別された廃棄物については、廃棄物処理法に基づき、適切な処理を行う必要がある。

- 廃棄物の処理については既に厳格に規制されているところではあるが、

廃棄物が混じった盛土の発生を防止するためには、建設現場等における遵守体制をさらに強化することが重要である。

・　また、これらの取組を行ってもなお廃棄物が混じった盛土が発生した場合の、早期発見及び迅速な行政処分等を可能とするための対処体制を確立することも不可欠である。

また、各論として、以下のとおりとされている（提言28頁～29頁）。

①　マニフェスト管理等の強化

・　建設現場への立入調査時に、排出事業者（元請業者）のマニフェスト交付を確認することなどで、産業廃棄物の適正処理を確保することが重要である。

・　産業廃棄物の不法投棄（令和元年度新規判明分）のうち、投棄件数の8割以上、投棄量の半分以上が建設系廃棄物であり、不法投棄実行者の内訳を見ると産業廃棄物収集運搬業許可業者による投棄量が最も多いことから、建設工事における電子マニフェストの利用を促進することにより、産業廃棄物の不適正処理を防止することが求められる。

②　関連事業者の法令遵守体制の強化

＜建設現場パトロールの強化＞

・　建設現場における廃棄物混じり土の分別促進・適正処理の徹底を図るため、地方公共団体の建設リサイクル担当部局、環境部局、労働基準監督署が連携し実施している建設現場パトロールの強化を図るべきである。

・　具体的には、新たに「廃棄物混じり土」や「土壌汚染対策法の手続き結果の確認」を確認対象に追加し、法令遵守の指導や法令違反の疑いがある場合の関係部局への通報等を行うことが重要である。また、建築確認部局とも連携した現場の選定により建設現場パトロールの効果的な実施を図っていくことや、いわゆる抜き打ちによる確認も重要である。

＜廃棄物処理法違反等に対するペナルティ強化＞

・　廃棄物混じり土の適正処理の徹底を図るため、建設業者に対して地方公共団体の廃棄物担当部局の担当窓口を再周知するとともに、建設業許可の更新時や建設業法に基づく立入検査の機会、建設工事に係る資材の再資源化等に関する法律（平成12年法律第104号）に基づく届出の機会を捉え、廃棄物混じり土の適正処理等について関係者に注意喚起を徹底すべきである。また、廃棄物処理法違反に対する建設業法に基づく建設業者へのペナルティ

を強化していくべきである。

＜地方公共団体との優良事例・対策の共有＞

・　廃棄物の不適正処理事案への対応について、廃棄物担当部局と警察が密接に連携してきた経験を踏まえ、警察との連携等に関する優良事例を収集し、不法盛土対応に当たっても参考にできるよう、新たな法制度所管部局にも共有するべきである。

・　地方公共団体の廃棄物担当部局、土壌汚染担当部局及び新たな法制度所管部局向けのセミナーを開催し、廃棄物混じり盛土事案への対応のポイントを説明・共有することなどにより、廃棄物混じり盛土の発生防止及び適切な対応を図ることが不可欠である。

③　廃棄物混じり盛土等への対処体制の確立

・　地方公共団体の関係部局間において、入手した不法盛土に関する通報情報を共有することで、不法盛土の早期発見に努めるよう促すとともに、関係法令に基づく行政処分等の迅速化と警察への積極的な告発等について周知徹底し、対処体制の確立を促すべきである。

・　産業廃棄物の不法投棄等事案に対する専門家派遣による技術的助言を行う事業、及び国民からの通報を受け付ける不法投棄ホットライン（産廃110番）の取組で盛土関係事案の情報を入手した場合は、新たな法制度所管部局へ情報提供を行うなど、連携体制を確立することも重要である。

## (6)　盛土等の土壌汚染等に係る対応

盛土等の土壌汚染等に係る対応について、以下のとおりとされている（提言30頁）。

・　盛土等の土壌汚染等対策については、まず、土壌汚染対策法に基づく調査や、土地所有者等による自主的な調査（以下「自主調査」という。）等の情報を幅広く活用して、汚染された土壌が盛土等に不適切に利用されることを防ぐことが重要であり、新たな法制度所管部局が土壌汚染等担当部局と連携し、情報共有等を図ることが不可欠である。

・　また、上記の調査の結果、盛土等の一部に汚染があることが判明した場合や改良材等に起因する土壌汚染の懸念が生じた場合に、土壌汚染対策法に基づく報告徴収・立入検査の実施や、状況に応じた調査命令の発出によ

る早期の状況把握に努めるよう、国から地方公共団体に対し促すことが重要である。地方公共団体は、土壌汚染対策法に基づく区域指定等を行い、必要に応じて地下水等経由の摂取や直接摂取による人への影響を防止する合理的な措置をとることが重要である。

・　加えて、汚染土壌の適切な管理を確保するため、国は、地方公共団体を通じ、区域指定の申請制度（自主調査の結果、汚染が判明した場合に、都道府県知事等に対し区域指定を申請することができる制度）の活用を土地所有者等に対して促すとともに、土壌汚染対策法に基づく区域指定がなされていない地域から汚染土壌を搬出・処理する場合であっても、土壌汚染対策法の規定に準じ適切に取り扱うよう、発注者等に対して促すことが求められる。

## (7)　太陽光発電に係る対応

太陽光発電に係る対応について、以下のとおりとされている（提言30頁〜31頁）。

・　再エネ特措法では、再生可能エネルギー発電事業計画を認定する際の基準の一つとして、関係法令遵守が位置付けられており、3．(2)（筆者注：前記(2)）の新たな法制度についても関係法令に新たに位置付けるとともに、新たな法制度や森林法、農地法等の関係法令に違反した場合には、再エネ特措法の規定に基づき、厳格に対処すべきである。また、法令のあり方や運用を間断なく検証し、必要な見直しを行うべきである。

・　また、盛土総点検に加えて太陽光発電設備の点検を実施している地方公共団体もあることから、再エネ特措法に基づく認定設備と盛土可能性箇所データ等を重ね合わせた情報の提供が国から地方公共団体に対して行われている。こうした取組に加え、地方公共団体を集めた連絡会なども活用し、地方公共団体との連携を強化していくべきである。

・　さらに、地球温暖化対策の推進に関する法律の一部を改正する法律（令和3年法律第54号）により、市町村は、地域の脱炭素化を促進する施策の一つとして、再生可能エネルギーを活用した事業（地域脱炭素化促進事業）の対象となる促進区域を定めるよう努めることとされる。促進区域設定の

検討に当たっては、土砂災害の防止の観点から規制されているエリアについて、近年の土砂災害等の懸念を踏まえつつ、土地の安定性を含む環境保全の観点から十分に考慮すべきである。

・　発電用太陽電池設備に関する技術基準を定める省令で定める発電設備の技術基準については、具体的な技術仕様に関するガイドラインが策定されたところであり、これを設置者に適切に遵守させるため周知を徹底するとともに、必要に応じて電気事業法に基づく報告徴収・立入検査の実施等を行うべきである。

# 第4章　改正宅地造成等規制法（宅地造成及び特定盛土等規制法）のポイント等

## 1　宅地造成等規制法改正の背景・必要性

　令和3年（2021年）7月3日に発生した、静岡県熱海市伊豆山地区における土砂災害とその後の盛土の総点検によって、盛土をめぐる問題点が明らかになった。

　現行制度は、宅地の安全確保、森林機能の確保、農地の保全等を目的とした宅地造成等規制法、森林法、農地法等の法律によって、開発を規制していたが、各法律の目的の限界等から、盛土等の規制が必ずしも十分でないエリアが存在した。また、一部の地方公共団体では条例を制定して規制していたが、それでも十分ではなかった。

　そこで、盛土等による災害から国民の生命・身体を守るため、「宅地造成等規制法」を法律名・目的も含めて抜本的に改正し、土地の用途（宅地、森林、農地等）にかかわらず、危険な盛土等を全国一律の基準で包括的に規制する「宅地造成等規制法の一部を改正する法律」（令和4年法律55号）が令和4年（2022年）5月20日に制定され、5月27日に公布された。

## 2　改正宅地造成等規制法（宅地造成及び特定盛土等規制法）のポイント

　危険な盛土等を包括的に規制し、盛土等に伴う災害の防止をめざす改正宅地造成等規制法（宅地造成及び特定盛土等規制法）のポイント（狙い）は、次のとおりである。

　(1)　隙間のない規制

　　(A)　規制区域

　都道府県知事等が、宅地、農地、森林等の土地の用途にかかわらず、盛土等により人家等に被害を及ぼしうる区域を「特定盛土等規制区域」として指

定する。

### (B)　規制対象

許可の対象は、農地・森林の造成や土石の一時的な堆積も含め、特定盛土等規制区域内で行う盛土等であり、宅地造成等の際の盛土だけではなく、単なる土捨て行為や一時的な堆積についても規制する。

### (2)　盛土等の安全性の確保

#### (A)　許可基準

盛土等を行うエリアの地形・地質等に応じて、災害防止のために必要な許可基準を設定する。

#### (B)　中間検査・完了検査

許可基準に沿って安全対策が行われているかどうかを確認するため、施工状況の定期報告、施工中の中間検査および工事完了時の完了検査を実施する。

### (3)　責任の所在の明確化

#### (A)　管理責任

盛土等が行われた土地について、土地所有者等が常時安全な状態に維持する責務を有することを明確化した。

#### (B)　監督処分

災害防止のため必要なときは、土地所有者等だけでなく、原因行為者に対しても、是正措置等を命令する。当該盛土等を行った造成主や工事施工者、過去の土地所有者等も、原因行為者として命令の対象になりうる。

### (4)　実効性のある罰則の措置

罰則が抑止力として十分機能するよう、無許可行為や命令違反等に対する懲役刑および罰金刑について、条例による罰則の上限（懲役2年以下、罰金100万円以下）より高い水準に強化した。

第3部

# 新旧対照・逐条解説

第3部では、宅地造成及び特定盛土等規制法について、各条を新旧条文を掲げて解説する。なお、次の3点に留意されたい。

①　国土交通省のウェブサイトに掲載されている「宅地造成等規制法の一部を改正する法律案新旧対照条文」は、形式的に新法と旧法の条文を対照している。たとえば、「基本方針」を定める新法3条は、「宅地造成工事規制区域」を定めていた旧法3条と対照している。しかし、実質（内容）を考えると、旧法3条は新法3条と対照させるべき条文ではなく、「宅地造成等工事規制区域」を定める新法10条と対照すべき条文であり、「基本方針」を定める新法3条は新設条文である。そのため、本書の「新旧対照条文」では、「基本方針」を定める新法3条は「新設」条文として掲載し、「宅地造成等工事規制区域」を定める新法10条は「宅地造成工事規制区域」を定めていた旧法3条を対照条文とした。

②　新設条文が多い新法では、旧法との対比だけでなく、新法同士を対比し参照するとわかりやすい条文もある。それについては、新法の他の条文を参照条文として掲載した。

③　国土交通省の新旧対照条文においては、条文の内容に変更がなく、条番号や項番号だけが改正（繰り上げ、繰り下げ）されたものは、条文を掲載せずに「（略）」と表記されている。しかし、それではその条文はもとより、前後の条文の理解も難しいため、本書の「新旧対照条文」では、それらの条文も掲載した。

④　新法の政令は未制定だが、旧法2条、8条、9条、20条等のように、政令とセットで理解すべき条文があるため、それについては、関連する旧法の政令（宅地造成等規制法施行令）を掲載した。また、旧法の国土交通省令（宅地造成等規制法施行規則）についても重要なもの（だけ）を一部掲載した。

# 目次

1　旧法の宅地造成等規制法は、全7章、全30条からなる法律であったが、新法の宅地造成及び特定盛土等規制法は、①宅地造成のほかに、②特定盛土等、③土石の堆積、等を新たに定義した（2条）ことを受けて、「第2章　基本方針及び基礎調査」、「第5章　特定盛土等規制区域」、「第6章　特定盛土等規制区域内における特定盛土等又は土石の堆積に関する工事等の規制」の章が新設されるとともに多くの条文が新設され、全10章、全61条の法律になった。

2　新法では、基本方針および基礎調査を定める第2章（3条～9条）が新設された。

3　旧法は、第2章で「宅地造成工事規制区域」（3条～7条）を定め、第3

章で「宅地造成工事規制区域内における宅地造成に関する工事等の規制」（8条〜19条）を定めていた。しかし、新法1条では、旧法が規制の目的としていた「宅地造成」だけでなく、「特定盛土等」と「土石の堆積」の規制も法の目的とされた。そのため、第1に宅地造成等を規制するため、旧法第2章の「宅地造成工事規制区域」（3条〜7条）と旧法第3章の「宅地造成工事規制区域内における宅地造成に関する工事等の規制」（8条〜19条）が、新法第3章の「宅地造成等工事規制区域」（10条）と新法第4章の「宅地造成等工事規制区域内における宅地造成等に関する工事等の規制」（11条〜25条）に大幅に改正された。そして、第2に、新たに新法の目的とした特定盛土等と土石の堆積を規制するため、第5章の「特定盛土等規制区域」（26条）と第6章の「特定盛土等規制区域内における特定盛土等又は土石の堆積に関する工事等の規制」（27条〜44条）が新設された。

　したがって、新法全体を理解するためには、第1に、新法の第3章10条の「宅地造成等工事規制区域」と旧法の第2章3条の「宅地造成工事規制区域」を対比し、また、新法の第4章「宅地造成等工事規制区域内における宅地造成等に関する工事等の規制」（11条〜25条）と旧法の第2章「宅地造成工事規制区域」の4条〜7条および旧法の第3章「宅地造成工事規制区域内における宅地造成に関する工事等の規制」（8条〜19条）を対比しながら理解する必要がある。

　その理解のうえで、第2に、新法の第5章「特定盛土等規制区域」（26条）と第6章「特定盛土等規制区域内における特定盛土等又は土石の堆積に関する工事等の規制」（27条〜44条）の新設条文も旧法の第3章「宅地造成工事規制区域内における宅地造成に関する工事等の規制」（8条〜19条）と対比しながら理解する必要がある。

　さらに、新法が新設した「特定盛土等規制区域」（26条）と「特定盛土等規制区域内における特定盛土等又は土石の堆積に関する工事等の規制」（27条〜44条）は、同じく新法が新設した「宅地造成等工事規制区域」（10条）と「宅地造成等工事規制区域内における宅地造成等に関する工事等の規制」（11条〜

25条）の規定と対比すれば、より理解しやすい。とりわけ、そこで定めるさまざまな手続規定は、共通するものが多いので、新法同士の条文の対比も重要である。

4　その他の章については、新法第7章「造成宅地防災区域」（45条）と旧法第4章「造成宅地防災区域」（20条）を、新法第8章「造成宅地防災区域内における災害の防止のための措置」（46条〜48条）と旧法第5章「造成宅地防災区域内における災害の防止のための措置」（21条〜23条）を、新法第9章「雑則」（49条〜54条）と旧法第6章「雑則」（24条・25条）を、新法第10章「罰則」（55条〜61条）と旧法第7章「罰則」（26条〜30条）をそれぞれ対比しながら理解する必要がある。

5　なお、新法の政令、主務省令はまだ制定されていないが、新法2条（旧法2条）、12条（旧法8条）、13条（旧法9条）、45条（旧法20条）等、政令、主務省令とセットで理解すべき条文については、旧法の政令（宅地造成等規制法施行令）、国土交通省令（宅地造成等規制法施行規則）も対比、参照しながら理解する必要がある。

# 第1章　総則（1条・2条）

### 第1条　目的

| 改正後（新） | 改正前（旧） |
| --- | --- |
| （目的）<br>第1条　この法律は、宅地造成、特定盛土等又は土石の堆積に伴う崖崩れ又は土砂の流出による災害の防止のため必要な規制を行うことにより、国民の生命及び財産の保護を図り、もって公共の福祉に寄与することを目的とする。 | （目的）<br>第1条　この法律は、宅地造成に伴う崖崩れ又は土砂の流出による災害の防止のため必要な規制を行うことにより、国民の生命及び財産の保護を図り、もって公共の福祉に寄与することを目的とする。 |

旧法は、宅地造成に伴う崖崩れ等、の規制を目的としていたが、新法1条は、①宅地造成のほか、②特定盛土等、③土石の堆積、に伴う崖崩れ等の規

制を目的とした。すなわち、「この法律は、宅地造成、特定盛土等又は土石の堆積に伴う崖崩れ又は土砂の流出による災害の防止のため必要な規制を行うことにより、国民の生命及び財産の保護を図り、もつて公共の福祉に寄与することを目的とする」（新法1条）。

## 第2条　定義

| 改正後（新） | 改正前（旧） |
|---|---|
| （定義）<br>第2条　この法律において、次の各号に掲げる用語の意義は、当該各号に定めるところによる。<br>　一　宅地　農地、採草放牧地及び<u>森林（以下この条、第21条第4項及び第40条第4項において「農地等」という。）並び</u>に道路、公園、河川その他政令で定める公共の用に供する施設の用に供されている土地<u>（以下「公共施設用地」という。）</u>以外の土地をいう。<br>　二　宅地造成　宅地以外の土地を宅地にするために<u>行う盛土その他の土地の形質の変更で政令で定めるもの</u>をいう。<br>　三　<u>特定盛土等　宅地又は農地等において行う盛土その他の土地の形質の変更で、当該宅地又は農地等に隣接し、又は近接する宅地において災害を発生させるおそれが大きいものとして政令で定めるものをいう。</u><br>　四　<u>土石の堆積　宅地又は農地等において行う土石の堆積で政令で定めるもの（一定期間の経過後に当該土石を除却するものに限る。）をいう。</u><br>　五　災害　崖崩れ又は土砂の流出による災害をいう。<br>　六　設計　その者の責任において、設計図書（宅地造成、<u>特定盛土等又は土石</u> | （定義）<br>第2条　この法律において、次の各号に掲げる用語の意義は、<u>それぞれ</u>当該各号に定めるところによる。<br>　一　宅地　農地、採草放牧地及び森林<u>並びに</u>道路、公園、河川その他政令で定める公共の用に供する施設の用に供されている土地<u>以外</u>の土地をいう。<br><br>　二　宅地造成　宅地以外の土地を宅地にするため<u>又は宅地において行う土地の形質の変更で政令で定めるもの（宅地を宅地以外の土地にするために行うものを除く。）</u>をいう。<br>　（新設）<br><br><br><br><br><br>　（新設）<br><br><br>　三　災害　崖崩れ又は土砂の流出による災害をいう。<br>　四　設計　その者の責任において、設計図書（宅地造成に関する工事を実施す |

<table>
<tr><td>

の堆積に関する工事を実施するために必要な図面（現寸図その他これに類するものを除く。）及び仕様書をいう。第55条第2項において同じ。）を作成することをいう。

七　工事主　宅地造成、特定盛土等若しくは土石の堆積に関する工事の請負契約の注文者又は請負契約によらないで自らその工事をする者をいう。

八　工事施行者　宅地造成、特定盛土等若しくは土石の堆積に関する工事の請負人又は請負契約によらないで自らその工事をする者をいう。

九　造成宅地　宅地造成又は特定盛土等（宅地において行うものに限る。）に関する工事が施行された宅地をいう。

</td><td>

るために必要な図面（現寸図その他これに類するものを除く。）及び仕様書をいう。）を作成することをいう。

五　造成主　宅地造成に関する工事の請負契約の注文者又は請負契約によらないで自らその工事をする者をいう。

六　工事施行者　宅地造成に関する工事の請負人又は請負契約によらないで自らその工事をする者をいう。

七　造成宅地　宅地造成に関する工事が施行された宅地をいう。

</td></tr>
</table>

1　新法2条は、旧法2条が定めていた①宅地（1号）と②宅地造成（2号）の定義を次のとおり変更した。

① 　宅地　　農地、採草放牧地および森林（以下、この条、21条4項および40条4項において「農地等」という）並びに道路、公園、河川その他政令で定める公共の用に供する施設の用に供されている土地（以下、「公共施設用地」という）以外の土地をいう。

② 　宅地造成　　宅地以外の土地を宅地にするために行う盛土その他の土地の形質の変更で政令で定めるものをいう。

2　新法2条は、新設した③特定盛土等（3号）、④土石の堆積（4号）について次のとおり定義した。

③ 　特定盛土等　　宅地または農地等において行う盛土その他の土地の形質の変更で、当該宅地または農地等に隣接し、または近接する宅地において災害を発生させるおそれが大きいものとして政令で定めるものをいう。

④ 　十石の堆積　　宅地または農地等において行う土石の堆積で政令で定めるもの（一定期間の経過後に当該土石を除却するものに限る）をいう。

3　なお、「造成主」（旧法5号）は、「工事主」（新法7号）に改正するとともに、特定盛土等または土石の堆積に関する部分を定義に追加した。さらに、「設計」（旧法4号）、「工事施行者」（旧法6号）および「造成宅地」（旧法7号）については、特定盛土等または土石の堆積に関する部分を定義に追加した。

4　「災害」（旧法3号）は、定義はそのままで、3号から5号に繰り下げられた。

5　そのほかは、新旧条文を対照して理解されたい。

## 6　政令①および国土交通省令

新法2条1号の「定義」の文中にある「道路、公園、河川その他政令で定める公共の用に供する施設」についての政令は未制定であるが、旧法2条1号の「定義」の文中にある「道路、公園、河川その他政令で定める公共の用に供する施設」については、政令2条が次のとおり定めていた。

---

**【旧法の宅地造成等規制法施行令】**

（公共の用に供する施設）

第2条　宅地造成等規制法（以下「法」という。）第2条第1号の政令で定める公共の用に供する施設は、砂防設備、地すべり防止施設、海岸保全施設、津波防護施設、港湾施設、飛行場、航空保安施設及び鉄道、軌道、索道又は無軌条電車の用に供する施設並びに国又は地方公共団体が管理する学校、運動場、墓地その他の施設で国土交通省令で定めるものとする。

---

さらに、上記旧政令2条の文中にある「国又は地方公共団体が管理する学校、運動場、墓地その他の施設で国土交通省令で定めるもの」については、宅地造成等規制法施行規則1条が次のとおり定めていた。

---

**【旧法の宅地造成等規制法施行規則】**

（公共の用に供する施設）

第1条　宅地造成等規制法施行令（以下「令」という。）第2条の国土交通省令で定める施設は、学校、運動場、緑地、広場、墓地、水道及び下水道とする。

---

　また、新法2条2号の「政令で定める土地の形質の変更」に関する政令は未制定であるが、旧法2条2号の「土地の形質の変更で政令で定めるもの」についての政令は、宅地造成等規制法施行令3条が次のとおり定めていた。

---

【旧法の宅地造成等規制法施行令】

（宅地造成）

第3条　法第2条第2号の政令で定める土地の形質の変更は、次に掲げるものとする。

　一　切土であつて、当該切土をした土地の部分に高さが2メートルを超える崖を生ずることとなるもの

　二　盛土であつて、当該盛土をした土地の部分に高さが1メートルを超える崖を生ずることとなるもの

　三　切土と盛土とを同時にする場合における盛土であつて、当該盛土をした土地の部分に高さが1メートル以下の崖を生じ、かつ、当該切土及び盛土をした土地の部分に高さが2メートルを超える崖を生ずることとなるもの

　四　前3号のいずれにも該当しない切土又は盛土であつて、当該切土又は盛土をする土地の面積が500平方メートルを超えるもの

---

## 7　政令②

　新法の政令による定義の追加は未制定であるが、旧法は旧法2条による「宅地」（1号）、「宅地造成」（2号）、「災害」（3号）、「設計」（4号）、「造成主」（5号）、「工事施行者」（6号）、「宅地造成」（7号）の定義のほか、宅地造成等規制法施行令1条で「切土」または「盛土」について、次のとおり定義していた。

---

【旧法の宅地造成等規制法施行令】

（定義等）

第1条　この政令（第3条を除く。）において、「切土」又は「盛土」とは、それぞれ宅地造成である切土又は盛土をいう。

2　この政令において、「崖」とは地表面が水平面に対し30度を超える角度を

---

なす土地で硬岩盤（風化の著しいものを除く。）以外のものをいい、「崖面」とはその地表面をいう。

3　崖面の水平面に対する角度を崖の勾配とする。

4　小段等によって上下に分離された崖がある場合において、下層の崖面の下端を含み、かつ、水平面に対し30度の角度をなす面の上方に上層の崖面の下端があるときは、その上下の崖は一体のものとみなす。

5　擁壁の前面の上端と下端（擁壁の前面の下部が地盤面と接する部分をいう。以下この項において同じ。）とを含む面の水平面に対する角度を擁壁の勾配とし、その上端と下端との垂直距離を擁壁の高さとする。

これらについての新法の政令がどうなるかが注目される。

# 第2章　基本方針及び基礎調査（3条〜9条）

### 第3条　基本方針

| 改正後（新） | 改正前（旧） |
|---|---|
| （基本方針）<br>第3条　主務大臣は、宅地造成、特定盛土等又は土石の堆積に伴う災害の防止に関する基本的な方針（以下「基本方針」という。）を定めなければならない。<br>2　基本方針においては、次に掲げる事項について定めるものとする。<br>一　この法律に基づき行われる宅地造成、特定盛土等又は土石の堆積に伴う災害の防止に関する基本的な事項<br>二　次条第1項の基礎調査の実施について指針となるべき事項<br>三　第10条第1項の規定による宅地造成等工事規制区域の指定、第26条第1項の規定による特定盛土等規制区域の指定及び第45条第1項の規定による造成宅地防災区域の指定について指針とな | （新設） |

| | |
|---|---|
| 　るべき事項<br>　四　前3号に掲げるもののほか、宅地造成、特定盛土等又は土石の堆積に伴う災害の防止に関する重要事項<br>　3　主務大臣は、基本方針を定めるときは、あらかじめ、関係行政機関の長に協議するとともに、社会資本整備審議会、食料・農業・農村政策審議会及び林政審議会の意見を聴かなければならない。<br>　4　主務大臣は、基本方針を定めたときは、遅滞なく、これを公表しなければならない。<br>　5　前2項の規定は、基本方針の変更について準用する。 | |

1　「新たな法制度の創設」の最初に掲げられた「国による基本方針の策定」が新法3条に新設された。すなわち、「主務大臣は、宅地造成、特定盛土等又は土石の堆積に伴う災害の防止に関する基本的な方針（以下「基本方針」という。）を定めなければならない」（1項）。

2　基本方針に定める事項は、①この法律に基づき行われる宅地造成、特定盛土等または土石の堆積に伴う災害の防止に関する基本的な事項、②4条1項の基礎調査の実施について指針となるべき事項、③10条1項の規定による宅地造成等工事規制区域の指定、26条1項の規定による特定盛土等規制区域の指定および45条1項の規定による造成宅地防災区域の指定について指針となるべき事項、④①から③に掲げるもののほか、宅地造成、特定盛土等または土石の堆積に伴う災害の防止に関する重要事項、である（2項1号～4号）。

3　主務大臣は、基本方針を定めるときは、あらかじめ、関係行政機関の長に協議するとともに、社会資本整備審議会、食料・農業・農村政策審議会および林政審議会の意見を聴かなければならない（3項）。

4　主務大臣は、基本方針を定めたときは、遅滞なく、これを公表しなければならない（4項）。

5　3項、4項の規定は、基本方針の変更について準用する（5項）。

6　基本方針がいかに定められるかが注目される。

## 第4条　基礎調査

| 改正後（新） | 改正前（旧） |
|---|---|
| （基礎調査）<br>第4条　都道府県（地方自治法（昭和22年法律第67号）第252条の19第1項の指定都市（以下この項、次条第1項、第15条第1項及び第34条第1項において「指定都市」という。）又は同法第252条の22第1項の中核市（以下この項、次条第1項、第15条第1項及び第34条第1項において「中核市」という。）の区域内の土地については、それぞれ指定都市又は中核市。第15条第1項及び第34条第1項を除き、以下同じ。）は、基本方針に基づき、おおむね5年ごとに、第10条第1項の規定による宅地造成等工事規制区域の指定、第26条第1項の規定による特定盛土等規制区域の指定及び第45条第1項の規定による造成宅地防災区域の指定その他この法律に基づき行われる宅地造成、特定盛土等又は土石の堆積に伴う災害の防止のための対策に必要な基礎調査として、宅地造成、特定盛土等又は土石の堆積に伴う崖崩れ又は土砂の流出のおそれがある土地に関する地形、地質の状況その他主務省令で定める事項に関する調査（以下「基礎調査」という。）を行うものとする。<br>2　都道府県は、基礎調査の結果を、主務省令で定めるところにより、関係市町村長（特別区の長を含む。以下同じ。）に通知するとともに、公表しなければならない。 | （新設） |

1　新法は「基本方針に基づき」、「おおむね5年ごとに」、必要な基礎調査を行うべきことを定める4条を新設した（1項）。

2　新法4条の基礎調査の主体は、都道府県（指定都市、中核市）である（1項）。

3　調査事項は、10条1項の規定による宅地造成等工事規制区域の指定、26条1項の規定による特定盛土等規制区域の指定および45条1項の規定による造成宅地防災区域の指定その他この法律に基づき行われる宅地造成、特定盛土等または土石の堆積に伴う災害の防止のための対策に必要な基礎調査として、宅地造成、特定盛土等または土石の堆積に伴う崖崩れまたは土砂の流出のおそれがある土地に関する地形、地質の状況その他主務省令で定める事項に関する調査である（1項）。

4　情報を広く共有するため、都道府県は基礎調査の結果を関係市町村長に通知するとともに公表しなければならない（2項）。

### 第5条　基礎調査のための土地の立入り等

| 改正後（新） | 改正前（旧） |
| --- | --- |
| （基礎調査のための土地の立入り等）<br>第5条　都道府県知事（指定都市又は中核市の区域内の土地については、それぞれ指定都市又は中核市の長。第50条を除き、以下同じ。）は、基礎調査のために他人の占有する土地に立ち入つて測量又は調査を行う必要があるときは、その必要の限度において、他人の占有する土地に、自ら立ち入り、又はその命じた者若しくは委任した者に立ち入らせることができる。 | （測量又は調査のための土地の立入り）<br>第4条　都道府県知事又はその命じた者若しくは委任した者は、宅地造成工事規制区域の指定のため他人の占有する土地に立ち入つて測量又は調査を行う必要がある場合においては、その必要の限度において、他人の占有する土地に立ち入ることができる。 |
| 2　前項の規定により他人の占有する土地に立ち入ろうとする者は、立ち入ろうとする日の3日前までに、その旨を当該土地の占有者に通知しなければならない。 | 2　前項の規定により他人の占有する土地に立ち入ろうとする者は、立ち入ろうとする日の3日前までにその旨を土地の占有者に通知しなければならない。 |
| 3　第1項の規定により建築物が存し、又は垣、柵その他の工作物で囲まれた他人の占有する土地に立ち入るときは、その立ち入る者は、立入りの際、あらかじめ、その旨を当該土地の占有者に告げなければならない。 | 3　第1項の規定により、建築物が所在し、又はかき、さく等で囲まれた他人の占有する土地に立ち入ろうとする場合においては、その立ち入ろうとする者は、立入りの際、あらかじめ、その旨をその土地の占有者に告げなければならない。 |
| 4　日出前及び日没後においては、土地の占有者の承諾があつた場合を除き、前項に規定する土地に立ち入つてはならない。 | 4　日出前及び日没後においては、土地の占有者の承諾があつた場合を除き、前項に規定する土地に立ち入つてはならない。 |

| | |
|---|---|
| 5　土地の占有者は、正当な理由がない限り、第1項の規定による立入りを拒み、又は妨げてはならない。 | 5　土地の占有者<u>又は所有者</u>は、正当な理由がない限り、第1項の規定による立入りを拒み、又は妨げてはならない。 |

1　旧法4条は「測量又は調査のための土地の立入り」を定めていたが、新法5条では「基礎調査のための土地の立入り等」と改正された。

その内容は新法、旧法ともほぼ同じである（1項〜5項）。

2　その他、新旧条文を対照して理解されたい。

### 第6条　基礎調査のための障害物の伐除及び土地の試掘等

| 改正後（新） | 改正前（旧） |
|---|---|
| （<u>基礎調査のための</u>障害物の伐除及び土地の試掘等）<br><u>第6条</u>　前条第1項の規定により他人の占有する土地に立ち入つて測量又は調査を行う者は、その測量又は調査を行うに当たり、やむを得ない必要があつて、障害となる植物若しくは垣、<u>柵その他の工作物（以下この条、次条第2項及び第58条第2号において</u>「障害物」という。）を伐除しようとする場合又は当該土地に試掘若しくはボーリング若しくはこれに伴う障害物の伐除（以下<u>この条、次条第2項及び同号において</u>「試掘等」という。）を行おうとする場合において、当該障害物又は当該土地の所有者及び占有者の同意を得ることができないときは、当該障害物の所在地を管轄する市町村長の許可を受けて当該障害物を伐除し、又は当該土地の所在地を管轄する都道府県知事の許可を受けて当該土地に試掘等を行うことができる。この場合において、市町村長が許可を<u>与える</u>ときは障害物の所有者及び占有者に、都道府県知事が許可を<u>与える</u>ときは土地又は障害物の所有者及び占有者に、あらかじめ、意見を述べる機会を与えなければならない。 | （障害物の伐除及び土地の試掘等）<br>第5条　前条第1項の規定により他人の占有する土地に立ち入つて測量又は調査を行う者は、その測量又は調査を行うに当たり、やむを得ない必要があつて、障害となる植物若しくは垣、<u>さく等（以下「障害物」</u>という。）を伐除しようとする場合又は当該土地に試掘若しくはボーリング若しくはこれに伴う障害物の伐除（以下<u>「試掘等」</u>という。）を行おうとする場合において、当該障害物又は当該土地の所有者及び占有者の同意を得ることができないときは、当該障害物の所在地を管轄する市町村長の許可を受けて当該障害物を伐除し、又は当該土地の所在地を管轄する都道府県知事の許可を受けて当該土地に試掘等を行うことができる。この場合において、市町村長が許可を<u>与えようとする</u>ときは障害物の所有者及び占有者に、都道府県知事が許可を<u>与えようとする</u>ときは土地又は障害物の所有者及び占有者に、あらかじめ、意見を述べる機会を与えなければならない。 |

| | |
|---|---|
| 2　前項の規定により障害物を伐除しようとする者又は土地に試掘等を<u>行おう</u>とする者は、伐除しようとする日又は試掘等を<u>行おう</u>とする日の3日前までに、<u>その旨を</u>当該障害物又は当該土地若しくは障害物の所有者及び占有者に通知しなければならない。 | 2　前項の規定により障害物を伐除しようとする者又は土地に試掘等を<u>行なおう</u>とする者は、伐除しようとする日又は試掘等を<u>行なおう</u>とする日の3日前までに、当該障害物又は当該土地若しくは障害物の所有者及び占有者に通知しなければならない。 |
| 3　第1項の規定により障害物を伐除しようとする場合（土地の試掘又はボーリングに伴う障害物の伐除をしようとする場合を除く。）において、当該障害物の所有者及び占有者がその場所にいないためその同意を得ることが困難であり、かつ、その現状を著しく損傷しないときは、都道府県知事又はその命じた者若しくは委任した者は、前2項の規定にかかわらず、当該障害物の所在地を管轄する市町村長の許可を受けて、直ちに、当該障害物を伐除することができる。この場合においては、当該障害物を伐除した後、遅滞なく、その旨をその所有者及び占有者に通知しなければならない。 | 3　第1項の規定により障害物を伐除しようとする場合（土地の試掘又はボーリングに伴う障害物の伐除をしようとする場合を除く。）において、当該障害物の所有者及び占有者がその場所にいないためその同意を得ることが困難であり、かつ、その現状を著しく損傷しないときは、都道府県知事又はその命じた者若しくは委任した者は、前2項の規定にかかわらず、当該障害物の所在地を管轄する市町村長の許可を受けて、直ちに、当該障害物を伐除することができる。この場合においては、当該障害物を伐除した後、遅滞なく、その旨をその所有者及び占有者に通知しなければならない。 |

1　旧法5条は「障害物の伐除及び土地の試掘等」を定めていたが、新法6条は「基礎調査のための障害物の伐除及び土地の試掘等」と改正された。

　その内容は新法、旧法ともほぼ同じである（1項〜3項）。

2　その他、新旧条文を対照して理解されたい。

### 第 7 条　証明書等の携帯

| 改正後（新） | 改正前（旧） |
|---|---|
| （証明書等の携帯） | （証明書等の携帯） |
| <u>第7条</u>　<u>第5条第1項</u>の規定により他人の占有する土地に立ち入ろうとする者は、その身分を示す証明書を携帯しなければならない。 | 第6条　<u>第4条第1項</u>の規定により他人の占有する土地に立ち入ろうとする者は、その身分を示す証明書を携帯しなければならない。 |
| 2　前条第1項の規定により障害物を伐除 | 2　前条第1項の規定により障害物を伐除 |

| | |
|---|---|
| しようとする者又は土地に試掘等を<u>行お</u><u>う</u>とする者は、その身分を示す証明書及び市町村長又は都道府県知事の許可証を携帯しなければならない。<br>3　前2項に規定する証明書又は許可証は、関係人の請求があつた<u>とき</u>は、これを提示しなければならない。 | しようとする者又は土地に試掘等を<u>行な</u><u>おう</u>とする者は、その身分を示す証明書及び市町村長又は都道府県知事の許可証を携帯しなければならない。<br>3　前2項に規定する証明書又は許可証は、関係人の請求があつた<u>場合において</u>は、これを提示しなければならない。 |

1　証明書等の携帯を定める7条は、新法、旧法ともほぼ同じである（1項～3項）。

2　その他、新旧条文を対照して理解されたい。

### 第8条　土地の立入り等に伴う損失の補償

| 改正後（新） | 改正前（旧） |
|---|---|
| （土地の立入り等に伴う損失の補償）<br><u>第8条</u>　都道府県は、<u>第5条第1項又は第</u><u>6条第1項</u>若しくは第3項の規定による行為により他人に損失を与えた<u>とき</u>は、その損失を受けた者に対して、通常生ずべき損失を補償しなければならない。 | （土地の立入り等に伴う損失の補償）<br><u>第7条</u>　都道府県<u>（指定都市又は中核市の</u><u>区域内の土地については、それぞれ指定</u><u>都市又は中核市。以下この条及び第9条</u><u>において同じ。）</u>は、<u>第4条第1項又は第</u><u>5条第1項</u>若しくは第3項の規定による行為により他人に損失を与えた<u>場合にお</u><u>いて</u>は、その損失を受けた者に対して、通常生ずべき損失を補償しなければならない。 |
| 2　前項の規定による損失の補償については、都道府県と損失を受けた<u>者とが協議</u>しなければならない。 | 2　前項の規定による損失の補償については、都道府県と損失を受けた<u>者が</u>協議しなければならない。 |
| 3　前項の規定による協議が成立しない<u>と</u><u>き</u>は、都道府県又は損失を受けた者は、政令で定めるところにより、収用委員会に土地収用法（昭和26年法律第219号）第94条第2項の規定による裁決を申請することができる。 | 3　前項の規定による協議が成立しない<u>場</u><u>合においては</u>、都道府県又は損失を受けた者は、政令で定めるところにより、収用委員会に土地収用法（昭和26年法律第219号）第94条第2項の規定による裁決を申請することができる。 |

1　土地の立入り等に伴う損失の補償を定める新法8条は、旧法7条とほぼ同じである（1項～3項）。

2　その他、新旧条文を対照して理解されたい。

3　政令

新法8条3項に基づく政令は未制定であるが、旧法7条3項に基づく政令は、次のとおりである。

---

【旧法の宅地造成等規制法施行令】

（収用委員会の裁決申請手続）

第20条　法第7条第3項（法第20条第3項において準用する場合を含む。）の規定により土地収用法（昭和26年法律第219号）第94条第2項の規定による裁決を申請しようとする者は、国土交通省令で定める様式に従い同条第3項各号（第3号を除く。）に掲げる事項を記載した裁決申請書を収用委員会に提出しなければならない。

---

## 第9条　基礎調査に要する費用の補助

| 改正後（新） | 改正前（旧） |
|---|---|
| （基礎調査に要する費用の補助）<br>第9条　国は、都道府県に対し、予算の範囲内において、都道府県の行う基礎調査に要する費用の一部を補助することができる。 | （新設） |

基礎調査に要する費用の国からの補助を定める9条が新設された。

# 第3章　宅地造成等工事規制区域（10条）

### 第10条　宅地造成等工事規制区域

| 改正後（新） | 改正前（旧） |
|---|---|
| 第3章　宅地造成等工事規制区域 | 第2章　宅地造成工事規制区域<br>（宅地造成工事規制区域） |
| 第10条　都道府県知事は、基本方針に基づき、かつ、基礎調査の結果を踏まえ、宅地造成、特定盛土等又は土石の堆積（以下この章及び次章において「宅地造成等」という。）に伴い災害が生ずるおそれが大きい市街地若しくは市街地となろうとする土地の区域又は集落の区域（これらの区域に隣接し、又は近接する土地の区域を含む。第5項及び第26条第1項において「市街地等区域」という。）であつて、宅地造成等に関する工事について規制を行う必要があるものを、宅地造成等工事規制区域として指定することができる。 | 第3条　都道府県知事（地方自治法（昭和22年法律第67号）第252条の19第1項の指定都市（以下「指定都市」という。）又は同法第252条の22第1項の中核市（以下「中核市」という。）の区域内の土地については、それぞれ指定都市又は中核市の長。第24条を除き、以下同じ。）は、この法律の目的を達成するために必要があると認めるときは、関係市町村長（特別区の長を含む。以下同じ。）の意見を聴いて、宅地造成に伴い災害が生ずるおそれが大きい市街地又は市街地となろうとする土地の区域であつて、宅地造成に関する工事について規制を行う必要があるものを、宅地造成工事規制区域として指定することができる。 |
| 2　都道府県知事は、前項の規定により宅地造成等工事規制区域を指定しようとするときは、関係市町村長の意見を聴かなければならない。 | （新設） |
| 3　第1項の指定は、この法律の目的を達成するため必要な最小限度のものでなければならない。 | 2　前項の指定は、この法律の目的を達成するため必要な最小限度のものでなければならない。 |
| 4　都道府県知事は、第1項の指定をするときは、主務省令で定めるところにより、当該宅地造成等工事規制区域を公示するとともに、その旨を関係市町村長に通知しなければならない。 | 3　都道府県知事は、第1項の指定をするときは、国土交通省令で定めるところにより、当該宅地造成工事規制区域を公示するとともに、その旨を関係市町村長に通知しなければならない。 |
| 5　市町村長は、宅地造成等に伴い市街地等区域において災害が生ずるおそれが大 | （新設） |

| きいため第1項の指定をする必要がある<br>と認めるときは、その旨を都道府県知事<br>に申し出ることができる。<br>6　第1項の指定は、第4項の公示によつ<br>てその効力を生ずる。 | 4　第1項の指定は、前項の公示によつて<br>その効力を生ずる。 |

1　都市計画法は、「主として建築物の建築又は特定工作物の建設の用に供する目的で行なう土地の区画形質の変更」を「開発行為」と定義したうえで（同法4条12項）、開発行為には都道府県知事の許可を必要とする「開発許可」の制度を根幹的な制度の1つとして定め（同法29条）、開発許可の基準を同法33条と34条で詳しく定めた。

　他方、昭和36年制定時の宅地造成等規制法は、その目的を「宅地造成に伴いがけくずれ又は土砂の流出を生ずるおそれが著しい市街地又は市街地となろうとする土地の区域内において、宅地造成に関する工事等について災害の防止のため必要な規制を行なうことにより、国民の生命及び財産の保護を図り、もつて公共の福祉に寄与すること」と定めたうえ（同法1条）、「宅地造成」を「宅地以外の土地を宅地にするため又は宅地において行なう土地の形質の変更で政令で定めるもの（宅地を宅地以外の土地にするために行なうものを除く。）」と定義した（同法2条2号）。

　そのため、昭和36年制定の宅地造成等規制法の根幹となる制度の1つが、第2章「宅地造成工事規制区域」（3条〜7条）と第3章「宅地造成工事規制区域内における宅地造成に関する工事等の規制」（8条〜19条）であった。つまり、同法は、宅地造成に伴う崖崩れや土砂の流出による災害が生ずるおそれが大きい市街地または市街地となろうとする土地の区域を、都道府県知事が「宅地造成工事規制区域」として指定し、当該区域内において行われる宅地造成工事を許可に係らしめるとともに、宅地所有者等に対して必要な勧告および命令を行うことにしたのである（なお、昭和36年の制定時は建設大臣の指定だった）。

2　それに対して、新法は、目的（1条）と定義（2条）で、「宅地造成」のほか、「特定盛土等」と「土石の堆積」を定めたため、それを受けて、10条で旧法3

条の「宅地造成工事規制区域」を「宅地造成等工事規制区域」に改めた。すなわち、「宅地造成」のみを規制していた旧法に対して、新法は「宅地造成」のほかに、新たに定義した「特定盛土等」と「土石の堆積」も規制の対象としたため、宅地造成工事規制区域から宅地造成「等」工事規制区域に改正したのである。

　「宅地造成等工事規制区域」とは、「基本方針に基づき、かつ、基礎調査の結果を踏まえ、宅地造成、特定盛土等又は土石の堆積（以下この章及び次章において「宅地造成等」という。）に伴い災害が生ずるおそれが大きい市街地若しくは市街地となろうとする土地の区域又は集落の区域（これらの区域に隣接し、又は近接する土地の区域を含む。第5項及び第26条第1項において「市街地等区域」という。）であつて、宅地造成等に関する工事について規制を行う必要があるもの」である（1項）。

3　宅地造成等規制区域の指定権者は、旧法と同じく、都道府県知事（指定都市または中核市の区域内の土地については、それぞれの指定都市または中核市の長）である（1項）。

4　関係市町村の意見の聴取について、旧法3条1項は、「この法律の目的を達成するために必要があると認めるときは、関係市町村長（特別区の長を含む。以下同じ。）の意見を聴いて……」としていたが、新法では、「都道府県知事は、前項の規定により宅地造成等工事規制区域を指定しようとするときは、関係市町村長の意見を聴かなければならない」とした（2項）。

5　1項の指定は、この法律の目的を達成するため必要な最小限度のものでなければならない（3項。旧法3条2項と同じ）。

6　都道府県知事は、1項の指定をするときは、主務省令で定めるところにより、当該宅地造成等工事規制区域を公示するとともに、その旨を関係市町村長に通知しなければならない（4項。旧法3条3項と同じ）。

7　市町村長は、宅地造成等に伴い市街地等区域において災害が生ずるおそれが大きいため1項の指定をする必要があると認めるときは、その旨を都道府県知事に申し出ることができる（5項。新設）。

8　1項の指定は、4項の公示によってその効力を生ずる（6項。旧法3条4項と同じ）。

# 第4章　宅地造成等工事規制区域内における宅地造成等に関する工事等の規制（11条〜25条）

　第4章「宅地造成等工事規制区域内における宅地造成等に関する工事等の規制」（11条〜25条）は、旧法第3章「宅地造成工事規制区域内における宅地造成に関する工事等の規制」（8条〜19条）が改正されたものである。

　新法2条で「宅地」（1号）と「宅地造成」（2号）の定義が変更され、「特定盛土等」（3号）と「土石の堆積」（4号）の定義が新設されたことを受けた改正のほか、多くの条文が新設された。

### 第11条　住民への周知

| 改正後（新） | 改正前（旧） |
| --- | --- |
| 第4章　宅地造成等工事規制区域内における宅地造成等に関する工事等の規制<br>（住民への周知）<br>第11条　工事主は、次条第1項の許可の申請をするときは、あらかじめ、主務省令で定めるところにより、宅地造成等に関する工事の施行に係る土地の周辺地域の住民に対し、説明会の開催その他の当該宅地造成等に関する工事の内容を周知させるため必要な措置を講じなければならない。 | 第3章　宅地造成工事規制区域内における宅地造成に関する工事等の規制<br><br>（新設） |

1　「住民への周知」を定める11条が新設された。

2　工事主は、宅地造成等に関する工事の許可の申請をするときは、あらかじめ、主務省令で定めるところにより、宅地造成等に関する工事の施行に係る土地の周辺地域の住民に対し、説明会の開催その他の当該宅地造成等に関

する工事の内容を周知させるため必要な措置を講じなければならない。

## 第12条　宅地造成等に関する工事の許可

| 改正後（新） | 改正前（旧） |
|---|---|
| （宅地造成等に関する工事の許可）<br>第12条　宅地造成等工事規制区域内において行われる宅地造成等に関する工事については、工事主は、当該工事に着手する前に、主務省令で定めるところにより、都道府県知事の許可を受けなければならない。ただし、宅地造成等に伴う災害の発生のおそれがないと認められるものとして政令で定める工事については、この限りでない。 | （宅地造成に関する工事の許可）<br>第8条　宅地造成工事規制区域内において行われる宅地造成に関する工事については、造成主は、当該工事に着手する前に、国土交通省令で定めるところにより、都道府県知事の許可を受けなければならない。ただし、都市計画法（昭和43年法律第100号）第29条第1項又は第2項の許可を受けて行われる当該許可の内容（同法第35条の2第5項の規定によりその内容とみなされるものを含む。）に適合した宅地造成に関する工事については、この限りでない。 |
| 2　都道府県知事は、前項の許可の申請が次に掲げる基準に適合しないと認めるとき、又はその申請の手続がこの法律若しくはこの法律に基づく命令の規定に違反していると認めるときは、同項の許可をしてはならない。 | 2　都道府県知事は、前項本文の許可の申請に係る宅地造成に関する工事の計画が次条の規定に適合しないと認めるときは、同項本文の許可をしてはならない。 |
| 一　当該申請に係る宅地造成等に関する工事の計画が次条の規定に適合するものであること。 | （新設） |
| 二　工事主に当該宅地造成等に関する工事を行うために必要な資力及び信用があること。 | （新設） |
| 三　工事施行者に当該宅地造成等に関する工事を完成するために必要な能力があること。 | （新設） |
| 四　当該宅地造成等に関する工事（土地区画整理法（昭和29年法律第119号）第2条第1項に規定する土地区画整理事業その他の公共施設の整備又は土地利用の増進を図るための事業として政令で定めるものの施行に伴うものを除く。）をしようとする土地の区域内の土 | （新設） |

92

| | |
|---|---|
| 地について所有権、地上権、質権、賃借権、使用貸借による権利又はその他の使用及び収益を目的とする権利を有する者の全ての同意を得ていること。<br>3　都道府県知事は、<u>第1項の許可</u>に、工事の施行に伴う災害を防止するため必要な条件を付することができる。<br><u>4　都道府県知事は、第1項の許可をしたときは、速やかに、主務省令で定めるところにより、工事主の氏名又は名称、宅地造成等に関する工事が施行される土地の所在地その他主務省令で定める事項を公表するとともに、関係市町村長に通知しなければならない。</u> | 3　都道府県知事は、<u>第1項本文の許可</u>に、工事の施行に伴う災害を防止するため必要な条件を付することができる。<br>（新設） |

1　「宅地造成等工事規制区域内において行われる宅地造成等に関する工事について、都道府県知事の許可を必要とする」とする基本構造は新法、旧法とも全く同じである（1項）。

他方、許可を必要としない例外について、旧法は、「都市計画法（昭和43年法律第100号）第29条第1項又は第2項の許可を受けて行われる当該許可の内容（同法第35条の2第5項の規定によりその内容とみなされるものを含む。）に適合した宅地造成に関する工事」としていたが、新法では、「宅地造成等に伴う災害の発生のおそれがないと認められるものとして政令で定める工事」とされた（1項ただし書）。

また、旧法の「造成主」が新法では「工事主」に改正されたほか、本法が国土交通省と農林水産省の共管法になったため、「国土交通省令」は「主務省令」とされた。

2　旧法8条の「許可の基準」については、旧法9条1項が「政令（その政令で都道府県の規則に委任した事項に関しては、その規則を含む。）で定める技術的基準に従い、擁壁、排水施設その他の政令で定める施設（以下「擁壁等」という。）の設置その他宅地造成に伴う災害を防止するため必要な措置が講ぜられたものでなければならない」と定めていた。

それと全く同じように、新法12条の「許可の基準」については、新法13条

1項が、「政令（その政令で都道府県の規則に委任した事項に関しては、その規則を含む。）で定める技術的基準に従い、擁壁、排水施設その他の政令で定める施設（以下「擁壁等」という。）の設置その他宅地造成等に伴う災害を防止するため必要な措置が講ぜられたものでなければならない」とした。

　新法13条1項に基づく「政令で定める技術的基準」と「擁壁、排水施設その他政令で定める施設」はいまだ定められていないが、旧法9条1項に基づく「政令で定める技術的基準」と「擁壁、排水施設その他政令で定める施設」は、新法13条の解説4に掲載しているので、それを参照されたい。

3　旧法8条は2項で、「都道府県知事は、前項本文の許可の申請に係る宅地造成に関する工事の計画が次条の規定に適合しないと認めるときは、同項本文の許可をしてはならない」と定めていた。それに対して、新法12条は2項で、「許可をしてはならない」基準として次の4つを具体的に列記（1号～4号）するとともに、「又はその申請の手続がこの法律若しくはこの法律に基づく命令の規定に違反していると認めるとき」という一般的な基準も明記した。

①　当該申請に係る宅地造成等に関する工事の計画が次条の規定に適合するものであること（1号）。

②　工事主に当該宅地造成等に関する工事を行うために必要な資力及び信用があること（2号）。

③　工事施行者に当該宅地造成等に関する工事を完成するために必要な能力があること（3号）。

④　当該宅地造成等に関する工事（土地区画整理法2条1項に規定する土地区画整理事業その他の公共施設の整備または土地利用の増進を図るための事業として政令で定めるものの施行に伴うものを除く）をしようとする土地の区域内の土地について所有権、地上権、質権、賃借権、使用貸借による権利またはその他の使用および収益を目的とする権利を有する者のすべての同意を得ていること（4号）。

4　1項の許可に「工事の施行に伴う災害を防止するため必要な条件を付す

ることができる」のは、新法、旧法とも同じである（3項）。

5　都道府県知事による「工事主の氏名又は名称」、「宅地造成等に関する工事が施行される土地の所在地」、「その他主務省令で定める事項」の公表と関係市町村長への通知の規定が新設された（4項）。

6　政令

旧法8条1項の規定による許可については、次の旧法の政令（宅地造成等規制法施行令）11条（任意に設置する擁壁についての建築基準法施行令の準用）がある。

---

【旧法の宅地造成等規制法施行令】

（任意に設置する擁壁についての建築基準法施行令の準用）

第11条　法第8条第1項本文又は第12条第1項の規定による許可を受けなければならない宅地造成に関する工事により設置する擁壁で高さが2メートルを超えるもの（第6条の規定によるものを除く。）については、建築基準法施行令第142条（同令第7章の8の規定の準用に係る部分を除く。）の規定を準用する。

---

## 第13条　宅地造成等に関する工事の技術的基準等

| 改正後（新） | 改正前（旧） |
|---|---|
| （宅地造成等に関する工事の技術的基準等）<br>第13条　宅地造成等工事規制区域内において行われる宅地造成等に関する工事（前条第1項ただし書に規定する工事を除く。第21条第1項において同じ。）は、政令（その政令で都道府県の規則に委任した事項に関しては、その規則を含む。）で定める技術的基準に従い、擁壁、排水施設その他の政令で定める施設（以下「擁壁等」という。）の設置その他宅地造成等に伴う災害を防止するため必要な措置が講ぜられたものでなければならない。 | （宅地造成に関する工事の技術的基準等）<br>第9条　宅地造成工事規制区域内において行われる宅地造成に関する工事は、政令（その政令で都道府県の規則に委任した事項に関しては、その規則を含む。）で定める技術的基準に従い、擁壁、排水施設その他の政令で定める施設（以下「擁壁等」という。）の設置その他宅地造成に伴う災害を防止するため必要な措置が講ぜられたものでなければならない。 |

| | |
|---|---|
| 2　前項の規定により講ずべきものとされる措置のうち政令（同項の政令で都道府県の規則に委任した事項に関しては、その規則を含む。）で定めるものの工事は、政令で定める資格を有する者の設計によらなければならない。 | 2　前項の規定により講ずべきものとされる措置のうち政令（同項の政令で都道府県の規則に委任した事項に関しては、その規則を含む。）で定めるものの工事は、政令で定める資格を有する者の設計によらなければならない。 |

1　「宅地造成等に関する工事の技術的基準等」を定める新法13条は、旧法9条とほぼ同じである。なお、本法の平成18年改正において、旧法9条が定める技術的基準等は大幅に改正（強化）されていた。

2　宅地造成等工事規制区域内において行われる宅地造成等に関する工事（12条1項ただし書に規定する工事を除く。21条1項において同じ）は、政令（その政令で都道府県の規則に委任した事項に関しては、その規則を含む）で定める技術的基準に従い、擁壁、排水施設その他の政令で定める施設（以下、「擁壁等」という）の設置その他宅地造成等に伴う災害を防止するため必要な措置が講ぜられたものでなければならない（1項）。

3　2項は、新法、旧法とも全く同じである。

　1項の規定により講ずべきものとされる措置のうち政令（同項の政令で都道府県の規則に委任した事項に関しては、その規則を含む）で定めるものの工事は、政令で定める資格を有する者の設計によらなければならない（2項）。

4　政令①

　新法13条に基づく政令は未制定であるが、旧法9条1項に基づく政令は次のとおりであった。

　旧法9条1項に基づく政令は、数多くあった。すなわち、旧法の宅地造成等規制法施行令4条（擁壁、排水施設その他の施設）、5条（地盤について講ずる措置に関する技術的基準）、6条（擁壁の設置に関する技術的基準）、7条（鉄筋コンクリート造等の擁壁の構造）、8条（練積み造の擁壁の構造）、9条（設置しなければならない擁壁についての建築基準法施行令の準用）、10条（擁壁の水抜穴）、12条（崖面について講ずる措置に関する技術的基準）、13条（排水施設の設置に関する技術的基準）、14条（特殊の材料または構法による擁壁）、15条（規則

への委任）である。

---

【旧法の宅地造成等規制法施行令】

（擁壁、排水施設その他の施設）

第４条　法第９条第１項（法第12条第３項において準用する場合を含む。以下同じ。）の政令で定める施設は、擁壁、排水施設及び地滑り抑止ぐい並びにグラウンドアンカーその他の土留とする。

（地盤について講ずる措置に関する技術的基準）

第５条　法第９条第１項の政令で定める技術的基準のうち地盤について講ずる措置に関するものは、次のとおりとする。

　一　切土又は盛土（第３条第４号の切土又は盛土を除く。）をする場合においては、崖の上端に続く地盤面には、特別の事情がない限り、その崖の反対方向に雨水その他の地表水が流れるように勾配を付すること。

　二　切土をする場合において、切土をした後の地盤に滑りやすい土質の層があるときは、その地盤に滑りが生じないように、地滑り抑止ぐい又はグラウンドアンカーその他の土留（以下「地滑り抑止ぐい等」という。）の設置、土の置換えその他の措置を講ずること。

　三　盛土をする場合においては、盛土をした後の地盤に雨水その他の地表水又は地下水（以下「地表水等」という。）の浸透による緩み、沈下、崩壊又は滑りが生じないように、おおむね30センチメートル以下の厚さの層に分けて土を盛り、かつ、その層の土を盛るごとに、これをローラーその他これに類する建設機械を用いて締め固めるとともに、必要に応じて地滑り抑止ぐい等の設置その他の措置を講ずること。

　四　著しく傾斜している土地において盛土をする場合においては、盛土をする前の地盤と盛土とが接する面が滑り面とならないように段切りその他の措置を講ずること。

（擁壁の設置に関する技術的基準）

第６条　法第９条第１項の政令で定める技術的基準のうち擁壁の設置に関するものは、次のとおりとする。

　一　切土又は盛土（第３条第４号の切土又は盛土を除く。）をした土地の部分に生ずる崖面で次に掲げる崖面以外のものには擁壁を設置し、これらの崖面を覆うこと。

　　イ　切土をした土地の部分に生ずる崖又は崖の部分であつて、その土質

---

　　　　が別表第1上欄に掲げるものに該当し、かつ、次のいずれかに該当するものの崖面

　　　(1)　その土質に応じ勾配が別表第1中欄の角度以下のもの

　　　(2)　その土質に応じ勾配が別表第1中欄の角度を超え、同表下欄の角度以下のもの（その上端から下方に垂直距離5メートル以内の部分に限る。）

　　ロ　土質試験その他の調査又は試験に基づき地盤の安定計算をした結果崖の安定を保つために擁壁の設置が必要でないことが確かめられた崖面

　二　前号の擁壁は、鉄筋コンクリート造、無筋コンクリート造又は間知石練積み造その他の練積み造のものとすること。

2　前項第1号イ(1)に該当する崖の部分により上下に分離された崖の部分がある場合における同号イ(2)の規定の適用については、同号イ(1)に該当する崖の部分は存在せず、その上下の崖の部分は連続しているものとみなす。

（鉄筋コンクリート造等の擁壁の構造）

第7条　前条の規定による鉄筋コンクリート造又は無筋コンクリート造の擁壁の構造は、構造計算によつて次の各号のいずれにも該当することを確かめたものでなければならない。

　一　土圧、水圧及び自重（以下「土圧等」という。）によつて擁壁が破壊されないこと。

　二　土圧等によつて擁壁が転倒しないこと。

　三　土圧等によつて擁壁の基礎が滑らないこと。

　四　土圧等によつて擁壁が沈下しないこと。

2　前項の構造計算は、次に定めるところによらなければならない。

　一　土圧等によつて擁壁の各部に生ずる応力度が、擁壁の材料である鋼材又はコンクリートの許容応力度を超えないことを確かめること。

　二　土圧等による擁壁の転倒モーメントが擁壁の安定モーメントの3分の2以下であることを確かめること。

　三　土圧等による擁壁の基礎の滑り出す力が擁壁の基礎の地盤に対する最大摩擦抵抗力その他の抵抗力の3分の2以下であることを確かめること。

　四　土圧等によつて擁壁の地盤に生ずる応力度が当該地盤の許容応力度を超えないことを確かめること。ただし、基礎ぐいを用いた場合においては、土圧等によつて基礎ぐいに生ずる応力が基礎ぐいの許容支持力を超えな

いことを確かめること。

3　前項の構造計算に必要な数値は、次に定めるところによらなければならない。

一　土圧等については、実況に応じて計算された数値。ただし、盛土の場合の土圧については、盛土の土質に応じ別表第2の単位体積重量及び土圧係数を用いて計算された数値を用いることができる。

二　鋼材、コンクリート及び地盤の許容応力度並びに基礎ぐいの許容支持力については、建築基準法施行令（昭和25年政令第338号）第90条（表1を除く。）、第91条、第93条及び第94条中長期に生ずる力に対する許容応力度及び許容支持力に関する部分の例により計算された数値

三　擁壁の基礎の地盤に対する最大摩擦抵抗力その他の抵抗力については、実況に応じて計算された数値。ただし、その地盤の土質に応じ別表第3の摩擦係数を用いて計算された数値を用いることができる。

（練積み造の擁壁の構造）

第8条　第6条の規定による間知石練積み造その他の練積み造の擁壁の構造は、次に定めるところによらなければならない。

一　擁壁の勾配、高さ及び下端部分の厚さ（第1条第5項に規定する擁壁の前面の下端以下の擁壁の部分の厚さをいう。別表第4において同じ。）が、崖の土質に応じ別表第4に定める基準に適合し、かつ、擁壁の上端の厚さが、擁壁の設置される地盤の土質が、同表上欄の第一種又は第二種に該当するものであるときは40センチメートル以上、その他のものであるときは70センチメートル以上であること。

二　石材その他の組積材は、控え長さを30センチメートル以上とし、コンクリートを用いて一体の擁壁とし、かつ、その背面に栗石、砂利又は砂利混じり砂で有効に裏込めすること。

三　前2号に定めるところによつても、崖の状況等によりはらみ出しその他の破壊のおそれがあるときは、適当な間隔に鉄筋コンクリート造の控え壁を設ける等必要な措置を講ずること。

四　擁壁を岩盤に接着して設置する場合を除き、擁壁の前面の根入れの深さは、擁壁の設置される地盤の土質が、別表第4上欄の第一種又は第二種に該当するものであるときは擁壁の高さの100分の15（その値が35センチメートルに満たないときは、35センチメートル）以上、その他のものであるときは擁壁の高さの100分の20（その値が45センチメートルに満た

　　　ないときは、45センチメートル）以上とし、かつ、擁壁には、一体の鉄
　　　筋コンクリート造又は無筋コンクリート造で、擁壁の滑り及び沈下に対
　　　して安全である基礎を設けること。

（設置しなければならない擁壁についての建築基準法施行令の準用）

第9条　第6条の規定による擁壁については、建築基準法施行令第36条の3
　　　から第39条まで、第52条（第3項を除く。）、第72条から第75条まで及び第
　　　79条の規定を準用する。

（擁壁の水抜穴）

第10条　第6条の規定による擁壁には、その裏面の排水を良くするため、壁
　　　面の面積3平方メートル以内ごとに少なくとも1個の内径が7.5センチメー
　　　トル以上の陶管その他これに類する耐水性の材料を用いた水抜穴を設け、
　　　かつ、擁壁の裏面の水抜穴の周辺その他必要な場所には、砂利その他の資
　　　材を用いて透水層を設けなければならない。

（崖面について講ずる措置に関する技術的基準）

第12条　法第9条第1項の政令で定める技術的基準のうち崖面について講ず
　　　る措置に関するものは、切土又は盛土をした土地の部分に生ずることとな
　　　る崖面（擁壁で覆われた崖面を除く。）が風化その他の侵食から保護される
　　　ように、石張り、芝張り、モルタルの吹付けその他の措置を講ずることと
　　　する。

（排水施設の設置に関する技術的基準）

第13条　法第9条第1項の政令で定める技術的基準のうち排水施設の設置に
　　　関するものは、切土又は盛土をする場合において、地表水等により崖崩れ
　　　又は土砂の流出が生ずるおそれがあるときは、その地表水等を排除するこ
　　　とができるように、排水施設で次の各号のいずれにも該当するものを設置
　　　することとする。

　一　堅固で耐久性を有する構造のものであること。

　二　陶器、コンクリート、れんがその他の耐水性の材料で造られ、かつ、
　　　漏水を最少限度のものとする措置が講ぜられているものであること。た
　　　だし、崖崩れ又は土砂の流出の防止上支障がない場合においては、専ら
　　　雨水その他の地表水を排除すべき排水施設は、多孔管その他雨水を地下
　　　に浸透させる機能を有するものとすることができる。

　三　その管渠の勾配及び断面積が、その排除すべき地表水等を支障なく流
　　　下させることができるものであること。

四　専ら雨水その他の地表水を排除すべき排水施設は、その暗渠である構造の部分の次に掲げる箇所に、ます又はマンホールが設けられているものであること。

　　イ　管渠の始まる箇所

　　ロ　排水の流路の方向又は勾配が著しく変化する箇所（管渠の清掃上支障がない箇所を除く。）

　　ハ　管渠の内径又は内法幅の120倍を超えない範囲内の長さごとの管渠の部分のその清掃上適当な箇所

五　ます又はマンホールに、ふたが設けられているものであること。

六　ますの底に、深さが15センチメートル以上の泥溜ためが設けられているものであること。

（特殊の材料又は構法による擁壁）

第14条　構造材料又は構造方法が第6条第1項第2号及び第7条から第10条までの規定によらない擁壁で、国土交通大臣がこれらの規定による擁壁と同等以上の効力があると認めるものについては、これらの規定は適用しない。

（規則への委任）

第15条　都道府県知事（地方自治法（昭和22年法律第67号）第252条の19第1項の指定都市（以下この項において「指定都市」という。）又は同法第252条の22第1項の中核市（以下この項において「中核市」という。）の区域内の土地については、それぞれ指定都市又は中核市の長。次項及び第22条において同じ。）は、都道府県（指定都市又は中核市の区域内の土地については、それぞれ指定都市又は中核市。次項において同じ。）の規則で、災害の防止上支障がないと認められる土地において第6条の規定による擁壁の設置に代えて他の措置をとることを定めることができる。

2　都道府県知事は、その地方の気候、風土又は地勢の特殊性により、この章の規定のみによつては宅地造成に伴う崖崩れ又は土砂の流出の防止の目的を達し難いと認める場合においては、都道府県の規則で、この章に規定する技術的基準を強化し、又は必要な技術的基準を付加することができる。

## 5　政令②

旧法9条2項に基づく政令は、旧法の宅地造成等規制法施行令16条（資格を有する者の設計によらなければならない措置）と17条（設計者の資格）であった。

【旧法の宅地造成等規制法施行令】

（資格を有する者の設計によらなければならない措置）

第16条　法第９条第２項（法第12条第３項において準用する場合を含む。次条において同じ。）の政令で定める措置は、次に掲げるものとする。

一　高さが５メートルを超える擁壁の設置

二　切土又は盛土をする土地の面積が1500平方メートルを超える土地における排水施設の設置

（設計者の資格）

第17条　法第９条第２項の政令で定める資格は、次に掲げるものとする。

一　学校教育法（昭和22年法律第26号）による大学（短期大学を除く。）又は旧大学令（大正７年勅令第388号）による大学において、正規の土木又は建築に関する課程を修めて卒業した後、土木又は建築の技術に関して２年以上の実務の経験を有する者であること。

二　学校教育法による短期大学（同法による専門職大学の前期課程を含む。次号において同じ。）において、正規の土木又は建築に関する修業年限３年の課程（夜間において授業を行うものを除く。）を修めて卒業した後（同法による専門職大学の前期課程にあつては、修了した後。同号において同じ。）、土木又は建築の技術に関して３年以上の実務の経験を有する者であること。

三　前号に該当する者を除き、学校教育法による短期大学若しくは高等専門学校又は旧専門学校令（明治36年勅令第61号）による専門学校において、正規の土木又は建築に関する課程を修めて卒業した後、土木又は建築の技術に関して４年以上の実務の経験を有する者であること。

四　学校教育法による高等学校若しくは中等教育学校又は旧中等学校令（昭和18年勅令第36号）による中等学校において、正規の土木又は建築に関する課程を修めて卒業した後、土木又は建築の技術に関して７年以上の実務の経験を有する者であること。

五　国土交通大臣が前各号に規定する者と同等以上の知識及び経験を有する者であると認めた者であること。

## 第14条　許可証の交付又は不許可の通知

| 改正後（新） | 改正前（旧） |
|---|---|
| （許可証の交付又は不許可の通知）<br>第14条　都道府県知事は、<u>第12条第1項</u>の許可の申請があった<u>とき</u>、遅滞なく、許可又は不許可の処分をしなければならない。<br><br>2　都道府県知事は、前項の申請をした者に、同項の許可の処分をしたときは許可証を交付し、同項の不許可の処分をしたときは文書をもってその旨を通知しなければならない。<br><br>3　宅地造成等に関する工事は、前項の許可証の交付を受けた後でなければ、することができない。<br><br>4　第2項の許可証の様式は、主務省令で定める。 | （許可又は不許可の通知）<br>第10条　都道府県知事は、<u>第8条第1項本文</u>の許可の申請があった<u>場合において</u>は、遅滞なく、許可又は不許可の処分をしなければならない。<br><br>2　前項の処分をするには、文書をもって当該申請者に通知しなければならない。<br><br>（新設）<br><br><br><br>（新設） |

1　許可の申請があったときに、都道府県知事が遅滞なく許可または不許可の処分をしなければならないのは、新法、旧法とも同じである（1項）。

2　許可の処分をしたときは許可証を交付し、不許可の処分をしたときは文書で通知しなければならない（2項）。新旧条文を対照して理解されたい。

3　3項、4項が新設された。

## 第15条　許可の特例

| 改正後（新） | 改正前（旧） |
|---|---|
| （許可の特例）<br>第15条　国又は都道府県、指定都市若しくは中核市が宅地造成等工事規制区域内において行う宅地造成等に関する工事については、これらの者と都道府県知事との協議が成立することをもって<u>第12条第1項</u>の許可があったものとみなす。 | （国又は都道府県の特例）<br>第11条　国又は都道府県（指定都市又は中核市の区域内においては、それぞれ指定都市又は中核市を含む。以下この条において同じ。）が、宅地造成工事規制区域内において行う宅地造成に関する工事については、<u>国又は都道府県と</u>都道府県知事との協議が成立することをもって<u>第8条</u> |

| | 第1項本文の許可があつたものとみなす。（新設） |
|---|---|
| 2　宅地造成等工事規制区域内において行われる宅地造成又は特定盛土等について当該宅地造成等工事規制区域の指定後に都市計画法（昭和43年法律第100号）第29条第1項又は第2項の許可を受けたときは、当該宅地造成又は特定盛土等に関する工事については、第12条第1項の許可を受けたものとみなす。 | |

1　国または都道府県、指定都市もしくは中核市が宅地造成等工事規制区域内において行う宅地造成等に関する工事については、これらの者と都道府県知事との「協議の成立」をもって「許可があったものとみなす」とする新法15条1項の「許可の特例」は、新法、旧法とも同じである。

2　新法12条1項が定める宅地造成等工事規制区域内において行われる宅地造成等に関する工事の許可と、都市計画法29条1項または2項が定める開発許可との関係で、重要な条文が本条2項に新設された。これを受けて、宅地造成等工事規制区域内において行われる宅地造成または特定盛土等について当該宅地造成等工事規制区域の指定後に都市計画法29条1項または2項の許可を受けたときは、当該宅地造成または特定盛土等に関する工事については、12条1項の許可を受けたものとみなす、とされた（2項）。

### 第16条　変更の許可等

| 改正後（新） | 改正前（旧） |
|---|---|
| （変更の許可等） | （変更の許可等） |
| 第16条　第12条第1項の許可を受けた者は、当該許可に係る宅地造成等に関する工事の計画の変更をしようとするときは、主務省令で定めるところにより、都道府県知事の許可を受けなければならない。ただし、主務省令で定める軽微な変更をしようとするときは、この限りでない。 | 第12条　第8条第1項本文の許可を受けた者は、当該許可に係る宅地造成に関する工事の計画の変更をしようとするときは、国土交通省令で定めるところにより、都道府県知事の許可を受けなければならない。ただし、国土交通省令で定める軽微な変更をしようとするときは、この限りでない。 |

| | |
|---|---|
| 2　第12条第1項の許可を受けた者は、前項ただし書の主務省令で定める軽微な変更をしたときは、遅滞なく、その旨を都道府県知事に届け出なければならない。 | 2　第8条第1項本文の許可を受けた者は、前項ただし書の国土交通省令で定める軽微な変更をしたときは、遅滞なく、その旨を都道府県知事に届け出なければならない。 |
| 3　第12条第2項から第4項まで、第13条、第14条及び前条第1項の規定は、第1項の許可について準用する。 | 3　第8条第2項及び第3項並びに前3条の規定は、第1項の許可について準用する。 |
| 4　第1項又は第2項の場合における次条から第19条までの規定の適用については、第1項の許可又は第2項の規定による届出に係る変更後の内容を第12条第1項の許可の内容とみなす。 | 4　第1項又は第2項の場合における次条の規定の適用については、第1項の許可又は第2項の規定による届出に係る変更後の内容を第8条第1項本文の許可の内容とみなす。 |
| 5　前条第2項の規定により第12条第1項の許可を受けたものとみなされた宅地造成又は特定盛土等に関する工事に係る都市計画法第35条の2第1項の許可又は同条第3項の規定による届出は、当該工事に係る第1項の許可又は第2項の規定による届出とみなす。 | （新設） |

1　工事の変更に「変更の許可等」を必要とすることを定める新法16条の1項は新法、旧法とも同じである。すなわち、新法12条1項の許可を受けた者は、当該許可に係る宅地造成等に関する工事の計画の変更をしようとするときは、主務省令で定めるところにより、都道府県知事の許可を受けなければならない。ただし、主務省令で定める軽微な変更をしようとするときは、この限りでない（1項）。なお、「国土交通省令」は「主務省令」に改正された。

2　「軽微な変更」をした場合の届出（2項）は新法、旧法ともに同じである。

3　12条2項から4項まで、13条、14条および15条1項の規定は、新法16条1項の許可について準用される（3項）。

4　新法16条1項または2項の場合における17条から19条までの規定の適用については、新法16条1項の許可または2項の規定による届出に係る変更後の内容を12条1項の許可の内容とみなす（4項）。

5　15条2項に、12条1項が定める宅地造成等工事規制区域内において行われる宅地造成等に関する工事の許可と都市計画法29条1項または2項の

許可との関係で重要な規定が新設されたことに連動して、新法16条5項が新設された。すなわち、15条2項の規定により12条1項の許可を受けたものとみなされた宅地造成または特定盛土等に関する工事に係る都市計画法35条の2第1項の許可または同条3項の規定による届出は、当該工事に係る新法16条1項の許可または2項の規定による届出とみなす（5項）。

## 6　政令

旧法12条については、政令11条（任意に設置する擁壁についての建築基準法施行令の準用）があった。新法にも同様の政令が定められるかに注目したい。

---

【旧法の宅地造成等規制法施行令】

（任意に設置する擁壁についての建築基準法施行令の準用）

第11条　法第8条第1項本文又は第12条第1項の規定による許可を受けなければならない宅地造成に関する工事により設置する擁壁で高さが2メートルを超えるもの（第6条の規定によるものを除く。）については、建築基準法施行令第142条（同令第7章の8の規定の準用に係る部分を除く。）の規定を準用する。

---

## 7　国土交通省令

新法16条1項ただし書の「主務省令で定める軽微な変更」を定める主務省令は未制定であるが、旧法12条1項ただし書の「国土交通省令で定める軽微な変更」は、旧法の国土交通省令26条が次のとおり定めていた。

---

【旧法の宅地造成等規制法施行規則】

（軽微な変更）

第26条　法第12条第1項ただし書の国土交通省令で定める軽微な変更は、次に掲げるものとする。

一　造成主、設計者又は工事施行者の変更

二　工事の着手予定年月日又は工事の完了予定年月日の変更

---

## 第17条　完了検査等

| 改正後（新） | 改正前（旧） |
|---|---|
| （完了検査等）<br>第17条　宅地造成又は特定盛土等に関する工事について第12条第1項の許可を受けた者は、当該許可に係る工事を完了したときは、主務省令で定める期間内に、主務省令で定めるところにより、その工事が第13条第1項の規定に適合しているかどうかについて、都道府県知事の検査を申請しなければならない。 | （工事完了の検査）<br>第13条　第8条第1項本文の許可を受けた者は、当該許可に係る工事を完了した場合においては、国土交通省令で定めるところにより、その工事が第9条第1項の規定に適合しているかどうかについて、都道府県知事の検査を受けなければならない。 |
| 2　都道府県知事は、前項の検査の結果、工事が第13条第1項の規定に適合していると認めた場合においては、主務省令で定める様式の検査済証を第12条第1項の許可を受けた者に交付しなければならない。 | 2　都道府県知事は、前項の検査の結果工事が第9条第1項の規定に適合していると認めた場合においては、国土交通省令で定める様式の検査済証を第8条第1項本文の許可を受けた者に交付しなければならない。 |
| 3　第15条第2項の規定により第12条第1項の許可を受けたものとみなされた宅地造成又は特定盛土等に関する工事に係る都市計画法第36条第1項の規定による届出又は同条第2項の規定により交付された検査済証は、当該工事に係る第1項の規定による申請又は前項の規定により交付された検査済証とみなす。 | （新設） |
| 4　土石の堆積に関する工事について第12条第1項の許可を受けた者は、当該許可に係る工事（堆積した全ての土石を除却するものに限る。）を完了したときは、主務省令で定める期間内に、主務省令で定めるところにより、堆積されていた全ての土石の除却が行われたかどうかについて、都道府県知事の確認を申請しなければならない。 | （新設） |
| 5　都道府県知事は、前項の確認の結果、堆積されていた全ての土石が除却されたと認めた場合においては、主務省令で定める様式の確認済証を第12条第1項の許 | （新設） |

> 可を受けた者に交付しなければならない。

1　「完了検査等」を定める新法17条は、「工事完了の検査」を定めていた旧法13条とほぼ同じである。すなわち、宅地造成または特定盛土等に関する工事について12条1項の許可を受けた者は、当該許可に係る工事を完了したときは、主務省令で定める期間内に、主務省令で定めるところにより、その工事が13条1項の規定に適合しているかどうかについて、都道府県知事の検査を申請しなければならない（1項）。

2　検査の結果、工事が13条1項の規定に適合していると認めた場合に検査済証の交付を要することは、新法、旧法ともほぼ同じである（2項）。

3　新設された15条2項によって許可を受けたものとみなされた宅地造成または特定盛土等に関する工事に係る都市計画法36条1項の規定による届出または同条2項の規定により交付された検査済証も、新法17条1項の規定による申請または2項の規定により交付された検査済証とみなす、とする3項が新設された。

4　土石の堆積に関する工事について12条1項の許可を受けた者は、当該許可に係る工事（堆積したすべての土石を除却するものに限る）を完了したときは、主務省令で定める期間内に、主務省令で定めるところにより、堆積されていたすべての土石の除却が行われたかどうかについて、都道府県知事の確認を申請しなければならない、とする4項が新設された。

5　4項の新設に伴って、「都道府県知事は、前項の確認の結果、堆積されていた全ての土石が除却されたと認めた場合においては、主務省令で定める様式の確認済証を第12条第1項の許可を受けた者に交付しなければならない」とする5項も新設された。

6　旧法の「国土交通省令」はすべて「主務省令」に改正された。

## 第18条　中間検査

| 改正後（新） | 改正前（旧） |
|---|---|
| （中間検査）<br>第18条　第12条第1項の許可を受けた者は、当該許可に係る宅地造成又は特定盛土等（政令で定める規模のものに限る。）に関する工事が政令で定める工程（以下この条において「特定工程」という。）を含む場合において、当該特定工程に係る工事を終えたときは、その都度主務省令で定める期間内に、主務省令で定めるところにより、都道府県知事の検査を申請しなければならない。<br>2　都道府県知事は、前項の検査の結果、当該特定工程に係る工事が第13条第1項の規定に適合していると認めた場合においては、主務省令で定める様式の当該特定工程に係る中間検査合格証を第12条第1項の許可を受けた者に交付しなければならない。<br>3　特定工程ごとに政令で定める当該特定工程後の工程に係る工事は、前項の規定による当該特定工程に係る中間検査合格証の交付を受けた後でなければ、することができない。<br>4　都道府県は、第1項の検査について、宅地造成又は特定盛土等に伴う災害を防止するために必要があると認める場合においては、同項の政令で定める宅地造成若しくは特定盛土等の規模を当該規模未満で条例で定める規模とし、又は特定工程（当該特定工程後の前項に規定する工程を含む。）として条例で定める工程を追加することができる。<br>5　都道府県知事は、第1項の検査において第13条第1項の規定に適合することを認められた特定工程に係る工事については、前条第1項の検査において当該工事 | （新設） |

　に係る部分の検査をすることを要しない。

1　新法18条は、宅地造成等工事規制区域内において行われる宅地造成または特定盛土等（政令で定める規模のものに限る）に関する工事については、政令で定める工程（特定工程）を含む場合には、中間検査を必要とする旨の規定を新設した。すなわち、12条1項の許可を受けた者は、当該許可に係る宅地造成または特定盛土等（政令で定める規模のものに限る）に関する工事が政令で定める工程（以下、この条において「特定工程」という）を含む場合において、当該特定工程に係る工事を終えたときは、その都度主務省令で定める期間内に、主務省令で定めるところにより、都道府県知事の検査を申請しなければならない（1項）。

2　都道府県知事は、検査の結果、当該特定工程に係る工事が13条1項の規定に適合していると認めた場合においては、主務省令で定める様式の当該特定工程に係る中間検査合格証を12条1項の許可を受けた者に交付しなければならない（2項）。

3　特定工程ごとに政令で定める当該特定工程後の工程に係る工事は、2項の規定による当該特定工程に係る中間検査合格証の交付を受けた後でなければ、することができない（3項）。

4　都道府県は、検査について、宅地造成または特定盛土等に伴う災害を防止するために必要があると認める場合においては、同項の政令で定める宅地造成もしくは特定盛土等の規模を当該規模未満で条例で定める規模とし、または特定工程（当該特定工程後の3項に規定する工程を含む）として条例で定める工程を追加することができる（4項）。

5　都道府県知事は、検査において13条1項の規定に適合することを認められた特定工程に係る工事については、前条1項の検査において当該工事に係る部分の検査をすることを要しない（5項）。

## 第19条　定期の報告

| 改正後（新） | 改正前（旧） |
|---|---|
| （定期の報告）<br>第19条　第12条第1項の許可（政令で定める規模の宅地造成等に関する工事に係るものに限る。）を受けた者は、主務省令で定めるところにより、主務省令で定める期間ごとに、当該許可に係る宅地造成等に関する工事の実施の状況その他主務省令で定める事項を都道府県知事に報告しなければならない。<br>2　都道府県は、前項の報告について、宅地造成等に伴う災害を防止するために必要があると認める場合においては、同項の政令で定める宅地造成等の規模を当該規模未満で条例で定める規模とし、同項の主務省令で定める期間を当該期間より短い期間で条例で定める期間とし、又は同項の主務省令で定める事項に条例で必要な事項を付加することができる。 | （新設） |

1　新法19条は、12条1項の許可に係る工事の適正を担保するため、工事の実施の状況等について「定期の報告」を新設した。

2　12条1項の許可（政令で定める規模の宅地造成等に関する工事に係るものに限る）を受けた者は、主務省令で定めるところにより、主務省令で定める期間ごとに、当該許可に係る宅地造成等に関する工事の実施の状況その他主務省令で定める事項を都道府県知事に報告しなければならない（1項）。

3　定期報告については、都道府県条例によって必要な付加ができることにした。すなわち、都道府県は、1項の報告について、宅地造成等に伴う災害を防止するために必要があると認める場合においては、同項の政令で定める宅地造成等の規模を当該規模未満で条例で定める規模とし、同項の主務省令で定める期間を当該期間より短い期間で条例で定める期間とし、または同項の主務省令で定める事項に条例で必要な事項を付加することができる（2項）。

## 第20条　監督処分

| 改正後（新） | 改正前（旧） |
|---|---|
| （監督処分） | （監督処分） |
| <u>第20条</u>　都道府県知事は、偽りその他不正な手段により<u>第12条第1項</u>若しくは<u>第16条第1項</u>の許可を受けた者又はその許可に付した条件に違反した者に対して、その許可を取り消すことができる。 | <u>第14条</u>　都道府県知事は、偽りその他不正な手段により<u>第8条第1項本文</u>若しくは<u>第12条第1項</u>の許可を受けた者又はその許可に付した条件に違反した者に対して、その許可を取り消すことができる。 |
| 2　都道府県知事は、<u>宅地造成等工事規制区域内において行われている宅地造成等に関する次に掲げる工事</u>については、当該<u>工事主</u>又は当該工事の請負人（請負工事の下請人を含む。）若しくは現場管理者<u>（第4項から第6項までにおいて「工事主等」という。）</u>に対して、当該工事の施行の停止を命じ、又は相当の猶予期限を付けて、擁壁等の設置その他<u>宅地造成等</u>に伴う災害の防止のため必要な<u>措置（以下この条において「災害防止措置」という。）</u>をとることを命ずることができる。 | 2　都道府県知事は、<u>宅地造成工事規制区域内において行われている宅地造成に関する工事で、第8条第1項若しくは第12条第1項の規定に違反して第8条第1項本文若しくは第12条第1項の許可を受けず、これらの許可に付した条件に違反し、又は第9条第1項の規定に適合していないものについては、当該造成主</u>又は当該工事の請負人（請負工事の下請人を含む。）若しくは現場管理者に対して、当該工事の施行の停止を命じ、又は相当の猶予期限を付けて、擁壁等の設置その他<u>宅地造成に伴う災害の防止のため必要な措置をとることを命ずることができる。</u> |
| <u>一　第12条第1項又は第16条第1項の規定に違反して第12条第1項又は第16条第1項の許可を受けないで施行する工事</u> | （新設） |
| <u>二　第12条第3項（第16条第3項において準用する場合を含む。）の規定により許可に付した条件に違反する工事</u> | （新設） |
| <u>三　第13条第1項の規定に適合していない工事</u> | （新設） |
| <u>四　第18条第1項の規定に違反して同項の検査を申請しないで施行する工事</u> | （新設） |
| 3　都道府県知事は、宅地造成等工事規制区域内の次に掲げる土地については、当該土地の所有者、管理者若しくは占有者又は当該工事主<u>（第5項第1号及び第2号並びに第6項において「土地所有者等」</u> | 3　都道府県知事は、<u>第8条第1項若しく</u>は第12条第1項の規定に違反して第8条第1項本文若しくは第12条第1項の許可を受けないで宅地造成に関する工事が施行された宅地又は前条第1項の規定に違 |

という。）に対して、当該土地の使用を禁止し、若しくは制限し、又は相当の猶予期限を付けて、災害防止措置をとることを命ずることができる。

反して同項の検査を受けず、若しくは同項の検査の結果工事が第9条第1項の規定に適合していないと認められた宅地については、当該宅地の所有者、管理者若しくは占有者又は当該造成主に対して、当該宅地の使用を禁止し、若しくは制限し、又は相当の猶予期限を付けて、擁壁等の設置その他宅地造成に伴う災害の防止のため必要な措置をとることを命ずることができる。

一　第12条第1項又は第16条第1項の規定に違反して第12条第1項又は第16条第1項の許可を受けないで宅地造成等に関する工事が施行された土地

（新設）

二　第17条第1項の規定に違反して同項の検査を申請せず、又は同項の検査の結果工事が第13条第1項の規定に適合していないと認められた土地

（新設）

三　第17条第4項の規定に違反して同項の確認を申請せず、又は同項の確認の結果堆積されていた全ての土石が除却されていないと認められた土地

（新設）

四　第18条第1項の規定に違反して同項の検査を申請しないで宅地造成又は特定盛土等に関する工事が施行された土地

（新設）

4　都道府県知事は、第2項の規定により工事の施行の停止を命じようとする場合において、緊急の必要により弁明の機会の付与を行うことができないときは、同項に規定する工事に該当することが明らかな場合に限り、弁明の機会の付与を行わないで、工事主等に対して、当該工事の施行の停止を命ずることができる。この場合において、当該工事主等が当該工事の現場にいないときは、当該工事に従事する者に対して、当該工事に係る作業の停止を命ずることができる。

4　都道府県知事は、第2項の規定により工事の施行の停止を命じようとする場合において、緊急の必要により弁明の機会の付与を行うことができないときは、同項に規定する工事に該当することが明らかな場合に限り、弁明の機会の付与を行わないで、同項に規定する者に対して、当該工事の施行の停止を命ずることができる。この場合において、これらの者が当該工事の現場にいないときは、当該工事に従事する者に対して、当該工事に係る作業の停止を命ずることができる。

5　都道府県知事は、次の各号のいずれかに該当すると認めるときは、自ら災害防止措置の全部又は一部を講ずることがで

5　都道府県知事は、第2項又は第3項の規定により必要な措置をとることを命じようとする場合において、過失がなくて

| | |
|---|---|
| きる。この場合において、第2号に該当すると認めるときは、相当の期限を定めて、当該災害防止措置を講ずべき旨及びその期限までに当該災害防止措置を講じないときは自ら当該災害防止措置を講じ、当該災害防止措置に要した費用を徴収することがある旨を、あらかじめ、公告しなければならない。 | その措置をとることを命ずべき者を確知することができず、かつ、これを放置することが著しく公益に反すると認められるときは、その者の負担において、その措置を自ら行い、又はその命じた者若しくは委任した者に行わせることができる。この場合においては、相当の期限を定めて、その措置をとるべき旨及びその期限までにその措置をとらないときは、都道府県知事又はその命じた者若しくは委任した者がその措置を行うべき旨をあらかじめ公告しなければならない。 |
| 　一　第2項又は第3項の規定により災害防止措置を講ずべきことを命ぜられた工事主等又は土地所有者等が、当該命令に係る期限までに当該命令に係る措置を講じないとき、講じても十分でないとき、又は講ずる見込みがないとき。 | （新設） |
| 　二　第2項又は第3項の規定により災害防止措置を講ずべきことを命じようとする場合において、過失がなくて当該災害防止措置を命ずべき工事主等又は土地所有者等を確知することができないとき。 | （新設） |
| 　三　緊急に災害防止措置を講ずる必要がある場合において、第2項又は第3項の規定により災害防止措置を講ずべきことを命ずるいとまがないとき。 | （新設） |
| 　6　都道府県知事は、前項の規定により同項の災害防止措置の全部又は一部を講じたときは、当該災害防止措置に要した費用について、主務省令で定めるところにより、当該工事主等又は土地所有者等に負担させることができる。 | （新設） |
| 　7　前項の規定により負担させる費用の徴収については、行政代執行法（昭和23年法律第43号）第5条及び第6条の規定を準用する。 | （新設） |

1　「監督処分」として、許可の取消しができるのは新法、旧法とも同じである。

*114*

　都道府県知事は、偽りその他不正な手段により12条1項もしくは16条1項の許可を受けた者またはその許可に付した条件に違反した者に対して、その許可を取り消すことができる（1項）。

2　「監督処分」の1つとして、工事主、請負人等に対して、工事の施行の停止や災害防止措置を命ずることができるとする2項も、新法、旧法ともほぼ同じである。ただし、新法2項は、監督処分を命ずることができる工事を1号～4号に具体的に列記した（2項）。

3　許可なしで工事が施行された土地の所有者等に対して、「監督処分」の1つとして、土地の使用禁止、制限等をし、災害防止措置を命ずることができるとする3項も、新法、旧法ともほぼ同じである。ただし、新法3項では監督処分を命ずることができる土地を1号～4号に具体的に列記した。

4　緊急の必要により弁明の機会の付与ができないときは、弁明の機会の付与なしで工事の施行の停止を命ずることができることを定める4項も、旧法とほぼ同じである。

5　旧法14条5項は、都道府県知事は、「過失がなくてその措置をとることを命ずべき者を確知することができず、かつ、これを放置することが著しく公益に反すると認められる」ときは、「その者の負担において、その措置を自ら行い、又はその命じた者若しくは委任した者に行わせることができる」と定めていた。しかし、新法5項は、都道府県知事が自ら災害防止措置の全部または一部を講ずることができるケースを広げ、次の1号～3号のいずれかに該当すると認めるときは、自ら災害防止措置の全部または一部を講ずることができる、とした。

　①　2項または3項の規定により災害防止措置を講ずべきことを命ぜられた工事主等または土地所有者等が、当該命令に係る期限までに当該命令に係る措置を講じないとき、講じても十分でないとき、または講ずる見込みがないとき（1号）。

　②　2項または3項の規定により災害防止措置を講ずべきことを命じようとする場合において、過失がなくて当該災害防止措置を命ずべき工事主

等または土地所有者等を確知することができないとき（2号）。

③　緊急に災害防止措置を講ずる必要がある場合において、2項または3項の規定により災害防止措置を講ずべきことを命ずるいとまがないとき（3号）。

この場合において、2号に該当すると認めるときは、「相当の期限を定めて、当該災害防止措置を講ずべき旨及びその期限までに当該災害防止措置を講じないときは自ら当該災害防止措置を講じ、当該災害防止措置に要した費用を徴収することがある旨を、あらかじめ、公告しなければならない」が、これは旧法とほぼ同じである。

6　6項、7項を新設した。

7　政令

旧法14条5項に基づく政令は、次のとおり定めていた。

---

【旧法の宅地造成等規制法施行令】

（公告の方法）

第21条　法第14条第5項（法第17条第3項及び第22条第3項において準用する場合を含む。）の規定による公告は、公報その他所定の手段により行うほか、当該公報その他所定の手段による公告を行つた日から10日間、当該宅地の付近の適当な場所に掲示して行わなければならない。

---

### 第21条　工事等の届出

| 改正後（新） | 改正前（旧） |
|---|---|
| （工事等の届出）<br>第21条　宅地造成等工事規制区域の指定の際、当該宅地造成等工事規制区域内において行われている宅地造成等に関する工事の工事主は、その指定があつた日から21日以内に、主務省令で定めるところにより、当該工事について都道府県知事に届け出なければならない。 | （工事等の届出）<br>第15条　宅地造成工事規制区域の指定の際、当該宅地造成工事規制区域内において行われている宅地造成に関する工事の造成主は、その指定があつた日から21日以内に、国土交通省令で定めるところにより、当該工事について都道府県知事に届け出なければならない。 |

| | |
|---|---|
| 2　都道府県知事は、前項の規定による届出を受理したときは、速やかに、主務省令で定めるところにより、工事主の氏名又は名称、宅地造成等に関する工事が施行される土地の所在地その他主務省令で定める事項を公表するとともに、関係市町村長に通知しなければならない。 | （新設） |
| 3　宅地造成等工事規制区域内の土地（公共施設用地を除く。以下この章において同じ。）において、擁壁等に関する工事その他の工事で政令で定めるものを行おうとする者（第12条第1項若しくは第16条第1項の許可を受け、又は同条第2項の規定による届出をした者を除く。）は、その工事に着手する日の14日前までに、主務省令で定めるところにより、その旨を都道府県知事に届け出なければならない。 | 2　宅地造成工事規制区域内の宅地において、擁壁等に関する工事その他の工事で政令で定めるものを行おうとする者（第8条第1項本文若しくは第12条第1項の許可を受け、又は同条第2項の規定による届出をした者を除く。）は、その工事に着手する日の14日前までに、国土交通省令で定めるところにより、その旨を都道府県知事に届け出なければならない。 |
| 4　宅地造成等工事規制区域内において、公共施設用地を宅地又は農地等に転用した者（第12条第1項若しくは第16条第1項の許可を受け、又は同条第2項の規定による届出をした者を除く。）は、その転用した日から14日以内に、主務省令で定めるところにより、その旨を都道府県知事に届け出なければならない。 | 3　宅地造成工事規制区域内において、宅地以外の土地を宅地に転用した者（第8条第1項本文若しくは第12条第1項の許可を受け、又は同条第2項の規定による届出をした者を除く。）は、その転用した日から14日以内に、国土交通省令で定めるところにより、その旨を都道府県知事に届け出なければならない。 |

1　宅地造成等工事規制区域の指定の際、当該宅地造成等工事規制区域内において行われている宅地造成等に関する工事の工事主が、「工事等の届出」をしなければならないことを定めた新法21条は、旧法とほぼ同じである。

　すなわち、宅地造成等工事規制区域の指定の際、当該宅地造成等工事規制区域内において行われている宅地造成等に関する工事の工事主は、その指定があった日から21日以内に、主務省令で定めるところにより、当該工事について都道府県知事に届け出なければならない（1項）。

2　「都道府県知事は、前項の規定による届出を受理したときは、速やかに、主務省令で定めるところにより、工事主の氏名又は名称、宅地造成等に関する工事が施行される土地の所在地その他主務省令で定める事項を公表すると

ともに、関係市町村長に通知しなければならない」とする2項が新設された。

3　擁壁等の工事を行う際の「工事の届出」を定める3項は、旧法とほぼ同じである。

4　4項が定める転用の届出も、旧法とほぼ同じである。

5　政令

新法21条3項に基づく政令は未制定だが、旧法15条2項に基づく「政令で定める工事」は次のとおりである。

---

【旧法の宅地造成等規制法施行令】

（届出を要する工事）

第18条　法第15条第2項の政令で定める工事は、高さが2メートルを超える擁壁、地表水等を排除するための排水施設又は地滑り抑止ぐい等の全部又は一部の除却の工事とする。

---

## 第22条　土地の保全等

| 改正後（新） | 改正前（旧） |
|---|---|
| （土地の保全等）<br>第22条　宅地造成等工事規制区域内の土地の所有者、管理者又は占有者は、宅地造成等（宅地造成等工事規制区域の指定前に行われたものを含む。次項及び次条第1項において同じ。）に伴う災害が生じないよう、その土地を常時安全な状態に維持するように努めなければならない。<br><br>2　都道府県知事は、宅地造成等工事規制区域内の土地について、宅地造成等に伴う災害の防止のため必要があると認める場合においては、その土地の所有者、管理者、占有者、工事主又は工事施行者に対し、擁壁等の設置又は改造その他宅地 | （宅地の保全等）<br>第16条　宅地造成工事規制区域内の宅地の所有者、管理者又は占有者は、宅地造成（宅地造成工事規制区域の指定前に行われたものを含む。以下次項、次条第1項及び第24条において同じ。）に伴う災害が生じないよう、その宅地を常時安全な状態に維持するように努めなければならない。<br><br>2　都道府県知事は、宅地造成工事規制区域内の宅地について、宅地造成に伴う災害の防止のため必要があると認める場合においては、その宅地の所有者、管理者、占有者、造成主又は工事施行者に対し、擁壁等の設置又は改造その他宅地造成に |

| 造成等に伴う災害の防止のため必要な措置をとることを勧告することができる。 | 伴う災害の防止のため必要な措置をとることを勧告することができる。 |

「土地の保全等」（旧法は「宅地の保全等」）の定めは、1項、2項とも旧法とほぼ同じである。新旧条文を対照して理解されたい。

### 第23条　改善命令

| 改正後（新） | 改正前（旧） |
|---|---|
| （改善命令）<br>第23条　都道府県知事は、宅地造成等工事規制区域内の土地で、宅地造成若しくは特定盛土等に伴う災害の防止のため必要な擁壁等が設置されておらず、若しくは極めて不完全であり、又は土石の堆積に伴う災害の防止のため必要な措置がとられておらず、若しくは極めて不十分であるために、これを放置するときは、宅地造成等に伴う災害の発生のおそれが大きいと認められるものがある場合においては、その災害の防止のため必要であり、かつ、土地の利用状況その他の状況からみて相当であると認められる限度において、当該宅地造成等工事規制区域内の土地又は擁壁等の所有者、管理者又は占有者（次項において「土地所有者等」という。）に対して、相当の猶予期限を付けて、擁壁等の設置若しくは改造、地形若しくは盛土の改良又は土石の除却のための工事を行うことを命ずることができる。 | （改善命令）<br>第17条　都道府県知事は、宅地造成工事規制区域内の宅地で、宅地造成に伴う災害の防止のため必要な擁壁等が設置されておらず、又は極めて不完全であるために、これを放置するときは、宅地造成に伴う災害の発生のおそれが大きいと認められるものがある場合においては、その災害の防止のため必要であり、かつ、土地の利用状況その他の状況からみて相当であると認められる限度において、当該宅地又は擁壁等の所有者、管理者又は占有者に対して、相当の猶予期限を付けて、擁壁等の設置若しくは改造又は地形若しくは盛土の改良のための工事を行うことを命ずることができる。 |
| 2　前項の場合において、土地所有者等以外の者の宅地造成等に関する不完全な工事その他の行為によって同項の災害の発生のおそれが生じたことが明らかであり、その行為をした者（その行為が隣地における土地の形質の変更又は土石の堆積であるときは、その土地の所有者を含む。以下この項において同じ。）に前項の工事の全部又は一部を行わせることが相 | 2　前項の場合において、同項の宅地又は擁壁等の所有者、管理者又は占有者（以下この項において「宅地所有者等」という。）以外の者の宅地造成に関する不完全な工事その他の行為によって前項の災害の発生のおそれが生じたことが明らかであり、その行為をした者（その行為が隣地における土地の形質の変更であるときは、その土地の所有者を含む。以下この |

| | |
|---|---|
| 当であると認められ、かつ、これを行わせることについて当該<u>土地所有者等</u>に異議がないときは、都道府県知事は、その行為をした者に対して、同項の工事の全部又は一部を行うことを命ずることができる。 | 項において同じ。）に前項の工事の全部又は一部を行わせることが相当であると認められ、かつ、これを行わせることについて当該<u>宅地所有者等</u>に異議がないときは、都道府県知事は、その行為をした者に対して、同項の工事の全部又は一部を行うことを命ずることができる。 |
| 3　<u>第20条第5項から第7項まで</u>の規定は、前2項の場合について準用する。 | 3　<u>第14条第5項</u>の規定は、前2項の場合について準用する。 |

1　「改善命令」の定めは、1項、2項ともに、宅地造成のほかに特定盛土等や土石の堆積が加えられたほかは、旧法とほぼ同じである。

2　都道府県知事は、宅地造成等工事規制区域内の土地で、宅地造成もしくは特定盛土等に伴う災害の防止のため必要な擁壁等が設置されておらず、もしくは極めて不完全であり、又は土石の堆積に伴う災害の防止のため必要な措置がとられておらず、もしくは極めて不十分であるために、これを放置するときは、宅地造成等に伴う災害の発生のおそれが大きいと認められるものがある場合においては、その災害の防止のため必要であり、かつ、土地の利用状況その他の状況からみて相当であると認められる限度において、当該宅地造成等工事規制区域内の土地または擁壁等の所有者、管理者または占有者（2項において「土地所有者等」という）に対して、相当の猶予期限を付けて、擁壁等の設置もしくは改造、地形もしくは盛土の改良または土石の除却のための工事を行うことを命ずることができる（1項）。

3　1項の場合において、土地所有者等以外の者の宅地造成等に関する不完全な工事その他の行為によって同項の災害の発生のおそれが生じたことが明らかであり、その行為をした者（その行為が隣地における土地の形質の変更または土石の堆積であるときは、その土地の所有者を含む。以下2項において同じ）に同項の工事の全部または一部を行わせることが相当であると認められ、かつ、これを行わせることについて当該土地所有者等に異議がないときは、都道府県知事は、その行為をした者に対して、同項の工事の全部または一部を行うことを命ずることができる（2項）。

4　20条5項から7項は、前2項の場合について準用する（3項）。

## 第24条　立入検査

| 改正後（新） | 改正前（旧） |
|---|---|
| （立入検査）<br>第24条　都道府県知事は、第12条第1項、第16条第1項、第17条第1項若しくは第4項、第18条第1項、第20条第1項から第4項まで又は前条第1項若しくは第2項の規定による権限を行うために必要な限度において、その職員に、当該土地に立ち入り、当該土地又は当該土地において行われている宅地造成等に関する工事の状況を検査させることができる。<br>2　第7条第1項及び第3項の規定は、前項の場合について準用する。<br>3　第1項の規定による立入検査の権限は、犯罪捜査のために認められたものと解してはならない。 | （立入検査）<br>第18条　都道府県知事又はその命じた者若しくは委任した者は、第8条第1項、第12条第1項、第13条第1項、第14条第1項から第4項まで又は前条第1項若しくは第2項の規定による権限を行うため必要がある場合においては、当該宅地に立ち入り、当該宅地又は当該宅地において行われている宅地造成に関する工事の状況を検査することができる。<br>2　第6条第1項及び第3項の規定は、前項の場合について準用する。<br>3　第1項の規定による立入検査の権限は、犯罪捜査のために認められたものと解してはならない。 |

　「立入検査」の定めは、新法、旧法ともほぼ同じである。新旧条文を対照して理解されたい。

## 第25条　報告の徴取

| 改正後（新） | 改正前（旧） |
|---|---|
| （報告の徴取）<br>第25条　都道府県知事は、宅地造成等工事規制区域内の土地の所有者、管理者又は占有者に対して、当該土地又は当該土地において行われている工事の状況について報告を求めることができる。 | （報告の徴取）<br>第19条　都道府県知事は、宅地造成工事規制区域内における宅地の所有者、管理者又は占有者に対して、当該宅地又は当該宅地において行われている工事の状況について報告を求めることができる。 |

1　「報告の徴取」の定めは、新法、旧法ともほぼ同じである。新旧条文を対照して理解されたい。

2　政令

　旧法19条の規定により都道府県知事が報告を求めることができる事項について、旧法の政令22条は次のとおり定めていた。

---

【旧法の宅地造成等規制法施行令】

（報告の徴取）

第22条　法第19条の規定により都道府県知事が報告を求めることができる事項は、次に掲げるものとする。

　一　宅地の面積及び崖の高さ、勾配その他の現況

　二　擁壁、排水施設及び地滑り抑止ぐい等の構造、規模その他の現況

　三　宅地に関する工事の計画及び施行状況

---

# 第5章　特定盛土等規制区域（26条）

### 第26条　特定盛土等規制区域

| 改正後（新） | 改正前（旧） |
|---|---|
| 第5章　特定盛土等規制区域 | （新設） |
| 第26条　都道府県知事は、基本方針に基づき、かつ、基礎調査の結果を踏まえ、宅地造成等工事規制区域以外の土地の区域であつて、土地の傾斜度、渓流の位置その他の自然的条件及び周辺地域における土地利用の状況その他の社会的条件からみて、当該区域内の土地において特定盛土等又は土石の堆積が行われた場合には、これに伴う災害により市街地等区域その他の区域の居住者その他の者（第5項及び第45条第1項において「居住者等」という。）の生命又は身体に危害を生ずるおそれが特に大きいと認められる区域を、特定盛土等規制区域として指定することができる。 | （新設）<br>【参照条文・旧法3条】<br>（宅地造成工事規制区域）<br>第3条　都道府県知事（地方自治法（昭和22年法律第67号）第252条の19第1項の指定都市（以下「指定都市」という。）又は同法第252条の22第1項の中核市（以下「中核市」という。）の区域内の土地については、それぞれ指定都市又は中核市の長。第24条を除き、以下同じ。）は、この法律の目的を達成するために必要があると認めるときは、関係市町村長（特別区の長を含む。以下同じ。）の意見を聴いて、宅地造成に伴い災害が生ずるおそれが大きい市街地又は市街地となろうとする土地の区域であつて、宅地造成に関 |
| 　2　都道府県知事は、前項の規定により特 | する |

定盛土等規制区域を指定しようとするときは、関係市町村長の意見を聴かなければならない。

3　第1項の指定は、この法律の目的を達成するため必要な最小限度のものでなければならない。

4　都道府県知事は、第1項の指定をするときは、主務省令で定めるところにより、当該特定盛土等規制区域を公示するとともに、その旨を関係市町村長に通知しなければならない。

5　市町村長は、特定盛土等又は土石の堆積に伴う災害により当該市町村の区域の居住者等の生命又は身体に危害を生ずるおそれが特に大きいため第1項の指定をする必要があると認めるときは、その旨を都道府県知事に申し出ることができる。

6　第1項の指定は、第4項の公示によつてその効力を生ずる。

する工事について規制を行う必要があるものを、宅地造成工事規制区域として指定することができる。

2　前項の指定は、この法律の目的を達成するため必要な最小限度のものでなければならない。

3　都道府県知事は、第1項の指定をするときは、国土交通省令で定めるところにより、当該宅地造成工事規制区域を公示するとともに、その旨を関係市町村長に通知しなければならない。

4　第1項の指定は、前項の公示によつてその効力を生ずる。

【参照条文・新法10条】

第10条　都道府県知事は、基本方針に基づき、かつ、基礎調査の結果を踏まえ、宅地造成、特定盛土等又は土石の堆積（以下この章及び次章において「宅地造成等」という。）に伴い災害が生ずるおそれが大きい市街地若しくは市街地となろうとする土地の区域又は集落の区域（これらの区域に隣接し、又は近接する土地の区域を含む。第5項及び第26条第1項において「市街地等区域」という。）であつて、宅地造成等に関する工事について規制を行う必要があるものを、宅地造成等工事規制区域として指定することができる。

2　都道府県知事は、前項の規定により宅地造成等工事規制区域を指定しようとするときは、関係市町村長の意見を聴かなければならない。

3　第1項の指定は、この法律の目的を達成するため必要な最小限度のものでなければならない。

4　都道府県知事は、第1項の指定をするときは、主務省令で定めるところにより、当該宅地造成等工事規制区域を公示するとともに、その旨を関係市町村長に通知しなければならない。

5　市町村長は、宅地造成等に伴い市街地等区域において災害が生ずるおそれが大

|  | きいため第 1 項の指定をする必要がある<br>と認めるときは、その旨を都道府県知事<br>に申し出ることができる。<br>6　第 1 項の指定は、第 4 項の公示によつ<br>てその効力を生ずる。 |
| --- | --- |

1　新法 1 条が本法の目的を「宅地造成、特定盛土等又は土石の堆積に伴う崖崩れ又は土砂の流出による災害の防止のため必要な規制を行うことにより、国民の生命及び財産の保護を図り、もつて公共の福祉に寄与すること」と定め、さらに 2 条で「特定盛土等」を「宅地又は農地等において行う盛土その他の土地の形質の変更で、当該宅地又は農地等に隣接し、又は近接する宅地において災害を発生させるおそれが大きいものとして政令で定めるものをいう」と定義したことを受けて、新法 26 条は「特定盛土等規制区域」を新設した。

　したがって、「目次」の解説 3 で述べたとおり、新法の第 5 章「特定盛土等規制区域」(26) と第 6 章「特定盛土等規制区域内における特定盛土等又は土石の堆積に関する工事等の規制」(27 条〜 44 条) の新設条文を理解するためには、同じく新法が新設した「宅地造成等工事規制区域」(10 条) と第 4 章の「宅地造成等工事規制区域内における宅地造成等に関する工事等の規制」(11 条〜 25 条) との対比が必要である。

2　「特定盛土等規制区域」とは、「宅地造成等工事規制区域以外の土地の区域であつて、土地の傾斜度、渓流の位置その他の自然的条件及び周辺地域における土地利用の状況その他の社会的条件からみて、当該区域内の土地において特定盛土等又は土石の堆積が行われた場合には、これに伴う災害により市街地等区域その他の区域の居住者その他の者 (第 5 項及び第 45 条第 1 項において「居住者等」という。) の生命又は身体に危害を生ずるおそれが特に大きいと認められる区域」である。

　都道府県知事は、基本方針に基づき、かつ、基礎調査の結果を踏まえ、上記の区域を、特定盛土等規制区域として指定することができる (1 項)。

3　都道府県知事は、1 項の規定により特定盛土等規制区域を指定しようと

するときは、関係市町村長の意見を聴かなければならない（2項）。

4　1項の指定は、この法律の目的を達成するため必要な最小限度のものでなければならない（3項）。

5　都道府県知事は、1項の指定をするときは、主務省令で定めるところにより、当該特定盛土等規制区域を公示するとともに、その旨を関係市町村長に通知しなければならない（4項）。

6　市町村長は、特定盛土等または土石の堆積に伴う災害により当該市町村の区域の居住者等の生命または身体に危害を生ずるおそれが特に大きいため1項の指定をする必要があると認めるときは、その旨を都道府県知事に申し出ることができる（5項）。

7　1項の指定は、4項の公示によってその効力を生ずる（6項）。

8　以上の2項から6項の規定は、10条の宅地造成等工事規制区域の手続規定とほぼ同じである。

# 第6章　特定盛土等規制区域内における特定盛土等又は土石の堆積に関する工事等の規制（27条〜44条）

　第6章27条〜44条は、特定盛土等規制区域内における特定盛土等または土石の堆積に関する工事等の規制を定めた（新設）。これは第4章の宅地造成等工事規制区域内における宅地造成等に関する工事等の規制（11条〜25条）と対比しながら理解する必要がある。

### 第27条　特定盛土等又は土石の堆積に関する工事の届出等

| 改正後（新） | 改正前（旧） |
| --- | --- |
| 第6章　特定盛土等規制区域内における特定盛土等又は土石の堆積に関する工事等の規制 | （新設） |

（特定盛土等又は土石の堆積に関する工事の届出等）

第27条　特定盛土等規制区域内において行われる特定盛土等又は土石の堆積に関する工事については、工事主は、当該工事に着手する日の30日前までに、主務省令で定めるところにより、当該工事の計画を都道府県知事に届け出なければならない。ただし、特定盛土等又は土石の堆積に伴う災害の発生のおそれがないと認められるものとして政令で定める工事については、この限りでない。

2　都道府県知事は、前項の規定による届出を受理したときは、速やかに、主務省令で定めるところにより、工事主の氏名又は名称、特定盛土等又は土石の堆積に関する工事が施行される土地の所在地その他主務省令で定める事項を公表するとともに、関係市町村長に通知しなければならない。

3　都道府県知事は、第1項の規定による届出があつた場合において、当該届出に係る工事の計画について当該特定盛土等又は土石の堆積に伴う災害の防止のため必要があると認めるときは、当該届出を受理した日から30日以内に限り、当該届出をした者に対し、当該工事の計画の変更その他必要な措置をとるべきことを勧告することができる。

4　都道府県知事は、前項の規定による勧告を受けた者が、正当な理由がなくて当該勧告に係る措置をとらなかつたときは、その者に対し、相当の期限を定めて、当該勧告に係る措置をとるべきことを命ずることができる。

5　特定盛土等規制区域内において行われる特定盛土等について都市計画法第29条第1項又は第2項の許可の申請をしたときは、当該特定盛土等に関する工事については、第1項の規定による届出をしたものとみなす。

（新設）

【参照条文・新法30条】

（特定盛土等又は土石の堆積に関する工事の許可）

第30条　特定盛土等規制区域内において行われる特定盛土等又は土石の堆積（大規模な崖崩れ又は土砂の流出を生じさせるおそれが大きいものとして政令で定める規模のものに限る。以下この条から第39条まで及び第55条第1項第2号において同じ。）に関する工事については、工事主は、当該工事に着手する前に、主務省令で定めるところにより、都道府県知事の許可を受けなければならない。ただし、特定盛土等又は土石の堆積に伴う災害の発生のおそれがないと認められるものとして政令で定める工事については、この限りでない。

2　都道府県知事は、前項の許可の申請が次に掲げる基準に適合しないと認めるとき、又はその申請の手続がこの法律若しくはこの法律に基づく命令の規定に違反していると認めるときは、同項の許可をしてはならない。

一　当該申請に係る特定盛土等又は土石の堆積に関する工事の計画が次条の規定に適合するものであること。

二　工事主に当該特定盛土等又は土石の堆積に関する工事を行うために必要な資力及び信用があること。

三　工事施行者に当該特定盛土等又は土石の堆積に関する工事を完成するために必要な能力があること。

四　当該特定盛土等又は土石の堆積に関する工事（土地区画整理法第2条第1項に規定する土地区画整理事業その他の公共施設の整備又は土地利用の増進を図るための事業として政令で定めるものの施行に伴うものを除く。）をしよ

126

| | |
|---|---|
| | うとする土地の区域内の土地について所有権、地上権、質権、賃借権、使用貸借による権利又はその他の使用及び収益を目的とする権利を有する者の全ての同意を得ていること。<br>3　都道府県知事は、第1項の許可に、工事の施行に伴う災害を防止するため必要な条件を付することができる。<br>4　都道府県知事は、第1項の許可をしたときは、速やかに、主務省令で定めるところにより、工事主の氏名又は名称、特定盛土等又は土石の堆積に関する工事が施行される土地の所在地その他主務省令で定める事項を公表するとともに、関係市町村長に通知しなければならない。<br>5　第1項の許可を受けた者は、当該許可に係る工事については、第27条第1項の規定による届出をすることを要しない。 |

1　新法12条は、宅地造成等工事規制区域（10条）内における宅地造成等に関する工事については、都道府県知事の許可を必要としたが、特定盛土等規制区域（26条）内における特定盛土等または土石の堆積に関する工事については、都道府県知事の許可を必要とする工事と、都道府県知事の許可を要せず届出だけで済む工事の2種類を想定した。そのうえで、新法27条は「都道府県知事への届出」の義務とその手続を定めたが、新法30条に基づく許可を得た場合は、27条1項の規定による届出をすることを要しないとした（30条5項）。また、同じ考え方のもとに、都市計画法29条1項または2項の許可の申請をしたときは、特定盛土等規制区域内における特定盛土等に関する工事については、27条1項の届出をしたものとみなすとした（27条5項）。

2　特定盛土等規制区域内において行われる特定盛土等または土石の堆積に関する工事については、工事主は、当該工事に着手する日の30日前までに、主務省令で定めるところにより、当該工事の計画を都道府県知事に届け出なりればならない（1項）。

ただし、特定盛土等または土石の堆積に伴う災害の発生のおそれがないと

認められるものとして政令で定める工事については、この限りでない（1項ただし書）。

3　都道府県知事は、1項の規定による届出を受理したときは、速やかに、主務省令で定めるところにより、工事主の氏名または名称、特定盛土等または土石の堆積に関する工事が施行される土地の所在地その他主務省令で定める事項を公表するとともに、関係市町村長に通知しなければならない（2項）。

4　都道府県知事は、1項の規定による届出があった場合において、当該届出に係る工事の計画について当該特定盛土等または土石の堆積に伴う災害の防止のため必要があると認めるときは、当該届出を受理した日から30日以内に限り、当該届出をした者に対し、当該工事の計画の変更その他必要な措置をとるべきことを勧告することができる（3項）。

5　都道府県知事は、3項の規定による勧告を受けた者が、正当な理由がなくて当該勧告に係る措置をとらなかったときは、その者に対し、相当の期限を定めて、当該勧告に係る措置をとるべきことを命ずることができる（4項）。

6　前記1で新法30条の許可と新法27条の届出の整理をしたとおり、特定盛土等規制区域内において行われる特定盛土等について都市計画法29条1項または2項の許可の申請をしたときは、当該特定盛土等に関する工事については、1項の規定による届出をしたものとみなす（5項）。なお、新法30条5項は、30条1項の許可を受けた者は、27条1項の届出を要しないと定めているので、ここであわせて理解しておきたい。

### 第28条　変更の届出等

| 改正後（新） | 改正前（旧） |
|---|---|
| （変更の届出等）<br>第28条　前条第1項の規定による届出をした者は、当該届出に係る特定盛土等又は土石の堆積に関する工事の計画の変更（主務省令で定める軽微な変更を除く。）をしようとするときは、当該変更後の工 | （新設） |

| | |
|---|---|
| 事に着手する日の30日前までに、主務省令で定めるところにより、当該変更後の工事の計画を都道府県知事に届け出なければならない。<br>2　前条第5項の規定により同条第1項の規定による届出をしたものとみなされた特定盛土等に関する工事に係る都市計画法第35条の2第1項の許可の申請は、当該工事に係る前項の規定による届出とみなす。<br>3　前条第2項から第4項までの規定は、第1項の規定による届出について準用する。 | |

1　新法28条は、特定盛土等規制区域における変更の届出等を定めた。

2　新法27条1項の規定による届出をした者は、当該届出に係る特定盛土等または土石の堆積に関する工事の計画の変更（主務省令で定める軽微な変更を除く）をしようとするときは、当該変更後の工事に着手する日の30日前までに、主務省令で定めるところにより、当該変更後の工事の計画を都道府県知事に届け出なければならない（1項）。

3　新法27条5項の規定により同条1項の規定による届出をしたものとみなされた特定盛土等に関する工事に係る都市計画法35条の2第1項の許可の申請は、当該工事に係る1項の規定による届出とみなす（2項）。

4　新法27条2項から4項までの規定は、1項の規定による届出について準用する（3項）。

### 第29条　住民への周知

| 改正後（新） | 改正前（旧） |
|---|---|
| （住民への周知）<br>第29条　工事主は、次条第1項の許可の申請をするときは、あらかじめ、主務省令で定めるところにより、特定盛土等又は土石の堆積に関する工事の施行に係る土 | （新設）<br>【参照条文・新法11条】<br>（住民への周知）<br>第11条　工事主は、次条第1項の許可の申 |

| | |
|---|---|
| 地の周辺地域の住民に対し、説明会の開催その他の当該特定盛土等又は土石の堆積に関する工事の内容を周知させるため必要な措置を講じなければならない。 | 請をするときは、あらかじめ、主務省令で定めるところにより、宅地造成等に関する工事の施行に係る土地の周辺地域の住民に対し、説明会の開催その他の当該宅地造成等に関する工事の内容を周知させるため必要な措置を講じなければならない。 |

1　新法29条は、特定盛土等規制区域における特定盛土等または土石の堆積に関する工事の施行についての「住民への周知」を定めた。これは、新法11条が定めた宅地造成等工事規制区域内における宅地造成等に関する工事の施行についての「住民への周知」を参照しながら理解したい。

2　工事主は、新法30条1項の許可の申請をするときは、あらかじめ、主務省令で定めるところにより、特定盛土等または土石の堆積に関する工事の施行に係る土地の周辺地域の住民に対し、説明会の開催その他の当該特定盛土等または土石の堆積に関する工事の内容を周知させるため必要な措置を講じなければならない(29条)。

### 第30条　特定盛土等又は土石の堆積に関する工事の許可

| 改正後（新） | 改正前（旧） |
|---|---|
| （特定盛土等又は土石の堆積に関する工事の許可）<br>第30条　特定盛土等規制区域内において行われる特定盛土等又は土石の堆積（大規模な崖崩れ又は土砂の流出を生じさせるおそれが大きいものとして政令で定める規模のものに限る。以下この条から第39条まで及び第55条第1項第2号において同じ。）に関する工事については、工事主は、当該工事に着手する前に、主務省令で定めるところにより、都道府県知事の許可を受けなければならない。ただし、特定盛土等又は土石の堆積に伴う災害の発生のおそれがないと認められるものと | （新設）<br>【参照条文・新法12条】<br>（宅地造成等に関する工事の許可）<br>第12条　宅地造成等工事規制区域内において行われる宅地造成等に関する工事については、工事主は、当該工事に着手する前に、主務省令で定めるところにより、都道府県知事の許可を受けなければならない。ただし、宅地造成等に伴う災害の発生のおそれがないと認められるものとして政令で定める工事については、この限りでない。 |

して政令で定める工事については、この限りでない。

2　都道府県知事は、前項の許可の申請が次に掲げる基準に適合しないと認めるとき、又はその申請の手続がこの法律若しくはこの法律に基づく命令の規定に違反していると認めるときは、同項の許可をしてはならない。

一　当該申請に係る特定盛土等又は土石の堆積に関する工事の計画が次条の規定に適合するものであること。

二　工事主に当該特定盛土等又は土石の堆積に関する工事を行うために必要な資力及び信用があること。

三　工事施行者に当該特定盛土等又は土石の堆積に関する工事を完成するために必要な能力があること。

四　当該特定盛土等又は土石の堆積に関する工事（土地区画整理法第2条第1項に規定する土地区画整理事業その他の公共施設の整備又は土地利用の増進を図るための事業として政令で定めるものの施行に伴うものを除く。）をしようとする土地の区域内の土地について所有権、地上権、質権、賃借権、使用貸借による権利又はその他の使用及び収益を目的とする権利を有する者の全ての同意を得ていること。

3　都道府県知事は、第1項の許可に、工事の施行に伴う災害を防止するため必要な条件を付することができる。

4　都道府県知事は、第1項の許可をしたときは、速やかに、主務省令で定めるところにより、工事主の氏名又は名称、特定盛土等又は土石の堆積に関する工事が施行される土地の所在地その他主務省令で定める事項を公表するとともに、関係市町村長に通知しなければならない。

5　第1項の許可を受けた者は、当該許可に係る工事については、第27条第1項の規定による届出をすることを要しない。

2　都道府県知事は、前項の許可の申請が次に掲げる基準に適合しないと認めるとき、又はその申請の手続がこの法律若しくはこの法律に基づく命令の規定に違反していると認めるときは、同項の許可をしてはならない。

一　当該申請に係る宅地造成等に関する工事の計画が次条の規定に適合するものであること。

二　工事主に当該宅地造成等に関する工事を行うために必要な資力及び信用があること。

三　工事施行者に当該宅地造成等に関する工事を完成するために必要な能力があること。

四　当該宅地造成等に関する工事（土地区画整理法（昭和29年法律第119号）第2条第1項に規定する土地区画整理事業その他の公共施設の整備又は土地利用の増進を図るための事業として政令で定めるものの施行に伴うものを除く。）をしようとする土地の区域内の土地について所有権、地上権、質権、賃借権、使用貸借による権利又はその他の使用及び収益を目的とする権利を有する者の全ての同意を得ていること。

3　都道府県知事は、第1項の許可に、工事の施行に伴う災害を防止するため必要な条件を付することができる。

4　都道府県知事は、第1項の許可をしたときは、速やかに、主務省令で定めるところにより、工事主の氏名又は名称、宅地造成等に関する工事が施行される土地の所在地その他主務省令で定める事項を公表するとともに、関係市町村長に通知しなければならない。

【参照条文・新法27条】
（特定盛土等又は土石の堆積に関する工事の届出等）

第27条　特定盛土等規制区域内において行われる特定盛土等又は土石の堆積に関す

|  | る工事については、工事主は、当該工事に着手する日の30日前までに、主務省令で定めるところにより、当該工事の計画を都道府県知事に届け出なければならない。ただし、特定盛土等又は土石の堆積に伴う災害の発生のおそれがないと認められるものとして政令で定める工事については、この限りでない。<br>2　都道府県知事は、前項の規定による届出を受理したときは、速やかに、主務省令で定めるところにより、工事主の氏名又は名称、特定盛土等又は土石の堆積に関する工事が施行される土地の所在地その他主務省令で定める事項を公表するとともに、関係市町村長に通知しなければならない。<br>3　都道府県知事は、第1項の規定による届出があつた場合において、当該届出に係る工事の計画について当該特定盛土等又は土石の堆積に伴う災害の防止のため必要があると認めるときは、当該届出を受理した日から30日以内に限り、当該届出をした者に対し、当該工事の計画の変更その他必要な措置をとるべきことを勧告することができる。<br>4　都道府県知事は、前項の規定による勧告を受けた者が、正当な理由がなくて当該勧告に係る措置をとらなかつたときは、その者に対し、相当の期限を定めて、当該勧告に係る措置をとるべきことを命ずることができる。<br>5　特定盛土等規制区域内において行われる特定盛土等について都市計画法第29条第1項又は第2項の許可の申請をしたときは、当該特定盛土等に関する工事については、第1項の規定による届出をしたものとみなす。 |
|--|--|

1　新法30条は、「特定盛土等又は土石の堆積に関する工事の許可」を定めた。同条を理解するについては、第1に新法27条が定める「特定盛土等又は土石

の堆積に関する工事の届出等」を参照し、第2に新法12条が定める宅地造成等工事規制区域内における「宅地造成等に関する工事の許可」を参照したい。その整理については、27条の解説1に述べたとおりである。

2　特定盛土等規制区域内において行われる特定盛土等または土石の堆積（大規模な崖崩れまたは土砂の流出を生じさせるおそれが大きいものとして政令で定める規模のものに限る。以下この条から39条までおよび55条1項2号において同じ）に関する工事については、工事主は、当該工事に着手する前に、主務省令で定めるところにより、都道府県知事の許可を受けなければならない（1項）。

　ただし、特定盛土等または土石の堆積に伴う災害の発生のおそれがないと認められるものとして政令で定める工事については、この限りでない（1項ただし書）。これについては、新法12条1項の許可の解説を参照されたい。

3　特定盛土等規制区域内において行われる特定盛土等または土石の堆積に関する工事についての許可の基準を定める新法30条2項は、新法12条2項が定める宅地造成等工事規制区域内における宅地造成等に関する工事についての許可の基準と同じである。すなわち、都道府県知事は、1項の許可の申請が次に掲げる基準に適合しないと認めるとき、またはその申請の手続がこの法律もしくはこの法律に基づく命令の規定に違反していると認めるときは、同項の許可をしてはならない（2項）。

① 　当該申請に係る特定盛土等又は土石の堆積に関する工事の計画が新法31条の規定に適合するものであること（1号）。

② 　工事主に当該特定盛土等または土石の堆積に関する工事を行うために必要な資力および信用があること（2号）。

③ 　工事施行者に当該特定盛土等または土石の堆積に関する工事を完成するために必要な能力があること（3号）。

④ 　当該特定盛土等または土石の堆積に関する工事（土地区画整理法2条1項に規定する土地区画整理事業その他の公共施設の整備または土地利用の増進を図るための事業として政令で定めるものの施行に伴うものを除く）をし

ようとする土地の区域内の土地について所有権、地上権、質権、賃借権、使用貸借による権利またはその他の使用および収益を目的とする権利を有する者のすべての同意を得ていること（4号）。

4　都道府県知事は、1項の許可に、工事の施行に伴う災害を防止するため必要な条件を付することができる（3項）。これも、新法12条3項とほぼ同じである。

5　都道府県知事は、1項の許可をしたときは、速やかに、主務省令で定めるところにより、工事主の氏名または名称、特定盛土等または土石の堆積に関する工事が施行される土地の所在地その他主務省令で定める事項を公表するとともに、関係市町村長に通知しなければならない（4項）。これも、新法12条4項とほぼ同じである。

6　1項の許可を受けた者は、当該許可に係る工事については、新法27条1項の規定による届出をすることを要しない（5項）。これは、新法27条の解説1で述べたとおり、特定盛土等規制区域内における「特定盛土等又は土石の堆積に関する工事の許可」と「特定盛土等又は土石の堆積に関する工事の届出等」の関係を明記する重要な規定である。

## 第31条　特定盛土等又は土石の堆積に関する工事の技術的基準等

| 改正後（新） | 改正前（旧） |
|---|---|
| (特定盛土等又は土石の堆積に関する工事の技術的基準等)<br>第31条　特定盛土等規制区域内において行われる特定盛土等又は土石の堆積に関する工事（前条第1項ただし書に規定する工事を除く。第40条第1項において同じ。）は、政令（その政令で都道府県の規則に委任した事項に関しては、その規則を含む。）で定める技術的基準に従い、擁壁等の設置その他特定盛土等又は土石の堆積に伴う災害を防止するため必要な措置が講ぜられたものでなければならない。 | (新設)<br>【参照条文・新法13条】<br>(宅地造成等に関する工事の技術的基準等)<br>第13条　宅地造成等工事規制区域内において行われる宅地造成等に関する工事（前条第1項ただし書に規定する工事を除く。第21条第1項において同じ。）は、政令（その政令で都道府県の規則に委任した事項に関しては、その規則を含む。）で定める技術的基準に従い、擁壁、排水 |

| | |
|---|---|
| 2 前項の規定により講ずべきものとされる措置のうち政令（同項の政令で都道府県の規則に委任した事項に関しては、その規則を含む。）で定めるものの工事は、政令で定める資格を有する者の設計によらなければならない。 | 施設その他の政令で定める施設（以下「擁壁等」という。）の設置その他宅地造成等に伴う災害を防止するため必要な措置が講ぜられたものでなければならない。<br>2 前項の規定により講ずべきものとされる措置のうち政令（同項の政令で都道府県の規則に委任した事項に関しては、その規則を含む。）で定めるものの工事は、政令で定める資格を有する者の設計によらなければならない。 |

1 「特定盛土等又は土石の堆積に関する工事の技術的基準等」を定める新法31条は、「特定盛土等又は土石の堆積に関する工事の許可」を定める新法30条とセットで理解すべき重要な条文である。また、新法31条は、宅地造成等工事規制区域内における「宅地造成等に関する工事の技術的基準等」を定める新法13条と同じ構造であるため、新法13条を参照しながら理解したい。

2 特定盛土等規制区域内において行われる特定盛土等または土石の堆積に関する工事（新法30条1項ただし書に規定する工事を除く。40条1項において同じ）は、政令（その政令で都道府県の規則に委任した事項に関しては、その規則を含む）で定める技術的基準に従い、擁壁等の設置その他特定盛土等または土石の堆積に伴う災害を防止するため必要な措置が講ぜられたものでなければならない（1項）。

3 1項の規定により講ずべきものとされる措置のうち政令（同項の政令で都道府県の規則に委任した事項に関しては、その規則を含む）で定めるものの工事は、政令で定める資格を有する者の設計によらなければならない（2項）。

4 政令

新法31条1項に基づく「政令（その政令で都道府県の規則に委任した事項に関しては、その規則を含む。）で定める技術的基準」を定める政令は未制定である。なお、新法第5章26条の「特定盛土等規制区域」、新法第6章「特定盛土等規制区域内における特定盛土等又は土石の堆積に関する工事等の規制」（27条〜44条）も新法が新設した条文であるので、対照すべき旧法の政令も存在

しない。したがって、新法31条１項に基づく政令がいかなるものになるかが注目される。

　また、新法31条２項に基づく「政令（同項の政令で都道府県の規則に委任した事項に関しては、その規則を含む。）で定めるもの」および「政令で定める資格」の政令についても、未制定である。

### 第32条　条例で定める特定盛土等又は土石の堆積の規模

| 改正後（新） | 改正前（旧） |
|---|---|
| (条例で定める特定盛土等又は土石の堆積の規模)<br>第32条　都道府県は、第30条第１項の許可について、特定盛土等又は土石の堆積に伴う災害を防止するために必要があると認める場合においては、同項の政令で定める特定盛土等又は土石の堆積の規模を当該規模未満で条例で定める規模とすることができる。 | (新設) |

１　宅地造成のあり方やそれに伴う災害等のリスクは都道府県ごとに異なるから、その規制は全国一律である必要はない。そこで、新法32条は都道府県条例による規制基準の「上乗せ」を認めた。

２　都道府県は、新法30条１項の許可について、特定盛土等または土石の堆積に伴う災害を防止するために必要があると認める場合においては、同項の政令で定める特定盛土等または土石の堆積の規模を当該規模未満で条例で定める規模とすることができる（32条）。

### 第33条　許可証の交付又は不許可の通知

| 改正後（新） | 改正前（旧） |
|---|---|
| (許可証の交付又は不許可の通知)<br>第33条　都道府県知事は、第30条第１項の許可の申請があつたときは、遅滞なく、 | (新設)<br>【参照条文・新法14条】 |

*136*

| | |
|---|---|
| 許可又は不許可の処分をしなければならない。<br>2　都道府県知事は、前項の申請をした者に、同項の許可の処分をしたときは許可証を交付し、同項の不許可の処分をしたときは文書をもつてその旨を通知しなければならない。<br>3　特定盛土等又は土石の堆積に関する工事は、前項の許可証の交付を受けた後でなければ、することができない。<br>4　第2項の許可証の様式は、主務省令で定める。 | （許可証の交付又は不許可の通知）<br>第14条　都道府県知事は、第12条第1項の許可の申請があつたとき、遅滞なく、許可又は不許可の処分をしなければならない。<br>2　都道府県知事は、前項の申請をした者に、同項の許可の処分をしたときは許可証を交付し、同項の不許可の処分をしたときは文書をもつてその旨を通知しなければならない。<br>3　宅地造成等に関する工事は、前項の許可証の交付を受けた後でなければ、することができない。<br>4　第2項の許可証の様式は、主務省令で定める。 |

1　新法33条の「許可証の交付又は不許可の通知」については、新法14条を参照しながら理解したい。

2　都道府県知事は、新法30条1項の許可の申請があったときは、遅滞なく、許可または不許可の処分をしなければならない（1項）。

3　都道府県知事は、1項の申請をした者に、同項の許可の処分をしたときは許可証を交付し、同項の不許可の処分をしたときは文書をもってその旨を通知しなければならない（2項）。

4　特定盛土等または土石の堆積に関する工事は、1項の許可証の交付を受けた後でなければ、することができない（3項）。

5　2項の許可証の様式は、主務省令で定める（4項）。

## 第34条　許可の特例

| 改正後（新） | 改正前（旧） |
|---|---|
| （許可の特例）<br>第34条　国又は都道府県、指定都市若しくは中核市が特定盛土等規制区域内において行う特定盛土等又は土石の堆積に関する工事については、これらの者と都道府 | （新設）<br>【参照条文・新法15条】<br>（許可の特例）<br>第15条　国又は都道府県、指定都市若しく |

| | |
|---|---|
| 県知事との協議が成立することをもつて第30条第 1 項の許可があつたものとみなす。<br>2　特定盛土等規制区域内において行われる特定盛土等について当該特定盛土等規制区域の指定後に都市計画法第29条第 1 項又は第 2 項の許可を受けたときは、当該特定盛土等に関する工事については、第30条第 1 項の許可を受けたものとみなす。 | は中核市が宅地造成等工事規制区域内において行う宅地造成等に関する工事については、これらの者と都道府県知事との協議が成立することをもつて第12条第 1 項の許可があつたものとみなす。<br>2　宅地造成等工事規制区域内において行われる宅地造成又は特定盛土等について当該宅地造成等工事規制区域の指定後に都市計画法 (昭和43年法律第100号) 第29条第 1 項又は第 2 項の許可を受けたときは、当該宅地造成又は特定盛土等に関する工事については、第12条第 1 項の許可を受けたものとみなす。 |

1　新法34条の「許可の特例」については、新法15条を参照しながら理解したい。

2　国または都道府県、指定都市もしくは中核市が特定盛土等規制区域内において行う特定盛土等または土石の堆積に関する工事については、これらの者と都道府県知事との協議が成立することをもって30条 1 項の許可があったものとみなす（ 1 項）。

3　特定盛土等規制区域内において行われる特定盛土等について当該特定盛土等規制区域の指定後に都市計画法29条 1 項または 2 項の許可を受けたときは、当該特定盛土等に関する工事については、30条 1 項の許可を受けたものとみなす（ 2 項）。

### 第35条　変更の許可等

| 改正後（新） | 改正前（旧） |
|---|---|
| （変更の許可等）<br>第35条　第30条第 1 項の許可を受けた者は、当該許可に係る特定盛土等又は土石の堆積に関する工事の計画の変更をしようとするときは、主務省令で定めるところにより、都道府県知事の許可を受けな | （新設）<br>【参照条文・新法16条】<br>（変更の許可等）<br>第16条　第12条第 1 項の許可を受けた者は、当該許可に係る宅地造成等に関する |

| | |
|---|---|
| ければならない。ただし、主務省令で定める軽微な変更をしようとするときは、この限りでない。<br>2　第30条第１項の許可を受けた者は、前項ただし書の主務省令で定める軽微な変更をしたときは、遅滞なく、その旨を都道府県知事に届け出なければならない。<br>3　第30条第２項から第４項まで、第31条から第33条まで及び前条第１項の規定は、第１項の許可について準用する。<br>4　第１項又は第２項の場合における次条から第38条までの規定の適用については、第１項の許可又は第２項の規定による届出に係る変更後の内容を第30条第１項の許可の内容とみなす。<br>5　前条第２項の規定により第30条第１項の許可を受けたものとみなされた特定盛土等に関する工事に係る都市計画法第35条の２第１項の許可又は同条第３項の規定による届出は、当該工事に係る第１項の許可又は第２項の規定による届出とみなす。 | 工事の計画の変更をしようとするときは、主務省令で定めるところにより、都道府県知事の許可を受けなければならない。ただし、国土交通省令で定める軽微な変更をしようとするときは、この限りでない。<br>2　第12条第１項の許可を受けた者は、前項ただし書の主務省令で定める軽微な変更をしたときは、遅滞なく、その旨を都道府県知事に届け出なければならない。<br>3　第12条第２項から第４項まで、第13条、第14条及び前条第１項の規定は、第１項の許可について準用する。<br>4　第１項又は第２項の場合における次条から第19条までの規定の適用については、第１項の許可又は第２項の規定による届出に係る変更後の内容を第12条第１項の許可の内容とみなす。<br>5　前条第２項の規定により第12条第１項の許可を受けたものとみなされた宅地造成又は特定盛土等に関する工事に係る都市計画法第35条の２第１項の許可又は同条第３項の規定による届出は、当該工事に係る第１項の許可又は第２項の規定による届出とみなす。 |

1　新法35条の「変更の許可等」については、新法16条を参照しながら理解したい。

2　30条１項の許可を受けた者は、当該許可に係る特定盛土等または土石の堆積に関する工事の計画の変更をしようとするときは、主務省令で定めるところにより、都道府県知事の許可を受けなければならない。ただし、主務省令で定める軽微な変更をしようとするときは、この限りでない（１項）。

3　30条１項の許可を受けた者は、１項ただし書の主務省令で定める軽微な変更をしたときは、遅滞なく、その旨を都道府県知事に届け出なければならない（２項）。

4　30条２項から４項まで、31条から33条までおよび34条１項の規定は、

1項の許可について準用する（3項）。

5　1項または2項の場合における36条から38条までの規定の適用については、1項の許可または2項の規定による届出に係る変更後の内容を30条1項の許可の内容とみなす（4項）。

6　34条2項の規定により30条1項の許可を受けたものとみなされた特定盛土等に関する工事に係る都市計画法35条の2第1項の許可または同条3項の規定による届出は、当該工事に係る1項の許可または2項の規定による届出とみなす（5項）。

### 第36条　完了検査等

| 改正後（新） | 改正前（旧） |
|---|---|
| （完了検査等）<br>第36条　特定盛土等に関する工事について第30条第1項の許可を受けた者は、当該許可に係る工事を完了したときは、主務省令で定める期間内に、主務省令で定めるところにより、その工事が第31条第1項の規定に適合しているかどうかについて、都道府県知事の検査を申請しなければならない。<br>2　都道府県知事は、前項の検査の結果、工事が第31条第1項の規定に適合していると認めた場合においては、主務省令で定める様式の検査済証を第30条第1項の許可を受けた者に交付しなければならない。<br>3　第34条第2項の規定により第30条第1項の許可を受けたものとみなされた特定盛土等に関する工事に係る都市計画法第36条第1項の規定による届出又は同条第2項の規定により交付された検査済証は、当該工事に係る第1項の規定による申請又は前項の規定により交付された検査済証とみなす。<br>4　土石の堆積に関する工事について第30 | （新設）<br>【参照条文・新法17条】<br>（完了検査等）<br>第17条　宅地造成又は特定盛土等に関する工事について第12条第1項の許可を受けた者は、当該許可に係る工事を完了したときは、主務省令で定める期間内に、主務省令で定めるところにより、その工事が第13条第1項の規定に適合しているかどうかについて、都道府県知事の検査を申請しなければならない。<br>2　都道府県知事は、前項の検査の結果、工事が第13条第1項の規定に適合していると認めた場合においては、主務省令で定める様式の検査済証を第12条第1項の許可を受けた者に交付しなければならない。<br>3　第15条第2項の規定により第12条第1項の許可を受けたものとみなされた宅地造成又は特定盛土等に関する工事に係る都市計画法第36条第1項の規定による届出又は同条第2項の規定により交付された検査済証は、当該工事に係る第1項の |

| | |
|---|---|
| 条第１項の許可を受けた者は、当該許可に係る工事（堆積した全ての土石を除却するものに限る。）を完了したときは、主務省令で定める期間内に、主務省令で定めるところにより、堆積されていた全ての土石の除却が行われたかどうかについて、都道府県知事の確認を申請しなければならない。<br>5　都道府県知事は、前項の確認の結果、堆積されていた全ての土石が除却されたと認めた場合においては、主務省令で定める様式の確認済証を第30条第１項の許可を受けた者に交付しなければならない。 | 規定による申請又は前項の規定により交付された検査済証とみなす。<br>4　土石の堆積に関する工事について第12条第１項の許可を受けた者は、当該許可に係る工事（堆積した全ての土石を除却するものに限る。）を完了したときは、主務省令で定める期間内に、主務省令で定めるところにより、堆積されていた全ての土石の除却が行われたかどうかについて、都道府県知事の確認を申請しなければならない。<br>5　都道府県知事は、前項の確認の結果、堆積されていた全ての土石が除却されたと認めた場合においては、主務省令で定める様式の確認済証を第12条第１項の許可を受けた者に交付しなければならない。 |

1　新法36条の「完了検査等」については、新法17条を参照しながら理解したい。

2　特定盛土等に関する工事について30条１項の許可を受けた者は、当該許可に係る工事を完了したときは、主務省令で定める期間内に、主務省令で定めるところにより、その工事が31条１項の規定に適合しているかどうかについて、都道府県知事の検査を申請しなければならない（１項）。

3　都道府県知事は、１項の検査の結果、工事が31条１項の規定に適合していると認めた場合においては、主務省令で定める様式の検査済証を30条１項の許可を受けた者に交付しなければならない（２項）。

4　34条２項の規定により30条１項の許可を受けたものとみなされた特定盛土等に関する工事に係る都市計画法36条１項の規定による届出または同条２項の規定により交付された検査済証は、当該工事に係る１項の規定による申請または２項の規定により交付された検査済証とみなす（３項）。

5　土石の堆積に関する工事について30条１項の許可を受けた者は、当該許可に係る工事（堆積したすべての土石を除却するものに限る）を完了したときは、主務省令で定める期間内に、主務省令で定めるところにより、堆積され

ていたすべての土石の除却が行われたかどうかについて、都道府県知事の確認を申請しなければならない（4項）。

6　都道府県知事は、4項の確認の結果、堆積されていたすべての土石が除却されたと認めた場合においては、主務省令で定める様式の確認済証を30条1項の許可を受けた者に交付しなければならない（5項）

### 第37条　中間検査

| 改正後（新） | 改正前（旧） |
|---|---|
| （中間検査）<br>第37条　第30条第1項の許可を受けた者は、当該許可に係る特定盛土等（政令で定める規模のものに限る。）に関する工事が政令で定める工程（以下この条において「特定工程」という。）を含む場合において、当該特定工程に係る工事を終えたときは、その都度主務省令で定める期間内に、主務省令で定めるところにより、都道府県知事の検査を申請しなければならない。<br>2　都道府県知事は、前項の検査の結果、当該特定工程に係る工事が第31条第1項の規定に適合していると認めた場合においては、主務省令で定める様式の当該特定工程に係る中間検査合格証を第30条第1項の許可を受けた者に交付しなければならない。<br>3　特定工程ごとに政令で定める当該特定工程後の工程に係る工事は、前項の規定による当該特定工程に係る中間検査合格証の交付を受けた後でなければ、することができない。<br>4　都道府県は、第1項の検査について、特定盛土等に伴う災害を防止するために必要があると認める場合においては、同項の政令で定める特定盛土等の規模を当該規模未満で条例で定める規模とし、又は特定工程（当該特定工程後の前項に規 | （新設）<br>【参照条文・新法18条】<br>（中間検査）<br>第18条　第12条第1項の許可を受けた者は、当該許可に係る宅地造成又は特定盛土等（政令で定める規模のものに限る。）に関する工事が政令で定める工程（以下この条において「特定工程」という。）を含む場合において、当該特定工程に係る工事を終えたときは、その都度主務省令で定める期間内に、主務省令で定めるところにより、都道府県知事の検査を申請しなければならない。<br>2　都道府県知事は、前項の検査の結果、当該特定工程に係る工事が第13条第1項の規定に適合していると認めた場合においては、主務省令で定める様式の当該特定工程に係る中間検査合格証を第12条第1項の許可を受けた者に交付しなければならない。<br>3　特定工程ごとに政令で定める当該特定工程後の工程に係る工事は、前項の規定による当該特定工程に係る中間検査合格証の交付を受けた後でなければ、することができない。<br>4　都道府県は、第1項の検査について、宅地造成又は特定盛土等に伴う災害を防止するために必要があると認める場合に |

| | |
|---|---|
| 定する工程を含む。）として条例で定める工程を追加することができる。<br>5　都道府県知事は、第１項の検査において第31条第１項の規定に適合することを認められた特定工程に係る工事については、前条第１項の検査において当該工事に係る部分の検査をすることを要しない。 | おいては、同項の政令で定める宅地造成若しくは特定盛土等の規模を当該規模未満で条例で定める規模とし、又は特定工程（当該特定工程後の前項に規定する工程を含む。）として条例で定める工程を追加することができる。<br>5　都道府県知事は、第１項の検査において第13条第１項の規定に適合することを認められた特定工程に係る工事については、前条第１項の検査において当該工事に係る部分の検査をすることを要しない。 |

1　新法37条の「中間検査」については、新法18条を参照しながら理解したい。

2　30条１項の許可を受けた者は、当該許可に係る特定盛土等（政令で定める規模のものに限る）に関する工事が政令で定める工程（以下この条において「特定工程」という）を含む場合において、当該特定工程に係る工事を終えたときは、その都度主務省令で定める期間内に、主務省令で定めるところにより、都道府県知事の検査を申請しなければならない（１項）。

3　都道府県知事は、１項の検査の結果、当該特定工程に係る工事が31条１項の規定に適合していると認めた場合においては、主務省令で定める様式の当該特定工程に係る中間検査合格証を30条１項の許可を受けた者に交付しなければならない（２項）。

4　特定工程ごとに政令で定める当該特定工程後の工程に係る工事は、２項の規定による当該特定工程に係る中間検査合格証の交付を受けた後でなければ、することができない（３項）。

5　都道府県は、１項の検査について、特定盛土等に伴う災害を防止するために必要があると認める場合においては、同項の政令で定める特定盛土等の規模を当該規模未満で条例で定める規模とし、または特定工程（当該特定工程後の３項に規定する工程を含む）として条例で定める工程を追加することができる（４項）。

6　都道府県知事は、１項の検査において31条１項の規定に適合することを認められた特定工程に係る工事については、36条１項の検査において当

該工事に係る部分の検査をすることを要しない（5項）。

## 第38条　定期の報告

| 改正後（新） | 改正前（旧） |
|---|---|
| （定期の報告）<br>第38条　第30条第１項の許可（政令で定める規模の特定盛土等又は土石の堆積に関する工事に係るものに限る。）を受けた者は、主務省令で定めるところにより、主務省令で定める期間ごとに、当該許可に係る特定盛土等又は土石の堆積に関する工事の実施の状況その他主務省令で定める事項を都道府県知事に報告しなければならない。<br>２　都道府県は、前項の報告について、特定盛土等又は土石の堆積に伴う災害を防止するために必要があると認める場合においては、同項の政令で定める特定盛土等若しくは土石の堆積の規模を当該規模未満で条例で定める規模とし、同項の主務省令で定める期間を当該期間より短い期間で条例で定める期間とし、又は同項の主務省令で定める事項に条例で必要な事項を付加することができる。 | （新設）<br>【参照条文・新法19条】<br>（定期の報告）<br>第19条　第12条第１項の許可（政令で定める規模の宅地造成等に関する工事に係るものに限る。）を受けた者は、主務省令で定めるところにより、主務省令で定める期間ごとに、当該許可に係る宅地造成等に関する工事の実施の状況その他主務省令で定める事項を都道府県知事に報告しなければならない。<br>２　都道府県は、前項の報告について、宅地造成等に伴う災害を防止するために必要があると認める場合においては、同項の政令で定める宅地造成等の規模を当該規模未満で条例で定める規模とし、同項の主務省令で定める期間を当該期間より短い期間で条例で定める期間とし、又は同項の主務省令で定める事項に条例で必要な事項を付加することができる。 |

1　新法38条の「定期の報告」については、新法19条を参照しながら理解したい。

2　30条１項の許可（政令で定める規模の特定盛土等または土石の堆積に関する工事に係るものに限る）を受けた者は、主務省令で定めるところにより、主務省令で定める期間ごとに、当該許可に係る特定盛土等または土石の堆積に関する工事の実施の状況その他主務省令で定める事項を都道府県知事に報告しなければならない（１項）。

3　都道府県は、１項の報告について、特定盛土等または土石の堆積に伴う災害を防止するために必要があると認める場合においては、同項の政令で定

める特定盛土等もしくは土石の堆積の規模を当該規模未満で条例で定める規模とし、同項の主務省令で定める期間を当該期間より短い期間で条例で定める期間とし、または同項の主務省令で定める事項に条例で必要な事項を付加することができる（2項）。

### 第39条　監督処分

| 改正後（新） | 改正前（旧） |
|---|---|
| （監督処分）<br>第39条　都道府県知事は、偽りその他不正な手段により第30条第1項若しくは第35条第1項の許可を受けた者又はその許可に付した条件に違反した者に対して、その許可を取り消すことができる。<br>2　都道府県知事は、特定盛土等規制区域内において行われている特定盛土等又は土石の堆積に関する次に掲げる工事については、当該工事主又は当該工事の請負人（請負工事の下請人を含む。）若しくは現場管理者（第4項から第6項までにおいて「工事主等」という。）に対して、当該工事の施行の停止を命じ、又は相当の猶予期限を付けて、擁壁等の設置その他特定盛土等若しくは土石の堆積に伴う災害の防止のため必要な措置（以下この条において「災害防止措置」という。）をとることを命ずることができる。<br>一　第30条第1項又は第35条第1項の規定に違反して第30条第1項又は第35条第1項の許可を受けないで施行する工事<br>二　第30条第3項（第35条第3項において準用する場合を含む。）の規定により許可に付した条件に違反する工事<br>三　第31条第1項の規定に適合していない工事<br>四　第37条第1項の規定に違反して同項の検査を申請しないで施行する工事 | （新設）<br>【参照条文・新法20条】<br>（監督処分）<br>第20条　都道府県知事は、偽りその他不正な手段により第12条第1項若しくは第16条第1項の許可を受けた者又はその許可に付した条件に違反した者に対して、その許可を取り消すことができる。<br>2　都道府県知事は、宅地造成等工事規制区域内において行われている宅地造成等に関する次に掲げる工事については、当該工事主又は当該工事の請負人（請負工事の下請人を含む。）若しくは現場管理者（第4項から第6項までにおいて「工事主等」という。）に対して、当該工事の施行の停止を命じ、又は相当の猶予期限を付けて、擁壁等の設置その他宅地造成等に伴う災害の防止のため必要な措置（以下この条において「災害防止措置」という。）をとることを命ずることができる。<br>一　第12条第1項又は第16条第1項の規定に違反して第12条第1項又は第16条第1項の許可を受けないで施行する工事<br>二　第12条第3項（第16条第3項において準用する場合を含む。）の規定により許可に付した条件に違反する工事<br>三　第13条第1項の規定に適合していない工事 |

3　都道府県知事は、特定盛土等規制区域内の次に掲げる土地については、当該土地の所有者、管理者若しくは占有者又は当該工事主（第5項第1号及び第2号並びに第6項において「土地所有者等」という。）に対して、当該土地の使用を禁止し、若しくは制限し、又は相当の猶予期限を付けて、災害防止措置をとることを命ずることができる。

　一　第30条第1項又は第35条第1項の規定に違反して第30条第1項又は第35条第1項の許可を受けないで特定盛土等又は土石の堆積に関する工事が施行された土地

　二　第36条第1項の規定に違反して同項の検査を申請せず、又は同項の検査の結果工事が第31条第1項の規定に適合していないと認められた土地

　三　第36条第4項の規定に違反して同項の確認を申請せず、又は同項の確認の結果堆積されていた全ての土石が除却されていないと認められた土地

　四　第37条第1項の規定に違反して同項の検査を申請しないで特定盛土等に関する工事が施行された土地

4　都道府県知事は、第2項の規定により工事の施行の停止を命じようとする場合において、緊急の必要により弁明の機会の付与を行うことができないときは、同項に規定する工事に該当することが明らかな場合に限り、弁明の機会の付与を行わないで、工事主等に対して、当該工事の施行の停止を命ずることができる。この場合において、当該工事主等が当該工事の現場にいないときは、当該工事に従事する者に対して、当該工事に係る作業の停止を命ずることができる。

5　都道府県知事は、次の各号のいずれかに該当すると認めるときは、自ら災害防止措置の全部又は一部を講ずることができる。この場合において、第2号に該

　四　第18条第1項の規定に違反して同項の検査を申請しないで施行する工事

3　都道府県知事は、宅地造成等工事規制区域内の次に掲げる土地については、当該土地の所有者、管理者若しくは占有者又は当該工事主（第5項第1号及び第2号並びに第6項において「土地所有者等」という。）に対して、当該土地の使用を禁止し、若しくは制限し、又は相当の猶予期限を付けて、災害防止措置をとることを命ずることができる。

　一　第12条第1項又は第16条第1項の規定に違反して第12条第1項又は第16条第1項の許可を受けないで宅地造成等に関する工事が施行された土地

　二　第17条第1項の規定に違反して同項の検査を申請せず、又は同項の検査の結果工事が第13条第1項の規定に適合していないと認められた土地

　三　第17条第4項の規定に違反して同項の確認を申請せず、又は同項の確認の結果堆積されていた全ての土石が除却されていないと認められた土地

　四　第18条第1項の規定に違反して同項の検査を申請しないで宅地造成又は特定盛土等に関する工事が施行された土地

4　都道府県知事は、第2項の規定により工事の施行の停止を命じようとする場合において、緊急の必要により弁明の機会の付与を行うことができないときは、同項に規定する工事に該当することが明らかな場合に限り、弁明の機会の付与を行わないで、工事主等に対して、当該工事の施行の停止を命ずることができる。この場合において、当該工事主等が当該工事の現場にいないときは、当該工事に従事する者に対して、当該工事に係る作業の停止を命ずることができる。

5　都道府県知事は、次の各号のいずれかに該当すると認めるときは、自ら災害

当すると認めるときは、相当の期限を定めて、当該災害防止措置を講ずべき旨及びその期限までに当該災害防止措置を講じないときは自ら当該災害防止措置を講じ、当該災害防止措置に要した費用を徴収することがある旨を、あらかじめ、公告しなければならない。

一　第2項又は第3項の規定により災害防止措置を講ずべきことを命ぜられた工事主等又は土地所有者等が、当該命令に係る期限までに当該命令に係る措置を講じないとき、講じても十分でないとき、又は講ずる見込みがないとき。

二　第2項又は第3項の規定により災害防止措置を講ずべきことを命じようとする場合において、過失がなくて当該災害防止措置を命ずべき工事主等又は土地所有者等を確知することができないとき。

三　緊急に災害防止措置を講ずる必要がある場合において、第2項又は第3項の規定により災害防止措置を講ずべきことを命ずるいとまがないとき。

6　都道府県知事は、前項の規定により同項の災害防止措置の全部又は一部を講じたときは、当該災害防止措置に要した費用について、主務省令で定めるところにより、当該工事主等又は土地所有者等に負担させることができる。

7　前項の規定により負担させる費用の徴収については、行政代執行法第5条及び第6条の規定を準用する。

防止措置の全部又は一部を講ずることができる。この場合において、第2号に該当すると認めるときは、相当の期限を定めて、当該災害防止措置を講ずべき旨及びその期限までに当該災害防止措置を講じないときは自ら当該災害防止措置を講じ、当該災害防止措置に要した費用を徴収することがある旨を、あらかじめ、公告しなければならない。

一　第2項又は第3項の規定により災害防止措置を講ずべきことを命ぜられた工事主等又は土地所有者等が、当該命令に係る期限までに当該命令に係る措置を講じないとき、講じても十分でないとき、又は講ずる見込みがないとき。

二　第2項又は第3項の規定により災害防止措置を講ずべきことを命じようとする場合において、過失がなくて当該災害防止措置を命ずべき工事主等又は土地所有者等を確知することができないとき。

三　緊急に災害防止措置を講ずる必要がある場合において、第2項又は第3項の規定により災害防止措置を講ずべきことを命ずるいとまがないとき。

6　都道府県知事は、前項の規定により同項の災害防止措置の全部又は一部を講じたときは、当該災害防止措置に要した費用について、主務省令で定めるところにより、当該工事主等又は土地所有者等に負担させることができる。

7　前項の規定により負担させる費用の徴収については、行政代執行法（昭和23年法律第43号）第5条及び第6条の規定を準用する。

1　新法39条の「監督処分」については、新法20条を参照しながら理解したい。

2　都道府県知事は、偽りその他不正な手段により30条1項もしくは35条1項の許可を受けた者またはその許可に付した条件に違反した者に対して、その許可を取り消すことができる（1項）。

3　都道府県知事は、特定盛土等規制区域内において行われている特定盛土等または土石の堆積に関する次に掲げる工事については、当該工事主または当該工事の請負人（請負工事の下請人を含む）もしくは現場管理者（4項から6項までにおいて「工事主等」という）に対して、当該工事の施行の停止を命じ、または相当の猶予期限を付けて、擁壁等の設置その他特定盛土等もしくは土石の堆積に伴う災害の防止のため必要な措置（以下、この条において「災害防止措置」という）をとることを命ずることができる（2項）。

①　30条1項または35条1項の規定に違反して30条1項または35条1項の許可を受けないで施行する工事（1号）

②　30条3項（35条3項において準用する場合を含む）の規定により許可に付した条件に違反する工事（2号）

③　31条1項の規定に適合していない工事（3号）

④　37条1項の規定に違反して同項の検査を申請しないで施行する工事

4　都道府県知事は、特定盛土等規制区域内の次に掲げる土地については、当該土地の所有者、管理者もしくは占有者または当該工事主（5項1号および2号並びに6項において「土地所有者等」という）に対して、当該土地の使用を禁止し、もしくは制限し、または相当の猶予期限を付けて、災害防止措置をとることを命ずることができる（3項）。

①　30条1項または35条1項の規定に違反して30条1項または35条1一項の許可を受けないで特定盛土等または土石の堆積に関する工事が施行された土地（1号）

②　36条1項の規定に違反して同項の検査を申請せず、または同項の検査の結果工事が31条1項の規定に適合していないと認められた土地（2号）

③　36条4項の規定に違反して同項の確認を申請せず、または同項の確認の結果堆積されていたすべての土石が除却されていないと認められた土地（3号）

④　37条1項の規定に違反して同項の検査を申請しないで特定盛土等に

関する工事が施行された土地（4号）

5　都道府県知事は、2項の規定により工事の施行の停止を命じようとする場合において、緊急の必要により弁明の機会の付与を行うことができないときは、同項に規定する工事に該当することが明らかな場合に限り、弁明の機会の付与を行わないで、工事主等に対して、当該工事の施行の停止を命ずることができる。この場合において、当該工事主等が当該工事の現場にいないときは、当該工事に従事する者に対して、当該工事に係る作業の停止を命ずることができる（4項）。

6　都道府県知事は、次の各号のいずれかに該当すると認めるときは、自ら災害防止措置の全部または一部を講ずることができる。この場合において、②に該当すると認めるときは、相当の期限を定めて、当該災害防止措置を講ずべき旨およびその期限までに当該災害防止措置を講じないときは自ら当該災害防止措置を講じ、当該災害防止措置に要した費用を徴収することがある旨を、あらかじめ、公告しなければならない（5項）。

①　2項または3項の規定により災害防止措置を講ずべきことを命ぜられた工事主等または土地所有者等が、当該命令に係る期限までに当該命令に係る措置を講じないとき、講じても十分でないとき、又は講ずる見込みがないとき（1号）。

②　2項または3項の規定により災害防止措置を講ずべきことを命じようとする場合において、過失がなくて当該災害防止措置を命ずべき工事主等または土地所有者等を確知することができないとき（2号）。

③　緊急に災害防止措置を講ずる必要がある場合において、2項または3項の規定により災害防止措置を講ずべきことを命ずるいとまがないとき（3号）。

7　都道府県知事は、5項の規定により同項の災害防止措置の全部または一部を講じたときは、当該災害防止措置に要した費用について、主務省令で定めるところにより、当該工事主等または土地所有者等に負担させることができる（6項）。

8　6項の規定により負担させる費用の徴収については、行政代執行法5条および6条の規定を準用する（7項）。

### 第40条　工事等の届出

| 改正後（新） | 改正前（旧） |
|---|---|
| （工事等の届出）<br>第40条　特定盛土等規制区域の指定の際、当該特定盛土等規制区域内において行われている特定盛土等又は土石の堆積に関する工事の工事主は、その指定があつた日から21日以内に、主務省令で定めるところにより、当該工事について都道府県知事に届け出なければならない。<br>2　都道府県知事は、前項の規定による届出を受理したときは、速やかに、主務省令で定めるところにより、工事主の氏名又は名称、特定盛土等又は土石の堆積に関する工事が施行される土地の所在地その他主務省令で定める事項を公表するとともに、関係市町村長に通知しなければならない。<br>3　特定盛土等規制区域内の土地（公共施設用地を除く。以下この章において同じ。）において、擁壁等に関する工事その他の工事で政令で定めるものを行おうとする者（第30条第1項若しくは第35条第1項の許可を受け、又は第27条第1項、第28条第1項若しくは第35条第2項の規定による届出をした者を除く。）は、その工事に着手する日の14日前までに、主務省令で定めるところにより、その旨を都道府県知事に届け出なければならない。<br>4　特定盛土等規制区域内において、公共施設用地を宅地又は農地等に転用した者（第30条第1項若しくは第35条第1項の許可を受け、又は第27条第1項、第28条第1項若しくは第35条第2項の規定による届出をした者を除く。）は、その転用し | （新設）<br>【参照条文・新法21条】<br>（工事等の届出）<br>第21条　宅地造成等工事規制区域の指定の際、当該宅地造成等工事規制区域内において行われている宅地造成等に関する工事の工事主は、その指定があつた日から21日以内に、主務省令で定めるところにより、当該工事について都道府県知事に届け出なければならない。<br>2　都道府県知事は、前項の規定による届出を受理したときは、速やかに、主務省令で定めるところにより、工事主の氏名又は名称、宅地造成等に関する工事が施行される土地の所在地その他主務省令で定める事項を公表するとともに、関係市町村長に通知しなければならない。<br>3　宅地造成等工事規制区域内の土地（公共施設用地を除く。以下この章において同じ。）において、擁壁等に関する工事その他の工事で政令で定めるものを行おうとする者（第12条第1項若しくは第16条第1項の許可を受け、又は同条第2項の規定による届出をした者を除く。）は、その工事に着手する日の14日前までに、主務省令で定めるところにより、その旨を都道府県知事に届け出なければならない。<br>4　宅地造成等工事規制区域内において、公共施設用地を宅地又は農地等に転用した者（第12条第1項若しくは第16条第1項の許可を受け、又は同条第2項の規定による届出をした者を除く。）は、その転 |

| | |
|---|---|
| た日から14日以内に、主務省令で定めるところにより、その旨を都道府県知事に届け出なければならない。 | 用した日から14日以内に、主務省令で定めるところにより、その旨を都道府県知事に届け出なければならない。 |

1　新法40条の「工事等の届出」については、新法21条を参照しながら理解したい。

2　特定盛土等規制区域の指定の際、当該特定盛土等規制区域内において行われている特定盛土等または土石の堆積に関する工事の工事主は、その指定があった日から21日以内に、主務省令で定めるところにより、当該工事について都道府県知事に届け出なければならない（1項）。

3　都道府県知事は、1項の規定による届出を受理したときは、速やかに、主務省令で定めるところにより、工事主の氏名または名称、特定盛土等または土石の堆積に関する工事が施行される土地の所在地その他主務省令で定める事項を公表するとともに、関係市町村長に通知しなければならない（2項）。

4　特定盛土等規制区域内の土地（公共施設用地を除く）において、擁壁等に関する工事その他の工事で政令で定めるものを行おうとする者（30条1項もしくは35条1項の許可を受け、または27条1項、28条1項もしくは35条2項の規定による届出をした者を除く）は、その工事に着手する日の14日前までに、主務省令で定めるところにより、その旨を都道府県知事に届け出なければならない（3項）。

5　特定盛土等規制区域内において、公共施設用地を宅地または農地等に転用した者（30条1項もしくは35条1項の許可を受け、または27条1項、28条1項もしくは35条2項の規定による届出をした者を除く）は、その転用した日から14日以内に、主務省令で定めるところにより、その旨を都道府県知事に届け出なければならない（4項）。

## 第41条　土地の保全等

| 改正後（新） | 改正前（旧） |
|---|---|
| （土地の保全等）<br>第41条　特定盛土等規制区域内の土地の所有者、管理者又は占有者は、特定盛土等又は土石の堆積（特定盛土等規制区域の指定前に行われたものを含む。次項及び次条第1項において同じ。）に伴う災害が生じないよう、その土地を常時安全な状態に維持するように努めなければならない。<br>2　都道府県知事は、特定盛土等規制区域内の土地について、特定盛土等又は土石の堆積に伴う災害の防止のため必要があると認める場合においては、その土地の所有者、管理者、占有者、工事主又は工事施行者に対し、擁壁等の設置又は改造その他特定盛土等又は土石の堆積に伴う災害の防止のため必要な措置をとることを勧告することができる。 | （新設）<br>【参照条文・新法22条】<br>（土地の保全等）<br>第22条　宅地造成等工事規制区域内の土地の所有者、管理者又は占有者は、宅地造成等（宅地造成等工事規制区域の指定前に行われたものを含む。次項及び次条第1項において同じ。）に伴う災害が生じないよう、その土地を常時安全な状態に維持するように努めなければならない。<br>2　都道府県知事は、宅地造成等工事規制区域内の土地について、宅地造成等に伴う災害の防止のため必要があると認める場合においては、その土地の所有者、管理者、占有者、工事主又は工事施行者に対し、擁壁等の設置又は改造その他宅地造成等に伴う災害の防止のため必要な措置をとることを勧告することができる。 |

1　新法41条の「土地の保全等」については、新法22条を参照しながら理解したい。

2　特定盛土等規制区域内の土地の所有者、管理者または占有者は、特定盛土等または土石の堆積（特定盛土等規制区域の指定前に行われたものを含む。2項および42条1項において同じ）に伴う災害が生じないよう、その土地を常時安全な状態に維持するように努めなければならない（1項）。

3　都道府県知事は、特定盛土等規制区域内の土地について、特定盛土等または土石の堆積に伴う災害の防止のため必要があると認める場合においては、その土地の所有者、管理者、占有者、工事主または工事施行者に対し、擁壁等の設置または改造その他特定盛土等または土石の堆積に伴う災害の防止のため必要な措置をとることを勧告することができる（2項）。

# 第42条　改善命令

| 改正後（新） | 改正前（旧） |
|---|---|
| （改善命令）<br>第42条　都道府県知事は、特定盛土等規制区域内の土地で、特定盛土等に伴う災害の防止のため必要な擁壁等が設置されておらず、若しくは極めて不完全であり、又は土石の堆積に伴う災害の防止のため必要な措置がとられておらず、若しくは極めて不十分であるために、これを放置するときは、特定盛土等又は土石の堆積に伴う災害の発生のおそれが大きいと認められるものがある場合においては、その災害の防止のため必要であり、かつ、土地の利用状況その他の状況からみて相当であると認められる限度において、当該特定盛土等規制区域内の土地又は擁壁等の所有者、管理者又は占有者（次項において「土地所有者等」という。）に対して、相当の猶予期限を付けて、擁壁等の設置若しくは改造、地形若しくは盛土の改良又は土石の除却のための工事を行うことを命ずることができる。<br>2　前項の場合において、土地所有者等以外の者の特定盛土等又は土石の堆積に関する不完全な工事その他の行為によって同項の災害の発生のおそれが生じたことが明らかであり、その行為をした者（その行為が隣地における土地の形質の変更又は土石の堆積であるときは、その土地の所有者を含む。以下この項において同じ。）に前項の工事の全部又は一部を行わせることが相当であると認められ、かつ、これを行わせることについて当該土地所有者等に異議がないときは、都道府県知事は、その行為をした者に対して、同項の工事の全部又は一部を行うことを命ずることができる。 | （新設）<br>【参照条文・新法23条】<br>（改善命令）<br>第23条　都道府県知事は、宅地造成等工事規制区域内の土地で、宅地造成若しくは特定盛土等に伴う災害の防止のため必要な擁壁等が設置されておらず、若しくは極めて不完全であり、又は土石の堆積に伴う災害の防止のため必要な措置がとられておらず、若しくは極めて不十分であるために、これを放置するときは、宅地造成等に伴う災害の発生のおそれが大きいと認められるものがある場合においては、その災害の防止のため必要であり、かつ、土地の利用状況その他の状況からみて相当であると認められる限度において、当該宅地造成等工事規制区域内の土地又は擁壁等の所有者、管理者又は占有者（次項において「土地所有者等」という。）に対して、相当の猶予期限を付けて、擁壁等の設置若しくは改造、地形若しくは盛土の改良又は土石の除却のための工事を行うことを命ずることができる。<br>2　前項の場合において、土地所有者等以外の者の宅地造成等に関する不完全な工事その他の行為によって同項の災害の発生のおそれが生じたことが明らかであり、その行為をした者（その行為が隣地における土地の形質の変更又は土石の堆積であるときは、その土地の所有者を含む。以下この項において同じ。）に前項の工事の全部又は一部を行わせることが相当であると認められ、かつ、これを行わせることについて当該土地所有者等に異議がないときは、都道府県知事は、その |

| 3　第39条第5項から第7項までの規定は、前2項の場合について準用する。 | 行為をした者に対して、同項の工事の全部又は一部を行うことを命ずることができる。<br>3　第20条第5項から第7項までの規定は、前2項の場合について準用する。 |
|---|---|

1　新法42条の「改善命令」については、新法23条を参照しながら理解したい。

2　都道府県知事は、特定盛土等規制区域内の土地で、特定盛土等に伴う災害の防止のため必要な擁壁等が設置されておらず、もしくは極めて不完全であり、または土石の堆積に伴う災害の防止のため必要な措置がとられておらず、もしくは極めて不十分であるために、これを放置するときは、特定盛土等または土石の堆積に伴う災害の発生のおそれが大きいと認められるものがある場合においては、その災害の防止のため必要であり、かつ、土地の利用状況その他の状況からみて相当であると認められる限度において、当該特定盛土等規制区域内の土地または擁壁等の所有者、管理者または占有者（2項において「土地所有者等」という）に対して、相当の猶予期限を付けて、擁壁等の設置もしくは改造、地形もしくは盛土の改良または土石の除却のための工事を行うことを命ずることができる（1項）。

3　1項の場合において、土地所有者等以外の者の特定盛土等または土石の堆積に関する不完全な工事その他の行為によって同項の災害の発生のおそれが生じたことが明らかであり、その行為をした者（その行為が隣地における土地の形質の変更または土石の堆積であるときは、その土地の所有者を含む。以下、この項において同じ）に前項の工事の全部または一部を行わせることが相当であると認められ、かつ、これを行わせることについて当該土地所有者等に異議がないときは、都道府県知事は、その行為をした者に対して、同項の工事の全部又は一部を行うことを命ずることができる（2項）。

4　39条5項から7項までの規定は、前2項の場合について準用する（3項）。

## 第43条　立入検査

| 改正後（新） | 改正前（旧） |
|---|---|
| （立入検査）<br>第43条　都道府県知事は、第27条第４項（第28条第３項において準用する場合を含む。）、第30条第１項、第35条第１項、第36条第１項若しくは第４項、第37条第１項、第39条第１項から第４項まで又は前条第１項若しくは第２項の規定による権限を行うために必要な限度において、その職員に、当該土地に立ち入り、当該土地又は当該土地において行われている特定盛土等若しくは土石の堆積に関する工事の状況を検査させることができる。<br>２　第７条第１項及び第３項の規定は、前項の場合について準用する。<br>３　第１項の規定による立入検査の権限は、犯罪捜査のために認められたものと解してはならない。 | （新設）<br>【参照条文・新法24条】<br>（立入検査）<br>第24条　都道府県知事は、第12条第１項、第16条第１項、第17条第１項若しくは第４項、第18条第１項、第20条第１項から第４項まで又は前条第１項若しくは第２項の規定による権限を行うために必要な限度において、その職員に、当該土地に立ち入り、当該土地又は当該土地において行われている宅地造成等に関する工事の状況を検査させることができる。<br>２　第７条第１項及び第３項の規定は、前項の場合について準用する。<br>３　第１項の規定による立入検査の権限は、犯罪捜査のために認められたものと解してはならない。 |

1　新法43条の「立入検査」については、新法24条を参照しながら理解したい。

2　都道府県知事は、27条４項（28条３項において準用する場合を含む）、30条１項、35条１項、36条１項もしくは４項、37条１項、39条１項から４項までまたは42条１項もしくは２項の規定による権限を行うために必要な限度において、その職員に、当該土地に立ち入り、当該土地または当該土地において行われている特定盛土等もしくは土石の堆積に関する工事の状況を検査させることができる（１項）。

3　７条１項および３項の規定は、１項の場合について準用する（２項）。

4　１項の規定による立入検査の権限は、犯罪捜査のために認められたものと解してはならない（３項）。

### 第44条　報告の徴取

| 改正後（新） | 改正前（旧） |
| --- | --- |
| <u>（報告の徴取）</u><br><u>第44条　都道府県知事は、特定盛土等規制</u><br><u>区域内の土地の所有者、管理者又は占有</u><br><u>者に対して、当該土地又は当該土地にお</u><br><u>いて行われている工事の状況について報</u><br><u>告を求めることができる。</u> | （新設）<br>【参照条文・新法25条】<br>（報告の徴取）<br>第25条　都道府県知事は、宅地造成等工事<br>　規制区域内の土地の所有者、管理者又は<br>　占有者に対して、当該土地又は当該土地<br>　において行われている工事の状況につい<br>　て報告を求めることができる。 |

1　新法44条の「報告の徴取」については、新法25条を参照しながら理解したい。

2　都道府県知事は、特定盛土等規制区域内の土地の所有者、管理者または占有者に対して、当該土地または当該土地において行われている工事の状況について報告を求めることができる（44条）。

# 第7章　造成宅地防災区域（45条）

### 第45条　造成宅地防災区域

| 改正後（新） | 改正前（旧） |
| --- | --- |
| <u>第7章</u>　造成宅地防災区域<br><u>第45条</u>　都道府県知事は、<u>基本方針に基づ</u><br><u>き、かつ、基礎調査の結果を踏まえ、こ</u><br><u>の法律の目的</u>を達成するために必要があ<br>ると認めるときは、<u>宅地造成又は特定盛</u><br><u>土等（宅地において行うものに限る。第</u><br><u>47条第2項において同じ。）</u>に伴う災害<br>で相当数の<u>居住者等</u>に危害を生ずるもの<br>の発生のおそれが大きい一団の造成宅地 | <u>第4章</u>　造成宅地防災区域<br><u>第20条</u>　都道府県知事は、<u>この法律の目的</u><br><u>を</u>達成するために必要があると認めると<br>きは、<u>関係市町村長の意見を聴いて、宅</u><br><u>地造成</u>に伴う災害で相当数の<u>居住者その</u><br><u>他の者</u>に危害を生ずるものの発生のおそ<br>れが大きい一団の造成宅地（これに附帯<br>する道路その他の土地を含み、<u>宅地造成</u><br><u>工事規制区域内の土地を除く。</u>）の区域で |

（これに附帯する道路その他の土地を含み、宅地造成等工事規制区域内の土地を除く。）の区域であつて政令で定める基準に該当するものを、造成宅地防災区域として指定することができる。

2　都道府県知事は、擁壁等の設置又は改造その他前項の災害の防止のため必要な措置を講ずることにより、造成宅地防災区域の全部又は一部について同項の指定の事由がなくなつたと認めるときは、当該造成宅地防災区域の全部又は一部について同項の指定を解除するものとする。

3　第10条第2項から第6項までの規定は、第1項の規定による指定及び前項の規定による指定の解除について準用する。

あつて政令で定める基準に該当するものを、造成宅地防災区域として指定することができる。

2　都道府県知事は、擁壁等の設置又は改造その他前項の災害の防止のため必要な措置を講ずることにより、造成宅地防災区域の全部又は一部について同項の指定の事由がなくなつたと認めるときは、当該造成宅地防災区域の全部又は一部について同項の指定を解除するものとする。

3　第3条第2項から第4項まで及び第4条から第7条までの規定は、第1項の規定による指定及び前項の規定による指定の解除について準用する。

1　第1部で記述したとおり、平成7年の阪神・淡路大震災や平成16年の新潟県中越地震において多くの地盤災害が生じたため、宅地の安全性確保の必要性が強く認識された。とりわけ、近い将来の発生が予測される首都直下地震や南海トラフ地震等の大規模地震災害では、多くの盛土造成地が崩壊する危険性があった。さらに、昭和40年〜50年代に大量に供給された宅地は、宅地造成から30年以上経た擁壁等の老朽化が目立ち、修復の必要性が明白になっていた。

このように、過去に造成された大規模造成地であって、地形・地質上、宅地造成に関する工事の規制を行う必要は認められず、したがって宅地造成工事規制区域（旧法3条）の指定を受けていなかったものについても、宅地造成に伴う災害のおそれが認められるものが多数存在することが明らかになった。

そこで、平成18年に改正された宅地造成等規制法（旧法）は、新たに「造成宅地防災区域」の制度を設けた。すなわち、宅地造成工事規制区域外の造成宅地であって、宅地造成に伴う災害発生により相当数の居住者その他の者に危害を生じさせるおそれがある一団の土地の区域であって政令で定める基

準に該当するものを「造成宅地防災区域」として指定することができる、とした（旧法20条）。

**2**　新法45条は、旧法20条が定めていた「造成宅地防災区域」の定めを、新法の新設条文との整合性を整えたうえで、ほぼそのまま踏襲した。

**3**　都道府県知事は、基本方針に基づき、かつ、基礎調査の結果を踏まえ、この法律の目的を達成するために必要があると認めるときは、宅地造成または特定盛土等（宅地において行うものに限る。47条2項において同じ）に伴う災害で相当数の居住者等に危害を生ずるものの発生のおそれが大きい一団の造成宅地（これに附帯する道路その他の土地を含み、宅地造成等工事規制区域内の土地を除く）の区域であって政令で定める基準に該当するものを、造成宅地防災区域として指定することができる（1項）。

**4**　**政令**

　新法45条に基づいて、造成宅地防災区域の指定の基準を定める政令は未制定であるが、旧法20条に基づいて、造成宅地防災区域の指定の基準を定める政令は、宅地造成等規制法施行令19条であった。新政令がどのように定められるか注目される。

---

【旧法の宅地造成等規制法施行令】

第4章　造成宅地防災区域の指定の基準

第19条　法第20条第1項の政令で定める基準は、次の各号のいずれかに該当する一団の造成宅地（これに附帯する道路その他の土地を含み、宅地造成工事規制区域内の土地を除く。以下この条において同じ。）の区域であることとする。

　一　次のいずれかに該当する一団の造成宅地の区域（盛土をした土地の区域に限る。次項第3号において同じ。）であつて、安定計算によつて、地震力及びその盛土の自重による当該盛土の滑り出す力がその滑り面に対する最大摩擦抵抗力その他の抵抗力を上回ることが確かめられたもの

　　イ　盛土をした土地の面積が3000平方メートル以上であり、かつ、盛土をしたことにより、当該盛土をした土地の地下水位が盛土をする前の地盤面の高さを超え、盛土の内部に浸入しているもの

　　ロ　盛土をする前の地盤面が水平面に対し20度以上の角度をなし、かつ、
　　　盛土の高さが5メートル以上であるもの
　二　切土又は盛土をした後の地盤の滑動、宅地造成に関する工事により
　　　設置された擁壁の沈下、切土又は盛土をした土地の部分に生じた崖の
　　　崩落その他これらに類する事象が生じている一団の造成宅地の区域
2　前項第1号の計算に必要な数値は、次に定めるところによらなければな
　らない。
　一　地震力については、当該盛土の自重に、水平震度として0.25に建築基
　　　準法施行令第88条第1項に規定するZの数値を乗じて得た数値を乗じて
　　　得た数値
　二　自重については、実況に応じて計算された数値。ただし、盛土の土質
　　　に応じ別表第2の単位体積重量を用いて計算された数値を用いることが
　　　できる。
　三　盛土の滑り面に対する最大摩擦抵抗力その他の抵抗力については、イ
　　　又はロに掲げる一団の造成宅地の区域の区分に応じ、当該イ又はロに定
　　　める滑り面に対する抵抗力であつて、実況に応じて計算された数値。た
　　　だし、盛土の土質に応じ別表第三の摩擦係数を用いて計算された数値を
　　　用いることができる。
　　イ　前項第1号イに該当する一団の造成宅地の区域　その盛土の形状及
　　　び土質から想定される滑り面であつて、複数の円弧又は直線によつて
　　　構成されるもの
　　ロ　前項第1号ロに該当する一団の造成宅地の区域　その盛土の形状及
　　　び土質から想定される滑り面であつて、単一の円弧によつて構成され
　　　るもの

# 第8章　造成宅地防災区域内における災害の防止のための措置（46条〜48条）

### 第46条　災害の防止のための措置

| 改正後（新） | 改正前（旧） |
| --- | --- |
| <u>第8章</u>　造成宅地防災区域内における災害の防止のための措置<br>（災害の防止のための措置）<br><u>第46条</u>　造成宅地防災区域内の造成宅地の所有者、管理者又は占有者は、前条第1項の災害が生じないよう、その造成宅地について擁壁等の設置又は改造その他必要な措置を講ずるように努めなければならない。<br>2　都道府県知事は、造成宅地防災区域内の造成宅地について、前条第1項の災害の防止のため必要があると認める場合においては、その造成宅地の所有者、管理者又は占有者に対し、擁壁等の設置又は改造その他同項の災害の防止のため必要な措置をとることを勧告することができる。 | <u>第5章</u>　造成宅地防災区域内における災害の防止のための措置<br>（災害の防止のための措置）<br><u>第21条</u>　造成宅地防災区域内の造成宅地の所有者、管理者又は占有者は、前条第1項の災害が生じないよう、その造成宅地について擁壁等の設置又は改造その他必要な措置を講ずるように努めなければならない。<br>2　都道府県知事は、造成宅地防災区域内の造成宅地について、前条第1項の災害の防止のため必要があると認める場合においては、その造成宅地の所有者、管理者又は占有者に対し、擁壁等の設置又は改造その他同項の災害の防止のため必要な措置をとることを勧告することができる。 |

　造成宅地防災区域内における災害の防止のための措置の定めは、新法、旧法とも全く同じで、条番号が移行しただけである。

### 第47条　改善命令

| 改正後（新） | 改正前（旧） |
| --- | --- |
| （改善命令）<br><u>第47条</u>　都道府県知事は、造成宅地防災区域内の造成宅地で、<u>第45条第1項</u>の災害の防止のため必要な擁壁等が設置されておらず、又は極めて不完全であるために、 | （改善命令）<br><u>第22条</u>　都道府県知事は、造成宅地防災区域内の造成宅地で、<u>第20条第1項</u>の災害の防止のため必要な擁壁等が設置されておらず、又は極めて不完全であるために、 |

これを放置するときは、同項の災害の発生のおそれが大きいと認められるものがある場合においては、その災害の防止のため必要であり、かつ、土地の利用状況その他の状況からみて相当であると認められる限度において、当該造成宅地又は擁壁等の所有者、管理者又は占有者（次項において「造成宅地所有者等」という。）に対して、相当の猶予期限を付けて、擁壁等の設置若しくは改造又は地形若しくは盛土の改良のための工事を行うことを命ずることができる。

2　前項の場合において、造成宅地所有者等以外の者の宅地造成又は特定盛土等に関する不完全な工事その他の行為によって第45条第1項の災害の発生のおそれが生じたことが明らかであり、その行為をした者（その行為が隣地における土地の形質の変更であるときは、その土地の所有者を含む。以下この項において同じ。）に前項の工事の全部又は一部を行わせることが相当であると認められ、かつ、これを行わせることについて当該造成宅地所有者等に異議がないときは、都道府県知事は、その行為をした者に対して、同項の工事の全部又は一部を行うことを命ずることができる。

3　第20条第5項から第7項までの規定は、前2項の場合について準用する。

これを放置するときは、同項の災害の発生のおそれが大きいと認められるものがある場合においては、その災害の防止のため必要であり、かつ、土地の利用状況その他の状況からみて相当であると認められる限度において、当該造成宅地又は擁壁等の所有者、管理者又は占有者に対して、相当の猶予期限を付けて、擁壁等の設置若しくは改造又は地形若しくは盛土の改良のための工事を行うことを命ずることができる。

2　前項の場合において、同項の造成宅地又は擁壁等の所有者、管理者又は占有者（以下この項において「造成宅地所有者等」という。）以外の者の宅地造成に関する不完全な工事その他の行為によって第20条第1項の災害の発生のおそれが生じたことが明らかであり、その行為をした者（その行為が隣地における土地の形質の変更であるときは、その土地の所有者を含む。以下この項において同じ。）に前項の工事の全部又は一部を行わせることが相当であると認められ、かつ、これを行わせることについて当該造成宅地所有者等に異議がないときは、都道府県知事は、その行為をした者に対して、同項の工事の全部又は一部を行うことを命ずることができる。

3　第14条第5項の規定は、前2項の場合について準用する。

1　造成宅地防災区域内における改善命令は、新法、旧法ともほぼ同じである（1項、2項）。

2　都道府県知事は、造成宅地防災区域内の造成宅地で、45条1項の災害の防止のため必要な擁壁等が設置されておらず、または極めて不完全であるために、これを放置するときは、同項の災害の発生のおそれが大きいと認められるものがある場合においては、その災害の防止のため必要であり、かつ、

土地の利用状況その他の状況からみて相当であると認められる限度におい
て、当該造成宅地又は擁壁等の所有者、管理者または占有者（2 項において「造
成宅地所有者等」という）に対して、相当の猶予期限を付けて、擁壁等の設置
もしくは改造または地形もしくは盛土の改良のための工事を行うことを命ず
ることができる（1 項）。

3　1 項の場合において、造成宅地所有者等以外の者の宅地造成または特定
盛土等に関する不完全な工事その他の行為によって45条 1 項の災害の発生
のおそれが生じたことが明らかであり、その行為をした者（その行為が隣地
における土地の形質の変更であるときは、その土地の所有者を含む。以下この項
において同じ）に 1 項の工事の全部または一部を行わせることが相当である
と認められ、かつ、これを行わせることについて当該造成宅地所有者等に異
議がないときは、都道府県知事は、その行為をした者に対して、同項の工事
の全部または一部を行うことを命ずることができる（2 項）。

4　20条 5 項から 7 項までの規定は、前 2 項の場合について準用する（3 項）。

### 第48条　準用

| 改正後（新） | 改正前（旧） |
|---|---|
| （準用）<br>第48条　第24条の規定は都道府県知事が前条第 1 項又は第 2 項の規定による権限を行うため必要がある場合について、第25条の規定は造成宅地防災区域内における造成宅地の所有者、管理者又は占有者について準用する。 | （準用）<br>第23条　第18条の規定は都道府県知事又はその命じた者若しくは委任した者が前条第 1 項又は第 2 項の規定による権限を行うため必要がある場合について、第19条の規定は造成宅地防災区域内における造成宅地の所有者、管理者又は占有者について準用する。 |

1　「準用」を定めた新法48条は、旧法23条とほぼ同じである。

2　新法24条の「立入検査」（旧法18条）の規定は、都道府県知事が47条 1 項
または 2 項の規定による権限を行うため必要がある場合について準用される
（1 項）。

3　新法25条の「報告の徴取」（旧法19条）の規定は、造成宅地防災区域内に

おける造成宅地の所有者、管理者または占有者について準用される（2項）。

# 第9章　雑則（49条〜54条）

1　旧法の雑則は、24条（市町村長の意見の申出）と25条（政令への委任）の2条だけだったところ、新法50条は旧法24条に特定盛土等規制区域を追加するなど所要の改正を行ったうえで踏襲し、新法54条は旧法25条をそのまま踏襲した。

2　新法は、その他の雑則として、49条（標識の掲示）、51条（緊急時の指示）、52条（都道府県への援助）、53条（主務大臣等）を新設した。

### 第49条　標識の掲示

| 改正後（新） | 改正前（旧） |
|---|---|
| 第9章　雑則<br>（標識の掲示）<br>第49条　第12条第1項若しくは第30条第1項の許可を受けた工事主又は第27条第1項の規定による届出をした工事主は、当該許可又は届出に係る土地の見やすい場所に、主務省令で定めるところにより、氏名又は名称その他の主務省令で定める事項を記載した標識を掲げなければならない。 | 第6章　雑則<br><br>（新設） |

1　新法は、①12条1項の許可、②30条1項の許可を受けた工事主、または③27条1項の届出をした工事主は、標識を設置しなければならない、と定めた49条を新設した。

2　すなわち、12条1項もしくは30条1項の許可を受けた工事主または27条1項の規定による届出をした工事主は、当該許可または届出に係る土地の見やすい場所に、主務省令で定めるところにより、氏名または名称その他の主務省令で定める事項を記載した標識を掲げなければならない（49条）。

## 第50条　市町村長の意見の申出

| 改正後（新） | 改正前（旧） |
|---|---|
| （市町村長の意見の申出）<br>第50条　市町村長は、宅地造成等工事規制区域、特定盛土等規制区域及び造成宅地防災区域内における宅地造成、特定盛土等又は土石の堆積に伴う災害の防止に関し、都道府県知事に意見を申し出ることができる。 | （市町村長の意見の申出）<br>第24条　市町村長は、宅地造成工事規制区域及び造成宅地防災区域内における宅地造成に伴う災害の防止に関し、都道府県知事に意見を申し出ることができる。 |

　新法は、市町村長は、宅地造成等工事規制区域、特定盛土等規制区域および造成宅地防災区域内における宅地造成、特定盛土等または土石の堆積に伴う災害の防止に関し、都道府県知事に意見を申し出ることができる、と定めた。これは旧法24条と同じである。

## 第51条　緊急時の指示

| 改正後（新） | 改正前（旧） |
|---|---|
| （緊急時の指示）<br>第51条　主務大臣は、宅地造成、特定盛土等又は土石の堆積に伴う災害が発生し、又は発生するおそれがあると認められる場合において、当該災害を防止し、又は軽減するため緊急の必要があると認められるときは、都道府県知事に対し、この法律の規定により都道府県知事が行う事務のうち政令で定めるものに関し、必要な指示をすることができる。 | （新設） |

　新法は、主務大臣は、宅地造成、特定盛土等または土石の堆積に伴う災害が発生し、または発生するおそれがあると認められる場合において、当該災害を防止し、または軽減するため緊急の必要があると認められるときは、都道府県知事に対し、この法律の規定により都道府県知事が行う事務のうち政

令で定めるものに関し、必要な指示をすることができる、と定めた51条を
新設した。

### 第52条　都道府県への援助

| 改正後（新） | 改正前（旧） |
|---|---|
| （都道府県への援助）<br>第52条　主務大臣は、第10条第1項の規定による宅地造成等工事規制区域の指定、第26条第1項の規定による特定盛土等規制区域の指定及び第45条第1項の規定による造成宅地防災区域の指定その他この法律に基づく都道府県が行う事務が適正かつ円滑に行われるよう、都道府県に対する必要な助言、情報の提供その他の援助を行うよう努めなければならない。 | （新設） |

　新法は、主務大臣は、10条1項の規定による宅地造成等工事規制区域の指
定、26条1項の規定による特定盛土等規制区域の指定および45条1項の規
定による造成宅地防災区域の指定その他この法律に基づく都道府県が行う事
務が適正かつ円滑に行われるよう、都道府県に対する必要な助言、情報の提
供その他の援助を行うよう努めなければならない、と定めた52条を新設した。

### 第53条　主務大臣等

| 改正後（新） | 改正前（旧） |
|---|---|
| （主務大臣等）<br>第53条　この法律における主務大臣は、国土交通大臣及び農林水産大臣とする。<br>2　この法律における主務省令は、主務大臣が共同で発する命令とする。 | （新設） |

1　この法律における主務大臣は、国土交通大臣および農林水産大臣とする
（1項）。

2　この法律における主務省令は、主務大臣が共同で発する命令とする（2

項）。

### 第54条　政令への委任

| 改正後（新） | 改正前（旧） |
|---|---|
| （政令への委任）<br>第54条　この法律に特に定めるもののほか、この法律によりなすべき公告の方法その他この法律の実施のため必要な事項は、政令で定める。 | （政令への委任）<br>第25条　この法律に特に定めるもののほか、この法律によりなすべき公告の方法その他この法律の実施のため必要な事項は、政令で定める。 |

　この法律に特に定めるもののほか、この法律によりなすべき公告の方法その他この法律の実施のため必要な事項は、政令で定める（54条）。これは旧法25条と全く同じである。

# 第10章　罰則（55条〜61条）

## 1　旧法の４つのレベルの罰則とその条文
　旧法の罰則は以下の４段階で定めていた。
　①　26条で、１年以下の懲役または50万円以下の罰金
　②　27条で、６月以下の懲役または30万円以下の罰金
　③　28条で、20万円以下の罰金
　④　30条で、20万円以下の過料
　また、29条で両罰規定を定めていた。
　その条文は次のとおりであった。

---

【旧法】
第26条　第14条第２項、第３項又は第４項前段の規定による都道府県知事の
　　　　命令に違反した者は、１年以下の懲役又は50万円以下の罰金に処する。
第27条　次の各号のいずれかに該当する者は、６月以下の懲役又は30万円以
　　　　下の罰金に処する。

---

一　第４条第１項（第20条第３項において準用する場合を含む。）の規定による土地の立入りを拒み、又は妨げた者

二　第５条第１項（第20条第３項において準用する場合を含む。）に規定する場合において、市町村長の許可を受けないで障害物を伐除した者又は都道府県知事の許可を受けないで土地に試掘等を行つた者

三　第８条第１項又は第12条第１項の規定に違反して、宅地造成に関する工事をした造成主

四　第９条第１項の規定に違反して宅地造成に関する工事が施行された場合における当該宅地造成に関する工事の設計をした者（設計図書を用いないで工事を施行し、又は設計図書に従わないで工事を施行したときは、当該工事施行者）

五　第15条の規定による届出をせず、又は虚偽の届出をした者

六　第17条第１項若しくは第２項又は第22条第１項若しくは第２項の規定による都道府県知事の命令に違反した者

七　第18条第１項（第23条において準用する場合を含む。）の規定による立入検査を拒み、妨げ、又は忌避した者

第28条　次の各号のいずれかに該当する者は、20万円以下の罰金に処する。

一　第14条第４項後段の規定による都道府県知事の命令に違反した者

二　第19条（第23条において準用する場合を含む。）の規定による報告をせず、又は虚偽の報告をした者

第29条　法人の代表者又は法人若しくは人の代理人、使用人その他の従業者が、その法人又は人の業務又は財産に関し、前３条の違反行為をした場合においては、その行為者を罰するほか、その法人又は人に対して各本条の罰金刑を科する。

第30条　第12条第２項の規定に違反して、届出をせず、又は虚偽の届出をした者は、20万円以下の過料に処する。

## 2　新法の６つのレベルの罰則とその条文

それに対して、新法の罰則は以下の６つのレベルで定めた。

①　55条で、３年以下の懲役または1000万円以下の罰金

②　56条で、１年以下の懲役まはた300万円以下の罰金

③　57条で、１年以下の懲役または100万円以下の罰金

④　58条で、6月以下の懲役または30万円以下の罰金

⑤　59条で、50万円以下の罰金

⑥　61条で、30万円以下の罰金

また、以上とは別に、60条で両罰規定を定めた。

その条文は、以下のとおりである。

---

【新法】

第55条　次の各号のいずれかに該当する場合には、当該違反行為をした者は、3年以下の懲役又は1000万円以下の罰金に処する。

一　第12条第1項又は第16条第1項の規定に違反して、宅地造成、特定盛土等又は土石の堆積に関する工事をしたとき。

二　第30条第1項又は第35条第1項の規定に違反して、特定盛土等又は土石の堆積に関する工事をしたとき。

三　偽りその他不正な手段により、第12条第1項、第16条第1項、第30条第1項又は第35条第1項の許可を受けたとき。

四　第20条第2項から第4項まで又は第39条第2項から第4項までの規定による命令に違反したとき。

2　第13条第1項又は第31条第1項の規定に違反して宅地造成、特定盛土等又は土石の堆積に関する工事の設計をした場合において、当該工事が施行されたときは、当該違反行為をした当該工事の設計をした者（設計図書を用いないで当該工事を施行し、又は設計図書に従わないで当該工事を施行したときは、当該工事施行者（当該工事施行者が法人である場合にあっては、その代表者）又はその代理人、使用人その他の従業者（次項において「工事施行者等」という。））は、3年以下の懲役又は1000万円以下の罰金に処する。

3　前項に規定する違反があつた場合において、その違反が工事主（当該工事主が法人である場合にあつては、その代表者）又はその代理人、使用人その他の従業者（以下この項において「工事主等」という。）の故意によるものであるときは、当該設計をした者又は工事施行者等を罰するほか、当該工事主等に対して前項の刑を科する。

第56条　次の各号のいずれかに該当する場合には、当該違反行為をした者は、1年以下の懲役又は300万円以下の罰金に処する。

一　第17条第1項若しくは第4項、第18条第1項、第36条第1項若しくは

第4項又は第37条第1項の規定による申請をせず、又は虚偽の申請をしたとき。

二　第19条第1項又は第38条第1項の規定による報告をせず、又は虚偽の報告をしたとき。

三　第23条第1項若しくは第2項、第27条第4項（第28条第3項において準用する場合を含む。）、第42条第1項若しくは第2項又は第47条第1項若しくは第2項の規定による命令に違反したとき。

四　第24条第1項（第48条において準用する場合を含む。）又は第43条第1項の規定による検査を拒み、妨げ、又は忌避したとき。

第57条　第27条第1項又は第28条第1項の規定による届出をしないでこれらの規定に規定する工事を行い、又は虚偽の届出をしたときは、当該違反行為をした者は、1年以下の懲役又は100万円以下の罰金に処する。

第58条　次の各号のいずれかに該当する場合には、当該違反行為をした者は、6月以下の懲役又は30万円以下の罰金に処する。

一　第5条第1項の規定による土地の立入りを拒み、又は妨げたとき。

二　第6条第1項に規定する場合において、市町村長の許可を受けないで障害物を伐除したとき、又は都道府県知事の許可を受けないで土地に試掘等を行つたとき。

三　第21条第1項若しくは第4項又は第40条第1項若しくは第4項の規定による届出をせず、又は虚偽の届出をしたとき。

四　第21条第3項又は第40条第3項の規定による届出をしないでこれらの規定に規定する工事を行い、又は虚偽の届出をしたとき。

五　第25条（第48条において準用する場合を含む。）又は第44条の規定による報告をせず、又は虚偽の報告をしたとき。

第59条　第49条の規定に違反したときは、当該違反行為をした者は、50万円以下の罰金に処する。

第60条　法人の代表者又は法人若しくは人の代理人、使用人その他の従業者が、その法人又は人の業務又は財産に関し、次の各号に掲げる規定の違反行為をしたときは、行為者を罰するほか、その法人に対して当該各号に定める罰金刑を、その人に対して各本条の罰金刑を科する。

一　第55条　3億円以下の罰金刑

二　第56条第3号　1億円以下の罰金刑

三　第56条第1号、第2号若しくは第4号又は前3条　各本条の罰金刑

> 第61条　第16条第2項又は第35条第2項の規定に違反して、届出をせず、又は虚偽の届出をした者は、30万円以下の過料に処する。

　新法は条文が増えたから、当然その分、罰則の新設も増えた。ほぼ同じ内容の条文でも、新法、旧法で条番号そのものが異なっているから、新旧対照は難しい。しっくり対照できるのは、たとえば、新法60条と旧法29条である。

## 3　新法と旧法の対照（改正点）

　新法と旧法の相違点は、第1に、懲役について、新たに3年以下の懲役を設けたこと、第2に、罰金について、新たに1000万円以下、300万円以下、100万円以下の罰金を設けたこと、第3に、過料について、旧法では20万円以下であったものを30万円以下に改めたことである。

　1条から54条までの新設条文について、どの条文がどの罰則の条文に配置されるかは、新法55条から61条を丹念に読み込んで確認する必要があり、かつ、それで足りる。

　他方、全く同じ、もしくは同じ趣旨の新条文の罰則が、新法と旧法で、どのように変わったのか、もしくは変わっていないのかは、新旧条文をいろいろと組み替えたうえでの対照が不可欠である。そのため、以下で罰則の新旧対照表を掲載し、それぞれ解説を加える。

### 第55条

| 改正後（新） | 改正前（旧） |
|---|---|
| 1項1号 | 27条3号 |
| <u>第10章　罰則</u><br>第55条　次の各号のいずれかに該当する場合には、当該違反行為をした者は、3年以下の懲役又は1000万円以下の罰金に処する。<br>　一　第12条第1項又は第16条第1項の規定に違反して、宅地造成、特定盛土等又は土石の堆積に関する工事をしたとき。 | <u>第7章　罰則</u><br>第27条　次の各号のいずれかに該当する者は、6月以下の懲役又は30万円以下の罰金に処する。<br>　三　第8条第1項又は第12条第1項の規定に違反して、宅地造成に関する工事をした造成主 |

1　新法12条1項は旧法8条1項と、新法16条1項は旧法12条1項と対応している。

2　新法55条1項3号も新法12条1項と新法16条1項に違反した者に対する処罰であるが、同号は違反して許可を受けたときの罰則であるのに対し、新法55条1項1号は、違反して工事をしたときに対する罰則である。

| 改正後（新） | 改正前（旧） |
|---|---|
| 1項2号 | |
| 第55条　次の各号のいずれかに該当する場合には、当該違反行為をした者は、3年以下の懲役又は1000万円以下の罰金に処する。<br>　二　第30条第1項又は第35条第1項の規定に違反して、特定盛土等又は土石の堆積に関する工事をしたとき。 | |

新法30条（特定盛土等又は土石の堆積に関する工事の許可）、新法35条（変更の許可等）は共に新設条文のため、対応する旧法の条文はない。

| 改正後（新） | 改正前（旧） |
|---|---|
| 1項3号 | |
| 第55条　次の各号のいずれかに該当する場合には、当該違反行為をした者は、3年以下の懲役又は1000万円以下の罰金に処する。<br>　三　偽りその他不正な手段により、第12条第1項、第16条第1項、第30条第1項又は第35条第1項の許可を受けたとき。 | |

新法12条1項は旧法8条1項と、新法16条1項は旧法12条1項と対応するが、旧法において旧法8条1項と旧法12条1項の罰則規定はない。

新法30条1項と新法35条1項は新設条文のため、対応する旧法の条文はない。

新法55条1項1号も新法12条1項と新法16条1項に違反した者に対する処罰だが、同号は「違反して工事をしたとき」の罰則であるのに対し、新法

55条１項３号は「違反して許可を受けたとき」の罰則である。

| 改正後（新） | 改正前（旧） |
|---|---|
| １項４号 | 26条、28条１号 |
| 第55条　次の各号のいずれかに該当する場合には、当該違反行為をした者は、３年以下の懲役又は1000万円以下の罰金に処する。<br>四　第20条第２項から第４項まで又は第39条第２項から第４項までの規定による命令に違反したとき。 | 第26条　第14条第２項、第３項又は第４項前段の規定による都道府県知事の命令に違反した者は、１年以下の懲役又は50万円以下の罰金に処する。<br>第28条　次の各号のいずれかに該当する者は、20万円以下の罰金に処する。<br>一　第14条第４項後段の規定による都道府県知事の命令に違反した者 |

新法20条２項から４項は旧法14条１項から４項と対応する。

新法39条２項から４項は新設条文のため、対応する旧法の条文はない。

| 改正後（新） | 改正前（旧） |
|---|---|
| ２項 | 27条４号 |
| 2　第13条第１項又は第31条第１項の規定に違反して宅地造成、特定盛土等又は土石の堆積に関する工事の設計をした場合において、当該工事が施行されたときは、当該違反行為をした当該工事の設計をした者（設計図書を用いないで当該工事を施行し、又は設計図書に従わないで当該工事を施行したときは、当該工事施行者（当該工事施行者が法人である場合にあつては、その代表者）又はその代理人、使用人その他の従業者（次項において「工事施行者等」という。））は、３年以下の懲役又は1000万円以下の罰金に処する。 | 第27条　次の各号のいずれかに該当する者は、６月以下の懲役又は30万円以下の罰金に処する。<br>四　第９条第１項の規定に違反して宅地造成に関する工事が施行された場合における当該宅地造成に関する工事の設計をした者（設計図書を用いないで工事を施行し、又は設計図書に従わないで工事を施行したときは、当該工事施行者） |

新法13条１項は旧法９条１項と対応している。

新法31条１項は新設条文のため、対応する旧法の条文はない。

| 改正後（新） | 改正前（旧） |
|---|---|
| 3項 | |
| 3　前項に規定する違反があつた場合において、その違反が工事主（当該工事主が法人である場合にあつては、その代表者）又はその代理人、使用人その他の従業者（以下この項において「工事主等」という。）の故意によるものであるときは、当該設計をした者又は工事施行者等を罰するほか、当該工事主等に対して前項の刑を科する。 | |

対照する条文はない。

### 第56条

| 改正後（新） | 改正前（旧） |
|---|---|
| 1号 | |
| 第56条　次の各号のいずれかに該当する場合には、当該違反行為をした者は、1年以下の懲役又は300万円以下の罰金に処する。<br>一　第17条第1項若しくは第4項、第18条第1項、第36条第1項若しくは第4項又は第37条第1項の規定による申請をせず、又は虚偽の申請をしたとき。 | |

　新法17条1項は旧法13条1項と対応するが、旧法においては旧法13条1項の罰則規定はない。

　新法17条4項、新法18条1項、新法36条1項・4項、新法37条1項は新設条文のため、対照する旧法の条文はない。

| 改正後（新） | 改正前（旧） |
|---|---|
| 2号 | |
| 第56条　次の各号のいずれかに該当する場合には、当該違反行為をした者は、1年 | |

以下の懲役又は300万円以下の罰金に処
する。
二　第19条第1項又は第38条第1項の規
定による報告をせず、又は虚偽の報告
をしたとき。

新法19条（定期の報告）、新法38条（定期の報告）は新設条文のため、対照する旧法の条文はない。

| 改正後（新） | 改正前（旧） |
| --- | --- |
| 3号 | 27条6号 |
| 第56条　次の各号のいずれかに該当する場合には、当該違反行為をした者は、1年以下の懲役又は300万円以下の罰金に処する。<br>三　第23条第1項若しくは第2項、第27条第4項（第28条第3項において準用する場合を含む。）、第42条第1項若しくは第2項又は第47条第1項若しくは第2項の規定による命令に違反したとき。 | 第27条　次の各号のいずれかに該当する者は、6月以下の懲役又は30万円以下の罰金に処する。<br>六　第17条第1項若しくは第2項又は第22条第1項若しくは第2項の規定による都道府県知事の命令に違反した者 |

新法23条1項・2項は旧法17条1項・2項と、新法47条1項・2項は旧法22条1項・2項と対応している。

新法27条4項、28条3項、42条1項・2項は新設条文のため、対応する旧法の条文はない。

| 改正後（新） | 改正前（旧） |
| --- | --- |
| 4号 | 27条7号 |
| 第56条　次の各号のいずれかに該当する場合には、当該違反行為をした者は、1年以下の懲役又は300万円以下の罰金に処する。<br>四　第24条第1項（第48条において準用する場合を含む。）又は第43条第1項の規定による検査を拒み、妨げ、又は忌避したとき。 | 第27条　次の各号のいずれかに該当する者は、6月以下の懲役又は30万円以下の罰金に処する。<br>七　第18条第1項（第23条において準用する場合を含む。）の規定による立入検査を拒み、妨げ、又は忌避した者 |

新法24条1項は旧法18条1項と、新法48条（準用）は旧法23条（準用）と対

応している。

　新法43条1項は新設条文のため、対応する条文はない。

### 第57条

| 改正後（新） | 改正前（旧） |
|---|---|
| 第57条　第27条第1項又は第28条第1項の規定による届出をしないでこれらの規定に規定する工事を行い、又は虚偽の届出をしたときは、当該違反行為をした者は、1年以下の懲役又は100万円以下の罰金に処する。 | |

　新法57条（特定盛土等又は土石の堆積に関する工事の届出等）、新法28条（変更の届出等）は共に新設条文のため、対応する旧法の条文はない。

### 第58条

| 改正後（新） | 改正前（旧） |
|---|---|
| 1号 | 27条1号 |
| 第58条　次の各号のいずれかに該当する場合には、当該違反行為をした者は、6月以下の懲役又は30万円以下の罰金に処する。<br>一　第5条第1項の規定による土地の立入りを拒み、又は妨げたとき。 | 第27条　次の各号のいずれかに該当する者は、6月以下の懲役又は30万円以下の罰金に処する。<br>一　第4条第1項（第20条第3項において準用する場合を含む。）の規定による土地の立入りを拒み、又は妨げた者 |

　新法5条1項は旧法4条1項と対応している。

| 改正後（新） | 改正前（旧） |
|---|---|
| 2号 | 27条2号 |
| 第58条　次の各号のいずれかに該当する場合には、当該違反行為をした者は、6月以下の懲役又は30万円以下の罰金に処する。<br>二　第6条第1項に規定する場合におい | 第27条　次の各号のいずれかに該当する者は、6月以下の懲役又は30万円以下の罰金に処する。<br>二　第5条第1項（第20条第3項において準用する場合を含む。）に規定する場 |

| | |
|---|---|
| て、市町村長の許可を受けないで障害物を伐除したとき、又は都道府県知事の許可を受けないで土地に試掘等を行つたとき。 | 合において、市町村長の許可を受けないで障害物を伐除した者又は都道府県知事の許可を受けないで土地に試掘等を行つた者 |

新法6条1項は旧法5条1項と対応している。

| 改正後（新） | 改正前（旧） |
|---|---|
| 3号 | 27条5号 |
| 第58条　次の各号のいずれかに該当する場合には、当該違反行為をした者は、6月以下の懲役又は30万円以下の罰金に処する。<br>三　第21条第1項若しくは第4項又は第40条第1項若しくは第4項の規定による届出をせず、又は虚偽の届出をしたとき。 | 第27条　次の各号のいずれかに該当する者は、6月以下の懲役又は30万円以下の罰金に処する。<br>五　第15条の規定による届出をせず、又は虚偽の届出をした者 |

新法21条1項は旧法15条1項と、新法21条4項は旧法15条3項と対応している。

新法40条1項・4項は新設条文のため、対応する旧法の条文はない。

| 改正後（新） | 改正前（旧） |
|---|---|
| 4号 | 27条5号 |
| 第58条　次の各号のいずれかに該当する場合には、当該違反行為をした者は、6月以下の懲役又は30万円以下の罰金に処する。<br>四　第21条第3項又は第40条第3項の規定による届出をしないでこれらの規定に規定する工事を行い、又は虚偽の届出をしたとき。 | 第27条　次の各号のいずれかに該当する者は、6月以下の懲役又は30万円以下の罰金に処する。<br>五　第15条の規定による届出をせず、又は虚偽の届出をした者 |

新法21条3項は旧法15条2項と対応している。

新法40条3項は新設条文のため、対応する旧法の条文はない。

| 改正後（新） | 改正前（旧） |
|---|---|
| 5号 | 28条2号 |
| 第58条　次の各号のいずれかに該当する場合には、当該違反行為をした者は、6月以下の懲役又は30万円以下の罰金に処する。<br>五　第25条（第48条において準用する場合を含む。）又は第44条の規定による報告をせず、又は虚偽の報告をしたとき。 | 第28条　次の各号のいずれかに該当する者は、20万円以下の罰金に処する。<br>二　第19条（第23条において準用する場合を含む。）の規定による報告をせず、又は虚偽の報告をした者 |

　新法25条（報告の徴取）は旧法19条（報告の徴取）と、新法48条（準用）は旧法23条（準用）と対応している。

　新法44条（報告の徴取）は新設条文のため、対応する旧法の条文はない。

### 第59条

| 改正後（新） | 改正前（旧） |
|---|---|
| 第59条　第49条の規定に違反したときは、当該違反行為をした者は、50万円以下の罰金に処する。 |  |

　新法49条（標識の掲示）は新設条文のため、対応する旧法の条文はない。

### 第60条

| 改正後（新） | 改正前（旧） |
|---|---|
| 第60条　法人の代表者又は法人若しくは人の代理人、使用人その他の従業者が、その法人又は人の業務又は財産に関し、次の各号に掲げる規定の違反行為をしたときは、行為者を罰するほか、その法人に対して当該各号に定める罰金刑を、その人に対して各本条の罰金刑を科する。<br>一　第55条　3億円以下の罰金刑<br>二　第56条第3号　1億円以下の罰金刑 | 第29条　法人の代表者又は法人若しくは人の代理人、使用人その他の従業者が、その法人又は人の業務又は財産に関し、前3条の違反行為をした場合においては、その行為者を罰するほか、その法人又は人に対して各本条の罰金刑を科する。 |

| 三　第56条第 1 号、第 2 号若しくは第 4 |
|---|
| 　号又は前 3 条　各本条の罰金刑 |

　新法60条は旧法29条と対応している。

　なお、新法60条中の「前 3 条」は新法57条、58条、59条であり、旧法29条
中の「前 3 条」は旧法26条、27条、28条である。

### 第61条

| 改正後（新） | 改正前（旧） |
|---|---|
| 第61条　第16条第 2 項又は第35条第 2 項の規定に違反して、届出をせず、又は虚偽の届出をした者は、30万円以下の過料に処する。 | 第30条　第12条第 2 項の規定に違反して、届出をせず、又は虚偽の届出をした者は、20万円以下の過料に処する。 |

　新法16条 2 項は旧法12条 2 項と対応している。

　新法35条 2 項は新設条文のため、対応する旧法の条文はない。

# 第11章　　附則（令和 4 年 5 月27日法律第55号）

（施行期日）
第 1 条　この法律は、公布の日から起算して 1 年を超えない範囲内において政令で定める日から施行する。ただし、附則第 4 条の規定は、公布の日から施行する。

　本法は、一部を除き、公布の日から起算して 1 年を超えない範囲内において政令で定める日から 施行するものとされた（附則 1 条）。

（経過措置）
第 2 条　この法律の施行の際現にこの法律による改正前の宅地造成等規制法（以下この条において「旧法」という。）第 3 条第 1 項の規定による指定がされている宅地造成工事規制区域（以下この項及び次項において「旧宅地造成工事規制区域」という。）の区域内における宅地造成に関する工事等の規制については、この法律の施行の日（第 3 項において「施行日」という。）から起算して 2 年を経過する日（その日までにこの法律による改正後の宅地造成及び特定盛土等規制法（以下この項及び第 3 項において「新法」という。）第10条第 4 項の規定による公示がされた新法第 4 条第 1 項の都道府県の

区域内にある旧宅地造成工事規制区域にあっては、当該公示の日の前日)までの間(次項において「経過措置期間」という。)は、なお従前の例による。

2　旧宅地造成工事規制区域の区域内において行われる宅地造成に関する工事について旧法第8条第1項本文(前項の規定によりなお従前の例によることとされる場合を含む。)の許可(経過措置期間の経過前にされた都市計画法(昭和43年法律第100号)第29条第1項又は第2項の許可を含む。)を受けた者に係る当該許可に係る宅地造成に関する工事の規制については、経過措置期間の経過後においても、なお従前の例による。

3　この法律の施行の際に旧法第20条第1項の規定による指定がされている造成宅地防災区域(以下この項において「旧造成宅地防災区域」という。)の指定の効力及び解除並びに旧造成宅地防災区域内における災害の防止のための措置については、施行日から起算して2年を経過する日(その日までに新法第45条第3項において準用する新法第10条第4項の規定による公示がされた新法第4条第1項の都道府県の区域内にある旧造成宅地防災区域にあっては、当該公示の日の前日)までの間は、なお従前の例による。

(罰則に関する経過措置)
第3条　この法律の施行前にした行為及び前条の規定によりなお従前の例によることとされる場合におけるこの法律の施行後にした行為に対する罰則の適用については、なお従前の例による。

(政令への委任)
第4条　前2条に定めるもののほか、この法律の施行に関し必要な経過措置(罰則に関する経過措置を含む。)は、政令で定める。

所要の経過措置が定められた(附則2条～4条)。

(検討)
第5条　政府は、この法律の施行後5年を目途として、この法律による改正後の規定について、その施行の状況等を勘案して検討を加え、必要があると認めるときは、その結果に基づいて所要の措置を講ずるものとする。

本法の施行状況に関する検討規定が設けられた(附則5条)。

(建築基準法の一部改正)
第6条　建築基準法(昭和25年法律第201号)の一部を次のように改正する。
　　第88条第4項中「宅地造成等規制法」を「宅地造成及び特定盛土等規制法」に、「第8条第1項本文若しくは第12条第1項」を「第12条第1項、第16条第1項、第30条第1項若しくは第35条第1項」に改める。

(自衛隊法の一部改正)
第7条　自衛隊法(昭和29年法律第165号)の一部を次のように改正する。

第115条の26の次に次の1条を加える。
（宅地造成及び特定盛土等規制法の特例）
第115条の27　第76条第1項（第1号に係る部分に限る。）の規定により出動を命ぜられ、又は第77条の2の規定による措置を命ぜられた自衛隊の部隊等が応急措置として行う防御施設の構築その他の行為であつて宅地造成及び特定盛土等規制法（昭和36年法律第191号）第12条第1項又は第30条第1項の規定により許可を要するものをしようとする場合における同法第15条第1項（同法第16条第3項において準用する場合を含む。以下この条において同じ。）及び第34条第1項（同法第35条第3項において準用する場合を含む。以下この条において同じ。）の規定の適用については、同法第15条第1項中「これらの者と都道府県知事との協議が成立することをもつて第12条第1項の許可があつたものとみなす」とあるのは「第12条第1項の規定にかかわらず、国があらかじめ都道府県知事に当該工事をする旨を通知することをもつて足りる」と、同法第34条第1項中「これらの者と都道府県知事との協議が成立することをもつて第30条第1項の許可があつたものとみなす」とあるのは「第30条第1項の規定にかかわらず、国があらかじめ都道府県知事に当該工事をする旨を通知することをもつて足りる」とする。
2　宅地造成及び特定盛土等規制法第13条第1項及び第31条第1項の規定は、前項に規定する自衛隊の部隊等が応急措置として行う防御施設の構築その他の行為については、適用しない。
3　第1項に規定する自衛隊の部隊等が応急措置として行う防御施設の構築その他の行為であつて宅地造成及び特定盛土等規制法第21条第1項若しくは第3項、第27条第1項、第28条第1項又は第40条第1項若しくは第3項の規定による届出を要するものをしようとする場合におけるこれらの規定の適用については、同法第21条第1項及び第40条第1項中「日から21日以内に、主務省令で定めるところにより」とあるのは「ときは、遅滞なく」と、「届け出なければ」とあるのは「通知しなければ」と、同法第21条第3項及び第40条第3項中「その工事に着手する日の14日前までに、主務省令で定めるところにより」とあるのは「あらかじめ」と、「届け出なければ」とあるのは「通知しなければ」と、同法第27条第1項中「当該工事に着手する日の30日前までに、主務省令で定めるところにより、当該工事の計画を」とあるのは「あらかじめ、当該工事について」と、「届け出なければ」とあるのは「通知しなければ」と、同法第28条第1項中「前条第1項の規定による届出」とあるのは「自衛隊法（昭和29年法律第165号）第115条の27第3項の規定により読み替えられた前条第1項の規定による通知」と、「当該届出に係る特定盛土等又は土石の堆積に関する工事の計画の変更（主務省令で定める軽微な変更を除く。）をしようとする」とあるのは「当該通知に係る事項の変更をする」と、「当該変更後の工事に着手する日の30日前までに、主務省令で定めるところにより、当該変更後の工事の計画を」とあるのは「あらかじめ、当該変更について」と、「届け出なければ」とあるのは「通知しなければ」とする。
4　第1項及び前項の規定により読み替えられた宅地造成及び特定盛土等規制法第15条第1項、第21条第1項若しくは第3項、第27条第1項、第28条第1項、第34条第1項又は第40条第1項若しくは第3項の規定による通知を受けた者は、同法第2条第5号に規定する災害の防止のため必要があると認めるときは、当該通知に係る

部隊等の長に対し意見を述べることができる。

（森林・林業基本法の一部改正）
第8条　森林・林業基本法（昭和39年法律第161号）の一部を次のように改正する。
　第30条第3項中「昭和29年法律第84号）」の下に「、宅地造成及び特定盛土等規制法（昭和36年法律第191号）」を加える。

（都市計画法の一部改正）
第9条　都市計画法の一部を次のように改正する。
　　第33条第1項第7号の表宅地造成等規制法（昭和36年法律第191号）第3条第1項の宅地造成工事規制区域の項中「宅地造成等規制法」を「宅地造成及び特定盛土等規制法」に、「第3条第1項の宅地造成工事規制区域」を「第10条第1項の宅地造成等工事規制区域」に、「第9条」を「第13条」に改め、同項の次に次のように加える。

| 宅地造成及び特定盛土等規制法第26条第1項の特定盛土等規制区域 | 開発行為（宅地造成及び特定盛土等規制法第30条第1項の政令で定める規模（同法第32条の条例が定められているときは、当該条例で定める規模）のものに限る。）に関する工事 | 宅地造成及び特定盛土等規制法第31条の規定に適合するものであること。 |

　　第33条第1項第12号及び第13号中「又は」を「（当該開発行為に関する工事が宅地造成及び特定盛土等規制法第12条第1項又は第30条第1項の許可を要するものを除く。）又は」に改め、「開発行為（」の下に「当該開発行為に関する工事が当該許可を要するもの並びに」を加える。

（食料・農業・農村基本法の一部改正）
第10条　食料・農業・農村基本法（平成11年法律第106号）の一部を次のように改正する。
　　第40条第3項中「昭和36年法律第183号）」の下に「、宅地造成及び特定盛土等規制法（昭和36年法律第191号）」を加える。

（都市再生特別措置法の一部改正）
第11条　都市再生特別措置法（平成14年法律第22号）の一部を次のように改正する。
　　第81条第11項中「宅地造成等規制法」を「宅地造成及び特定盛土等規制法」に改める。
　　第87条の2第1項中「宅地造成等規制法」を「宅地造成及び特定盛土等規制法」に、「第5章まで」を「第4章まで、第7章及び第8章」に改め、同条第4項中「宅地造成等規制法第7条、第9条及び第11条」を「宅地造成及び特定盛土等規制法第4条、第8条、第9条、第13条、第15条第1項、第18条第4項及び第19条第2項」に、「同条」を「同法第15条第1項」に、「宅地造成工事規制区域」を「宅地造成等工事規制区域」に改める。

（国土交通省設置法の一部改正）
第12条　国土交通省設置法（平成11年法律第100号）の一部を次のように改正する。
　　第13条第 1 項第 3 号中「建設業法」の下に「、宅地造成及び特定盛土等規制法（昭和36年法律第191号）」を加える。

　その他所要の改正が行われた（附則 6 条〜 12条）。

# 第4部

# 盛土規制法の運用と新法への期待

# 第1章　盛土規制法運用のポイント

## 1　新法の施行日はいつか

　新法の施行は、附則（令和4年5月27日法律55号）1条において、公布の日（令和4年（2022年）5月27日）から1年以内で政令で定める日からとされている。したがって、その政令によって、新法の施行日がいつに定められるかが第1のポイントである。

## 2　基本方針（3条）がどう定められるか

　第2のポイントは、新法3条が定める「宅地造成、特定盛土等又は土石の堆積に伴う災害の防止に関する基本的な方針」（基本方針）が、いつ、どのように定められるかである。

　ちなみに、国土交通省の「盛土等防災対策検討会」のスケジュール予定では、令和5年5月に基本方針を公布・施行の予定とされている。

## 3　宅地造成等工事規制区域（10条）、特定盛土等規制区域（26条）、造成宅地防災区域（45条）がどう定められるか

　旧法3条が規定する宅地造成工事規制区域の指定状況と同区域に関する施行状況（旧法8条、旧法11条～17条）については、第1部「第3章　宅地造成等規制法（昭和36年）の運用」の解説および資料編【資料1-③】【資料1-④】のとおりである。

　旧法20条が規定する造成宅地防災区域の指定状況、指定および解除状況については、第1部「第5章　平成18年改正法の運用」の解説および資料編【資料1-⑤】【資料1-⑥】のとおりである。

　今後、新法で定められた宅地造成等工事規制区域（新法10条）と、造成宅地防災区域（新法45条・旧法20条）が旧法のそれらと対比して、どのように指

定、施行、解除されるか、が第3の大きなポイントである。

　また、新法26条で新設された特定盛土等規制区域がどのように指定されるかも同じく大きなポイントである。

## 4　政令・主務省令がどのように定められるか

　新法の各条で、「……は、政令で定める」、「政令で定める○○」とされている政令（施行令）と「主務省令で定めるところにより」、「主務省令で定める……」とされている主務省令（施行規則）が、どのように定められるか、が第4のポイントである。

　とりわけ、新法13条の「宅地造成等に関する工事の技術的基準等」における「政令（その政令で都道府県の規則に委任した事項に関しては、その規則を含む。）で定める技術的基準」ついては、第1部「第3章　宅地造成等規制法（昭和36年）の運用」と「第5章　平成18年改正法の運用」で解説した「平成13年通知」（【資料1－①】）と「平成18年助言」（【資料1－②】）を対比しながら、理解すべき重要なポイントである。

## 5　各地の盛土等の規制に関する条例がどのように定められるか

　後記「第4章　県条例、市条例違反の事例（逮捕、行政代執行等）」で解説するとおり、静岡県熱海市の土石流災害を受けて、静岡県では昭和50年に制定された「静岡県土採取等規制条例」を改正し、改正条例を令和4年7月1日から施行した。それとともに、「埋土又は盛土をする行為」に係る規定を同条例から削除し、新たに「静岡県盛土等の規制に関する条例」を同日から施行した。

　それと同じように、新法制定後、各地で盛土等の規制に関する条例がどのように制定または改正されていくのか、が第5のポイントである。

## 6　その他、盛土規制法全般の運用

　新法は、盛土等の規制について、都道府県知事が関与すべきものとして次

の条文を規定している。

①　工事の許可（12条、30条）

②　完了検査等の実施（17条、36条）

③　中間検査の実施（18条、37条）

④　定期の報告の実施（19条、38条）

⑤　監督処分（20条、39条）

⑥　土地の保全等（22条、41条）

⑦　改善命令（23条、42条、47条）

　これらが現実にどのように運用されるのか、が第6のポイントである。ちなみに、後記「第4章　県条例、市条例違反の事例（逮捕、行政代執行等）」で解説するとおり、静岡県富士宮市における、「静岡県盛土等の規制に関する条例」および「富士宮市土砂等による土地の埋立て等の規制に関する条例」違反による逮捕の事例（A事例）と、熱海市の土石流災害について、静岡県が実施した「静岡県盛土等の規制に関する条例」に基づく残土撤去の行政代執行の事例（B事例）が生まれている。

# 第2章　新法への期待と注文

## 1　新法への期待

　新法をめぐっては、土石流災害で被害を受けた地元である静岡県熱海市をはじめ、全国の地方自治体から、盛土を規制する法整備等を求める意見書が出された（【資料4－2－①】）。

　また、全国町村会からは、「土石流災害に関する緊急要望」（令和3年7月27日）を出された（【資料4－2－②】）。

　さらに、新法制定後には、全国知事会からは「宅地造成及び特定盛土等規制法成立を受けて」（令和4年5月24日）が出された（【資料4－2－③】）。

## 2　新法への不安と注文

　それに対して、日本弁護士連合会は令和4年（2022年）7月14日付け「宅地造成及び特定盛土規制法についての意見書」を提出し、不安と注文を示した（【資料4－2－④】）。

# 第3章　熱海市の土石流災害を含む各種調査報告

## 1　総務省の実態調査結果報告書と総務省から国土交通省への勧告

　総務省行政評価局は、令和2年1月から令和3年12月まで、不適切な建設発生土の埋立て事案の実態や建設発生土の適正処理の状況について調査を実施し、その結果を令和3年12月20日に「建設残土対策に関する実態調査結果報告書」として発表した。

　この調査は、令和3年7月の静岡県熱海市の土石流災害を契機としたものではないが、同被害についても調査し、「山林などへの不適切な埋立てにより崩落が発生し、令和3年7月には、静岡県熱海市において、盛土の不適切な処理が原因と考えられる土石流による甚大な被害が発生している」、「令和2年4月1日時点で土砂条例を制定している41地方公共団体（12都道府県、29市町村）において、平成27年度以降、不適切な建設発生土の埋立て事案と認識しているものがあるかどうかを確認したところ、……都道府県では全て、市町村でも7割近くが『ある』として」いる等、と報告している。

　この調査結果報告書のポイントは、〔表4-①〕のとおりである。

　同報告書を受けて、総務省は、令和3年12月20日、国土交通省に対して「建設残土対策に関する実態調査の結果に基づく勧告」をした。その勧告の概要は、〔表4-②〕のとおりである（なお、この勧告の概要は、【資料4-3-②】として掲載する）。

## 2　逢初川土石流災害に係る「報告書」とそれに対する静岡県の対応

　令和3年7月3日に熱海市伊豆山地区の逢初川で発生した土石流については、逢初川源頭部に造成された盛土が崩壊し、大量の土砂が下流域へ流下し

〔表４−①〕　建設残土対策に関する実態調査結果（ポイント）

令和３年12月20日、総務大臣から国土交通大臣に勧告

| 背景<br>（ねらい） | ・　建設発生土は、建設資材として埋立て等に利用されている一方で、山林への不適切な埋立てによる崩落発生などが問題となっているが、その実態は明らかでない。<br>・　建設発生土の適正処理を図る観点から、搬出先の指定、それに要した費用の負担や、工事間利用の推進の取組みが行われているが、これらの取組みが低調な地方公共団体あり。<br>⇒　不適切な建設発生土の埋立て事案の実態や建設発生土の適正処理の状況について調査を実施。 |
|---|---|
| 埋立て事案の実態 | ・　調査した都道府県ではすべて、市町村でも７割近くが、不適切な建設発生土の埋立て事案を認識（120事案）<br>・　土砂条例で対応した無許可埋立て58事案のうち、土砂流出の被害が発生した14事案について、是正（土砂撤去）されたのは１事案のみで、対応が長期化 |
| 勧告 | 国土交通省は、不適切な建設発生土の埋立て事案の発生を未然に防ぐため、以下の措置を講ずる必要<br><br>○工事間利用を進めるため、その調整のための保管場所について把握・整理<br>○土質別の利用実態や有効利用事例を把握し、地方公共団体に提示<br><br>・　建設発生土の工事間利用（公共工事）は、都道府県では３割、市町村では１割に満たない。<br>・　地方公共団体の多くは、工期、土質等の調整のための保管場所の整備が課題としているが、国は、保管場所として利用可能な場所の情報共有を行っていない。<br><br>○適切な費用負担の観点から、地方公共団体に搬出先の指定の徹底を要請<br>○再生資源利用促進計画等の発注者への報告を義務づけるとともに、搬出状況等を発注者が確認できるしくみを整備<br><br>・　建設発生土の搬出先の指定をしていない場合、運搬費や処分費を定額で積算するなど、搬出のコストを建設請負業者への支払代金に適切に反映していない。<br>・　発注者として搬出先を確認できる書類の提出を求めていない市町村があり、搬出先を指定する場合の搬出の確認方法も区々（再生資源利用促進計画等） |

（出典：総務省ウェブサイト）

〔表4－②〕　建設残土対策に関する実態調査の結果に基づく勧告（概要）

〔勧告日：令和3年12月20日　勧告先：国土交通省〕

| 調査の背景 | ・　建設工事の副産物である建設残土（建設発生土および建設汚泥）のうち、建設発生土は、建設資材として埋立て等に利用されている一方で、山林への不適切な埋立てによる崩落発生などが問題となっているが、その実態は明らかでない。<br>・　建設発生土の適正処理を図る観点から、搬出先の指定、それに要した費用の負担や、工事間利用の推進の取組みが行われているが、これらの取組みが低調な地方公共団体あり。<br>⇒　不適切な建設発生土の埋立て事案の実態や建設発生土の適正処理の状況について調査を実施。<br>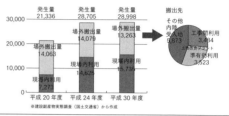 |

【調査対象機関等】国土交通省、環境省、農林水産省、都道府県（12）、市町村（36）、事業者（60）、関係団体（27）　【実施時期】令和2年1月～3年12月

| 主な調査結果 | ①　不適切な建設発生土の埋立て事案の実態<br>・　調査した都道府県ではすべて、市町村でも7割近くが、不適切な建設発生土の埋立て事案を認識（120事案）<br>・　土砂条例で対応した無許可埋立て58事案のうち、土砂流出の被害が発生した14事案について、是正（土砂撤去）されたのは1事案のみで、対応が長期化<br>②　建設発生土の有効利用<br>・　建設発生土の工事間利用（公共工事）は、都道府県では3割、市町村では1割に満たない。<br>・　地方公共団体の多くは、工期、土質等の調整のための保管場所の整備が課題としているが、国は、保管場所として利用可能な場所の情報共有を行っていない。<br>③　建設発生土の適切な管理<br>・　建設発生土の搬出先の指定をしていない場合、運搬費や処分費を定額で積算するなど、搬出のコストを建設請負業者への支払代金に適切に反映していない。<br>・　発注者として搬出先を確認できる書類の提出を求めていない市町村があり、搬出先を指定する場合の搬出の確認方法も区々（再生資源利用促進計画等）。 |

| 主な勧告 | 国土交通省は、不適切な建設発生土の埋立て事案の発生を未然に防ぐため、以下の措置を講ずる必要がある。<br>〈有効利用〉<br>・　工事間利用を進めるため、その調整のための保管場所について把握・整理<br>・　土質別の利用実態や有効利用事例を把握し、地方公共団体に提示<br>〈適切な管理〉<br>・　適切な費用負担の観点から、地方公共団体に搬出先の指定の徹底を要請<br>・　再生資源利用促進計画等の発注者への報告を義務づけるとともに、搬出状況等を発注者が確認できるしくみを整備 |
|---|---|

（出典：総務省ウェブサイト）

たためと推定され、その結果、死者27名、行方不明者 1 名、半壊もしくは全壊の家屋128棟という甚大な被害を発生させた。そこで、盛土造成に係る事業者の行為および一連の行政手続に係る静岡県、熱海市の行政対応について、県および市が整理した事実関係をもとに、公正・中立な立場で検証・評価を行い、このような災害が繰り返されることのないようにするため、何をなすべきかを提言することを目的とする「逢初川土石流災害に係る行政対応検証委員会」が発足した。同委員会は、県土採取等規制条例および県風致地区条例、森林法等に基づく一連の行政対応の事実に基づく論点整理を行い、令和 4 年 5 月13日に「逢初川土石流災害に係る行政対応検証委員会　報告書」を発表した（【資料 4 － 3 －③】）。この報告書では、行政対応の過程において、行政が事業者の行為を止め、適切な処置を行う機会は幾度もあったと考えられるが、本件は、適切な対応がとられていれば、被害の発生防止や軽減が可能であったため、本件における行政対応は「失敗であった」といえると総括している。

　静岡県は、前述の報告書を受けて、令和 4 年 5 月17日、「逢初川土石流災害に係る行政対応検証委員会報告書についての県の見解・対応」を発表した（【資料 4 － 3 －④】）。そこでは、さまざまな行政対応を行ったものの、結果として、甚大な災害を発生させ、多くの人々の生命・財産を守ることができなかった行政対応の不十分さを深く反省し、亡くなった人々および被害を受けた人たちに対するおわびを述べ、続いて「行政対応の失敗」と総括された

報告を真摯に受け止め、今回のような災害が二度と起こらないように、行政対応の改善を早急に図っていくとし、「最悪の事態」の想定も視野に入れた、個々人と組織の対応力の強化を図っていくことが重要である、とした。

## 3　逢初川土石流の発生原因調査検証委員会「最終報告書」

　熱海市の土石流の発生原因を究明するため、静岡県は別途「発生原因究明作業チーム」を立ち上げ、技術専門家からなる「逢初川土石流の発生原因調査検証委員会」を発足させ、同委員会は令和4年9月8日に「最終報告書」を公表した。この報告書では、大規模土石流の発生原因は、地下水が流入しやすい土地に、不適切な工法で盛土が造成されたのが原因などとまとめ、地形や地質、不適切な盛土などの要因が重なったと結論づけた（【資料4－3－⑤】）。

# 第4章　県条例、市条例違反事例（逮捕、行政代執行等）

## 1　前提──静岡県、富士宮市等の土採取等に関する条例

### (1)　静岡県土採取等規制条例（昭和50年10月20日条例第42号）

「静岡県土採取等規制条例」は、「土の採取等について必要な規制を行うことにより、土の採取等に伴う土砂の崩壊、流出等による災害を防止するとともに、土の採取等の跡地の緑化等の整備を図り、もつて県民の生命、身体及び財産の安全の保持と環境の保全に資すること」を目的として、昭和50年に制定された。

同条例は、2条で「土の採取等」について、①切土、床掘その他の土地の掘さくをする行為、②埋土または盛土をする行為、と定義したうえで、土の採取等の計画の届出（3条）を義務づけ、また、土砂の崩壊、流出等による災害が発生するおそれがあると認めるときの措置命令（6条）、停止命令（7条）、等を定めた。

### (2)　静岡県土採取等規制条例の改正（令和4年3月29日）

同条例は、令和3年7月の熱海市の土石流災害を受けて、令和4年3月29日に改正され、「埋土又は盛土をする行為」については、新たに制定した、後記(3)の「静岡県盛土等の規制に関する条例」で規制することとされた。そして、同改正条例は、同年7月1日から施行された。主な改正内容をまとめると、次のとおりである。

【主な改正内容】
・「静岡県土採取等規制条例」について
　「静岡県盛土等の規制に関する条例」の施行に伴い、埋土又は盛土をする行為に係る規定を削除。
・「静岡県土採取等規制条例施行規則」について

> ①　「静岡県土採取等規制条例」から埋土又は盛土をする行為に係る
> 　　規定が削られることに伴う改正。（2条、6条、8条、様式1号、
> 　　様式5号）
> ②　「静岡県事務処理の特例に関する条例」の改正により、市町が処
> 　　理することとされている静岡県土採取等規制条例に関する事務が削
> 　　除されることに伴う改正。(10条、様式6号)
> ・「土の採取等に関する技術基準」について
> ①　「静岡県土採取等規制条例」から埋土又は盛土をする行為に係る
> 　　規定が削られることに伴う改訂。
> ②　「盛土等の規制に関する条例」の構造基準との適合に伴う改訂。

### (3)　静岡県盛土等の規制に関する条例（令和4年3月29日条例第20号）の制定

　熱海市の土石流災害を受けて、「盛土等について必要な規制を行うことにより、土砂等の崩壊、飛散又は流出による災害の防止及び生活環境の保全を図り、もって県民の生命、身体及び財産を保護すること」を目的とする「静岡県盛土等の規制に関する条例」が令和4年3月29日に公布され、同年7月1日から施行された。

　これは、前記(1)の「静岡県土採取等規制条例」のうち、「埋土又は盛土をする行為」に係る規定を削除し、それに特化した強い規制を「静岡県盛土等の規制に関する条例」が新たに担うことにしたものである。

　「静岡県盛土等の規制に関する条例」の主な内容は、第1に、①盛土等、②土砂等、③改良土、④再生土、⑤盛土等区域、⑥土砂等を発生させる者、を定義したうえ（2条）、基準に適合しない土砂等を用いた盛土等を禁止したことである。すなわち、「何人も、土砂基準に適合しない土砂等を用いて盛土等を行ってはならない」と定めた（8条1項本文）。第2は、一定規模以上の盛土等を許可制にしたことである。すなわち、面積が1000㎡以上または土量が1000㎥以上の盛土等を行う場合には都道府県知事の許可を必要とし

（9条1号）、さらに、説明会の開催（12条）、盛土等の許可申請（9条、10条）、許可の基準等（14条）を定めた。第3は、措置命令、停止命令の内容および命令を受けた者の氏名、名称、住所の公表（36条）、無許可盛土等、命令違反（災害防止上の措置命令、土砂基準不適合の停止命令等）、無届・虚偽報告などの罰則（40条～45条）、生命等を害するおそれのある場合、何人も土砂等の搬入を禁止する土砂等搬入禁止区域の指定（32条）、等を定めたことである。その概要は、【資料4－4－①】のとおりである。

　　(4)　富士宮市土砂等による土地の埋立て等の規制に関する条例（平成9年7月15日条例第26号）

「富士宮市土砂等による土地の埋立て等の規制に関する条例」は、「土砂等による土地の埋立て、盛土等について必要な規制を行うことにより、土砂等の崩壊、流出等による災害を防止するとともに、当該跡地の緑化等を図り、もって市民の生命、身体及び財産の安全の保持と環境及び景観の保全に資すること」を目的として、平成9年7月15日に公布された。なお、これは後記2（事例A）の前提になる条例であるため、ここに掲げておく。

　　(5)　その他

本書では解説しないが、各自治体ごとに土採取条例や盛土等の規制に関する条例がある。

## 2　事例A──静岡県条例および富士宮市条例違反で容疑者を逮捕

静岡県富士宮市内の山林で、静岡県知事と富士宮市長の許可を得ないで盛土をしたとして、静岡県警は、令和4年9月21日、「静岡県盛土等の規制に関する条例」違反と「富士宮市土砂等による土地の埋立て等の規制に関する条例」違反の疑いで残土処分会社の会社役員ら3人を逮捕した。県条例は、前記1(3)で解説したとおり、熱海市の土石流災害を受けて、令和4年7月1日に施行されたもので、初めての摘発になる。

静岡県警の発表によると、3人は、平成30年4月から令和4年7月、富

士宮市内野の山林で、静岡県知事と富士宮市長の許可なく盛土をした疑いがある。盛土は少なくとも山林の4900㎡に土砂1万㎡が積まれていた。5月にのり面が崩落したため、静岡県と富士宮市が6月から7月にそれぞれの条例に基づき停止命令と中止命令を出したが、土砂の搬入をやめなかったため逮捕された。残土は山梨県など15社以上から受け入れていた、とみられている。

## 3　事例B──熱海市土石流災害による残土撤去の行政代執行事件

　静岡県盛土等の規制に関する条例に基づき、静岡県は、令和4年10月11日、令和3年7月に発生した熱海市の土石流災害をめぐり、起点付近で崩れずに残る盛土を強制的に撤去する行政代執行を開始した。これは同条例に基づく措置命令に前土地所有者（平成23年まで起点の土地を所有した不動産管理会社）が従わなかったことを受けての措置である。この不動産管理会社は平成23年に起点の土地を売却したが、造成の完了届が提出されなかったため、静岡県は残った盛土の管理責任は現所有者ではなく、同社にあると判断した。静岡県は、同条例に基づき、令和4年8月、起点に残った約2万㎡の土砂を即時撤去するよう措置命令を出したが、前土地所有者は「新条例の遡及適用は認められない」と主張して従わなかった。

　行政代執行による土砂の撤去は令和5年6月頃までかかるため、いったん熱海港に仮置きし、令和5年度末までに処理施設で処分する予定とされている。撤去費用は約4億円かかるほか、処分場への運搬などに多額の費用が見込まれている。これらの費用は、前土地所有者だった不動産管理会社に全額を求償するが、同社は措置命令を拒否したうえ、その後、命令の取消しを求めて静岡県を提訴しているから、求償請求についても争うことが予想されるため、今後の展開に注目する必要がある。

資料編

【資料1－①】　平成13年通知（抄）

国総民発第7号

平成13年5月24日

都道府県・政令指定都市・中核市・特例市宅地防災行政担当部長あて

国土交通省総合政策局民間宅地指導室長

宅地造成等規制法の施行にあたっての留意事項について

　平成12年4月1日付けで「地方分権の推進を図るための関係法律の整備等に関する法律」（平成11年法律第87号）が施行され、宅地造成等規制法（昭和36年法律第91号）に基づく許可等の事務が機関委任事務から自治事務に移行したところであります。

　これに伴い、別紙1に掲げる宅地造成等規制法の施行に関し発出した通達もその効力を失ったところであり、その旨御了知願います。

　なお、今般、宅地造成等規制法の施行にあたっての留意事項を別紙2のとおり、まとめたので、参考とされたく送付いたします。

- - - - - - - - - - - - - - - - - - - - - - - - - - - - - - - - - - - - - - - - - -

別紙1

平成12年4月1日付けで廃止になった通達

（略）

- - - - - - - - - - - - - - - - - - - - - - - - - - - - - - - - - - - - - - - - - -

別紙2

宅地造成等規制法の施行にあたっての留意事項について

第1　総括的事項
　(1)　慎重かつ厳格な許可、監督及び検査
　　　宅地造成工事規制区域内において行なわれる宅地造成に関する工事については、その許可、監督及び検査を慎重かつ厳正に行ない宅地造成に伴う災害の防止に遺憾なきを期すべきであること。
　(2)　適正な区域指定の促進等
　　　宅地造成工事規制区域については、宅地造成に伴い災害が生じるおそれの著しい区域であるので、適正な区域指定の促進を図り、宅地造成に伴う災害の防止に万全を期すべきであること。

　なお、区域指定にあたっては、「宅地造成等規制法に基づく宅地造成工事規制区域指定要領（別添１）」を参考とされ、指定後の宅地造成等規制法第３条第３項の規定に基づく国土交通大臣への報告にあたっては、管轄する地方整備局長等あてに行うべきであること。
(3)　関係機関との調整
　①　指定文化財の現状を変更し又は保存に影響を及ぼす行為を伴う宅地造成に関する工事の許可、勧告又は命令をしようとする場合は、あらかじめ、関係機関と連絡調整を図ることが望ましいこと。
　②　宅地造成に関する工事について許可した場合及び検査済証を交付した場合には、管轄の建築主事に対してその旨を連絡することが望ましいこと。

第２　宅地造成に関する工事等の許可について
(1)　宅地造成工事規制区域内において行なわれる宅地造成に関する工事に係る許可に際しては、「宅地防災マニュアル（別添２）」及び「宅地開発に伴い設置される浸透施設等設置技術指針（別添３）」を参考とし、慎重かつ厳正に行ない災害の防止に遺憾なきを期すべきであること。また、工事中の災害の防止を図るため、できるだけ具体的な条件を附することが望ましいこと。
(2)　宅地造成に関する工事の許可に係る事務の処理期間については、申請者の負担を軽減するために、一層の事務の迅速化が求められ、適切な標準処理期間を設けることが必要であり、原則として申請のあった日から21日以内の期間を設定することが望ましく、また、今後も標準処理期間の設定及び短縮化に努め、一層の事務の迅速化を図ることが望ましいこと。
(3)　擁壁の透水層については、擁壁の裏面で水抜き穴の周辺その他必要な場所には砂利等の透水層を設ける旨規定されているが、「砂利等」として石油系素材を用いた「透水マット」の使用についても、その特性に応じた適正な使用方法であれば、認めても差し支えないこと。
(4)　宅地造成等規制法施行令第15条の規定により認定を受けた擁壁については、認定書別記に記載されている事項を確認するなど適切に審査すべきであること。
　　なお、胴込めにコンクリートを用いて充填するコンクリートブロック練積み造擁壁については、昭和40年６月14日建設省告示第1485号において明らかにされているところであるが、審査にあたっては、以下の点に留意することが望ましいこと。
　①　胴込めにコンクリートを用いて充填するコンクリートブロック練積み造擁壁が告示の各号に適合するものであるかどうかについては、宅地造成等規制法第８条第１項の規定による許可の際に許可権者は慎重に審査すること。

② 胴込めにコンクリートを用いて充填するコンクリートブロック練積み造の擁壁とは、告示の別表に規定する控え長さ一杯までコンクリートを充填し、胴込めに用いたコンクリートが連続して一体の構造となる擁壁であること。

③ 第3号のコンクリートブロックの重量は胴込めコンクリートを充填せずに、当該コンクリートブロックを積み上げたと仮定した場合の壁面1平方メートル当りの重量であること。

④ 第4号の使用実績は当分の間は50万箇程度以上の使用実績があり、かつ、過去に倒壊等の重大な支障を生じたことのないものであること。

⑤ 第5号の壁体の曲げ強度はコンクリートブロック4×6個又は5×7個の試験体3体以上について試験しその結果によること。

⑥ 第6号の載荷量は擁壁の高さだけ擁壁上端より後退した範囲の載荷重とすること。


第3 工事完了の検査について

宅地造成等規制法担当部局は、許可をした宅地造成工事が完了した場合には、遅滞なく工事完了検査を実施すべきであること。

このため、造成主に対する工事完了検査申請の督励、工事中における報告の徴取、必要な中間検査の実施及び是正措置の確認に努めることが望ましいこと。

また、宅地造成工事が全部完了しない場合でも、部分検査が可能であれば、これを積極的に行なうようにすることが望ましいこと。


第4 工事の届出

法第14条第1項の規定による届出があった場合において、届出の内容が事実と相違すると認めたときは、届出者に対し、その旨を文書により連絡することが望ましいこと。


第5 監督処分等について

(1) 常に宅地造成工事規制区域内の宅地の状況に留意し、宅地造成に伴う災害の防止のため必要があると認めるときは、すみやかに、適正な勧告又は命令を行なうべきであること。

また、無許可で宅地造成工事が行われている場合等については、厳格に法に基づいて適切な措置を講じるべきであること。

なお、勧告又は命令を行なうにあたっては、当該宅地の状況を十分調査するとともに、周囲の土地の状況も勘案して、当該宅地の所有者等に対して、不当な義務を課することとならないよう留意することが望ましいこと。

(2)　勧告又は命令については、勧告又は命令しようとする措置の内容を具体的に明らかにして行ない、かつ、当該措置が適確にとられているか否かについての確認を行なうべきであること。なお、勧告又は命令を行なう場合には、あらかじめ特定行政庁と連絡調整を図ることが望ましいこと。

(3)　宅地擁壁が被災した場合等において災害復旧や危険擁壁の改築等を行うに当たっては、宅地擁壁の復旧等に関する基本的な考え方及び工法選定上留意すべき点を整理した「宅地擁壁の復旧技術マニュアル（別添４）」を参考として、審査・指導事務の迅速化を図るとともに安全な宅地の早期復旧の促進に努めることが望ましいこと。

- - - - - - - - - - - - - - - - - - - - - - - - - - - - - - - - - - - - - - - - -

（別添１）
　　　『宅地造成等規制法に基づく宅地造成工事規制区域指定要領』

第１　目的
　この要領は、宅地造成等規制法（昭和36年法律第191号。以下「法」という。）第３条の規定に基づく宅地造成工事規制区域（以下「規制区域」という。）の指定に当たっての考え方を明確にすることにより、適正な規制区域指定の促進を図り、もって宅地造成に伴う災害の防止に資することを目的とする。

第２　用語の定義
　この要領において、次の各号に掲げる用語の意義は、それぞれ当該各号に定めるところによる。
　１　造成に伴い災害の生ずるおそれの強いがけの発生しやすい地域
　　　勾配が15度を超える傾斜地が過半を占める区域をいう。
　（解説）　災害の生ずるおそれの強いがけとは、地表面が水平面に対して30度を超える角度をなす土地のことであり、高さ１メートル以上の盛土又は２メートル以上の切土のがけ面が生ずる場合は、法の規定により擁壁を設置しなければならないが、このようながけ面は勾配が15度を超える傾斜地において、平均的な宅地造成（10メートル四方程度以上）を行った場合に必ず生ずることになる。
　２　災害の発生しやすい地盤特性を有する地域
　　　火山灰（関東ローム、シラス等）台地、風化の進行が著しい台地又は地盤の軟弱な台地が過半を占める区域をいう。
　（解説）　火山灰や風化の進行しやすい土質・地質条件の場合、その特性から降雨等により土砂の崩壊や流出が発生しやすく、これらの地盤特性を有する丘陵地、台地等において宅地造成が行われた場合は、一般的にがけく

ずれ、土砂の流出による災害を受けるおそれが強い。また、宅地造成が
行われる地盤が軟弱である場合は、盛土等を行った際に、地盤沈下やの
り面崩壊等の宅地災害が発生するおそれが強い。

なお、宅地災害のおそれのある地域として、地震時に液状化する可能
性のある地盤が挙げられるが、法が主としてがけくずれ又は土砂の流出
による宅地災害を防止することを目的としているため、原則として、地
震時に液状化する可能性のみが災害の発生しやすい地盤特性としてある
場合は、この要領において、災害の発生しやすい地盤特性を有する地域
には含めないこととする。

3　土砂災害発生の危険性を有する地域
　　土砂災害発生の危険性を有する地域とは、次に掲げる地域のことをいう。
（イ）　一定の区域内に急傾斜地崩壊危険箇所、地すべり危険箇所、土石流危
　　　険渓流等の土砂災害に係る危険箇所が相当の割合で存在する地域
（ロ）　過去に大災害が発生した地域

4　都市計画区域
　　都市計画法（昭和43年法律第100号）第5条の規定に基づき指定された都市
　計画区域及び追加編入又は新たに区域指定が行われる予定の区域をいう。

5　地域開発計画等策定区域
　　法令等に基づいているか否かを問わず、地域の総合計画、開発計画等が策
　定されている区域をいう。


第3　指定の対象とする区域
　指定の対象とする区域は、次に掲げる自然的要件及び社会的要件を満たす区域
とする。

1　自然的要件
　　自然的要件とは、次のいずれかに該当するものとする。
（イ）　造成に伴い災害の生ずるおそれの強いがけの発生しやすい地域
（ロ）　災害の発生しやすい地盤特性を有する地域
（ハ）　土砂災害発生の危険性を有する地域

2　社会的要件
　　社会的要件とは、次のいずれかに該当するものとする。
（イ）　都市計画区域
（ロ）　地域開発計画等策定区域
（ハ）　現に宅地造成が行われている区域又は今後宅地造成が行われると予想
　　　される区域（必要に応じ既に宅地造成が行われた区域を含む。）
（ニ）　その他関係地方公共団体の長が必要と認める区域

第４　規制区域指定のための調査
　　１　規制区域指定のための検討手順
　　　　規制区域の指定を行うに当たっては、当該区域が指定の要件に該当するか
　　　の具体的な技術的判断がその前提となるため、以下の手順に基づき、当該調
　　　査対象区域が規制区域指定の要件に該当するかを技術的観点から検討し、指
　　　定の候補区域を確定するものとする。


以下（略）


- - - - - - - - - - - - - - - - - - - - - - - - - - - - - - - - - - - - - - - - - - - - - - -
（別添２）
『宅地防災マニュアル』


Ⅰ　総説　（略）
Ⅱ　開発事業区域の選定及び開発事業の際に必要な調査　（略）
Ⅲ　開発事業における防災措置に関する基本的留意事項　（略）
Ⅳ　耐震対策　（略）
Ⅴ　切土　（略）
Ⅵ　盛土　（略）
Ⅶ　のり面保護　（略）
Ⅷ　擁壁　（略）
Ⅸ　軟弱地盤対策　（略）
Ⅹ　自然斜面等への配慮　（略）
ⅩⅠ　治水・排水対策　（略）
ⅩⅡ　工事施工中の防災措置　（略）
ⅩⅢ　その他の留意事項　（略）
ⅩⅣ　施工管理と検査　（略）


- - - - - - - - - - - - - - - - - - - - - - - - - - - - - - - - - - - - - - - - - - - - - - -
（別添３）
『宅地開発に伴い設置される浸透施設等設置技術指針』


第１章　総説
１・１　目的
　本指針は、宅地開発に伴い開発事業者によって設置される流出抑制施設のうち、
浸透施設を主体に、調査、計画、設計、施工及び維持管理に関する一般原則を示
すことによって、土地の有効利用を図るとともに、地下水の涵養、河川低水流量

資料編

の保全等、水循環の向上に資することを目的とする。

以下（略）

第2章　基礎調査　（略）
第3章　浸透施設等の設置　（略）
第4章　水文設計　（略）
第5章　構造設計　（略）
第6章　施工管理　（略）
第7章　維持管理　（略）

- - - - - - - - - - - - - - - - - - - - - - - - - - - - - - - - - - - - - - - - - - - - - - -

（別添4）

『宅地擁壁の復旧技術マニュアル』

I　総　説
I・1　目　的

以下（略）

【資料１－②】　平成18年助言

国都開第12号

平成18年9月29日

都道府県、政令市、中核市、特例市
　　　宅地防災行政担当部長殿

国土交通省都市・地域整備局長

宅地造成等規制法等の改正について（技術的助言）

　「宅地造成等規制法等の一部を改正する法律」（平成18年法律第30号。以下「改正法」という。）については、本年４月１日に公布され、「宅地造成等規制法等の一部を改正する法律の施行に伴う関係政令の整備に関する政令」（平成18年政令第310号）及び「宅地造成等規制法施行規則等の一部を改正する省令」（平成18年国土交通省令第90号）とともに本年９月30日より施行されることとなりますが、これらの施行に当たっては、以下の点に留意の上、適切な運用をお願いいたします。また、今般、「宅地造成等規制法の施行にあたっての留意事項について（平成13年５月24日国総民発第７号）（別紙２）」に関して、別紙のとおり、所要の改正を行ったので、参考としていただきますようお願いいたします。

　なお、過去の被災事例の分析等から明らかになった、新規宅地造成の際の大地震時における滑動崩落等の被害の防止に有効とされる措置に係る技術的基準については、別途、改正法の施行後できる限り速やかに、政令において追加することを予定しているので、あらかじめご承知おき願います。

記

１．改正の趣旨

　阪神・淡路大震災、新潟県中越地震等の際に、大規模に谷を埋めた盛土造成地の崩落等が多発したことに対応し造成宅地の安全性の確保を図ることは、喫緊の課題である。このため、改正法により、都道府県知事（指定都市、中核市又は特例市の区域内の土地においてはそれぞれ指定都市、中核市又は特例市の長。以下同じ。）が、宅地造成工事規制区域外において、宅地造成に伴う災害であって相当数の居住者その他の者に危害を生ずるものの発生のおそれが大きい一団の造成宅地を、造成宅地防災区域として指定し、宅地所有者等に対して、災害防止のため必要な措置を講ずることを勧告又は命令することができる制度が創設された。

　造成宅地防災区域の指定の基準については、過去の災害における盛土造成地の被災事例等に基づき、政令で定められており、その内容は大きく二種類に分類される。すなわち、一定規模以上の盛土であって、安定計算により大地震時に地滑り的崩落等のおそれがあると認められるものと、現時点において既に地盤の滑動、

*205*

擁壁の沈下、崖の崩落等が生じていることから、災害発生のおそれが切迫しているものである。なお、これらの造成宅地について、造成宅地防災区域の指定又は宅地造成工事規制区域内の造成宅地に係る勧告を行うか否かの判断については、厳密な調査に基づき慎重に行うことが必要である。

　また、改正法により、今後新規に造成される宅地についても宅地造成に伴う災害の防止を万全とするため、都市計画法に基づく開発許可の基準について、崖崩れ等による災害の防止に係る基準を追加したところである。

２．造成宅地防災区域の指定の際の建築制限等担当部局との連絡調整について
　造成宅地防災区域は、宅地造成等規制法の目的に照らし、一団の土地としての造成宅地全体における災害発生の危険性に照らして指定されるものである。一方、建築基準法に基づく建築確認については、個々の建築物の安全確保の観点から、当該建築物の敷地について行われるものであり、両制度は目的及び対象が異なるものである。

　したがって、造成宅地防災区域の指定がされている一団の土地の区域であっても、個々の敷地については、その位置、形状等により安全性が異なることから、個別の敷地の安全性の観点から支障がない場合には建築基準法に基づく建築確認を行うことは可能である。一方で、造成宅地防災区域が指定される場合には、災害防止のため必要な措置が講ぜられ、当該区域が解除されるまでの間、地域の実情に応じ、建築基準法に基づく災害危険区域の指定、条例に基づく必要な建築制限などの措置についても併せて検討する必要があることから、造成宅地防災区域の指定に当たっては、これらの建築制限の実施等についての判断を適切に行うことができるよう、宅地造成部局と建築制限等担当部局の間で、あらかじめ、十分な連絡調整を行うことが望ましい。

- - - - - - - - - - - - - - - - - - - - - - - - - - - - - - - - - - - - - - - - - - - - - -

（別紙）
　宅地造成等規制法の施行にあたっての留意事項について（下線部分は改正部分）

第１　総括的事項
　　宅地造成工事規制区域内において行われる宅地造成に関する工事については、その許可、監督及び検査を慎重かつ厳正に行い、また、造成宅地防災区域内の宅地において、災害防止のため必要な措置が確実に講ぜられるよう適切な指導、助言を行い、宅地造成に伴う災害の防止に遺憾なきを期すべきであること。

第２　宅地造成工事規制区域の指定等

(1) 適正な区域指定の促進等

　　宅地造成工事規制区域については、宅地造成に伴い災害が生ずるおそれの著しい区域であるので、適正な区域指定の促進を図り、宅地造成に伴う災害の防止に万全を期すべきであること。

　　なお、区域指定にあたっては、「宅地造成等規制法に基づく宅地造成工事規制区域指定要領（別添１）」を参考とされ、指定後の宅地造成等規制法第３条第３項の規定に基づく国土交通大臣への報告にあたっては、管轄する地方整備局長等あてに行うべきであること。

(2) 関係機関との調整

　　① 指定文化財の現状を変更し又は保存に影響を及ぼす行為を伴う宅地造成に関する工事の許可、勧告若しくは命令又は災害の防止のため必要な措置をとることの勧告若しくは命令をしようとする場合は、あらかじめ、関係機関と連絡調整を図ることが望ましいこと。

　　② 略


第３ 宅地造成に関する工事等の許可について

(1) 宅地造成工事規制区域内において行われる宅地造成に関する工事に係る許可に際しては、「宅地防災マニュアル（別添２）」及び「宅地開発に伴い設置される浸透施設等設置技術指針（別添３）」を参考とし、慎重かつ厳正に行い災害の防止に遺憾なきを期すべきであること。また、工事中の災害の防止を図るため、できるだけ具体的な条件を付することが望ましいこと。

(2) 略

(3) 擁壁の透水層については、擁壁の裏面で水抜き穴の周辺その他必要な場所には砂利その他の資材を用いて透水層を設ける旨規定されているが、「砂利その他の資材」として石油系素材を用いた「透水マット」の使用についても、その特性に応じた適正な使用方法であれば、認めても差し支えないこと。

(4) 宅地造成等規制法施行令第14条の規定により認定を受けた擁壁については、認定時に付された条件等を確認するなど適切に審査すべきであること。

　　なお、胴込めにコンクリートを用いて充塡するコンクリートブロック練積み造擁壁については、昭和40年６月14日建設省告示第1485号において明らかにされているところであるが、審査にあたっては、以下の点に留意することが望ましいこと。

　　① 胴込めにコンクリートを用いて充塡するコンクリートブロック練積み造擁壁が本告示の各号に適合するものであるかどうかについては、宅地造成等規制法第８条第１項の規定による許可の際に許可権者は慎重に審査すること。

　　② 胴込めにコンクリートを用いて充塡するコンクリートブロック練積み

*207*

造の擁壁とは、<u>本告示</u>の別表に規定する控え長さ一杯までコンクリートを充填し、胴込めに用いたコンクリートが連続して一体の構造となる擁壁であること。

③　略

④　第4号の使用実績は<u>認定申請の日から起算して1年前までに施工が終了した当該特殊擁壁の施工実績が施工件数で50件以上かつ擁壁前面の面積で1万平方メートル以上あり、倒壊等の重大な支障を生じたことがないこと。</u>

⑤・⑥　略

(5)　<u>宅地造成に関する工事の計画の変更の許可の申請書及び通知書並びに変更の届出書の様式については、一例として別記様式1、2及び3を参考の上、記載に当たっては変更の前後の内容が対照となるようにすることが望ましいこと。</u>


**第4　工事完了の検査について**

宅地造成等規制法担当部局は、許可をした宅地造成工事が完了した場合には、遅滞なく工事完了検査を実施すべきであること。

このため、造成主に対する工事完了検査申請の督励、工事中における報告の徴取、必要な中間検査の実施及び是正措置の確認に努めることが望ましいこと。

また、宅地造成工事が全部完了しない場合でも、部分検査が可能であれば、これを積極的に<u>行う</u>ようにすることが望ましいこと。


**第5　工事の届出**

法<u>第15条</u>第1項の規定による届出があった場合において、届出の内容が事実と相違すると認めたときは、届出者に対し、その旨を文書により連絡することが望ましいこと。


**第6　監督処分等について**

(1)　常に宅地造成工事規制区域内の宅地の状況に留意し、宅地造成に伴う災害の防止のため必要があると認めるときは、すみやかに、適正な勧告又は命令を<u>行う</u>べきであること。

また、無許可で宅地造成工事が行われている場合等については、厳格に法に基づいて適切な措置を<u>講ずる</u>べきであること。

なお、勧告又は命令を<u>行う</u>にあたっては、当該宅地の状況を十分調査するとともに、周囲の土地の状況も勘案して、当該宅地の所有者等に対して、不当な義務を課することとならないよう留意することが望ましいこと。

(2) 勧告又は命令については、勧告又は命令しようとする措置の内容を具体的に明らかにして<u>行い</u>、かつ、当該措置が適確にとられているか否かについての確認を<u>行う</u>べきであること。なお、勧告又は命令を<u>行う</u>場合には、あらかじめ特定行政庁と連絡調整を図ることが望ましいこと。
(3) 略

第7 造成宅地防災区域の指定等
 (1) 適正な区域指定等の促進等
　　<u>造成宅地防災区域については、宅地造成に伴う災害で相当数の居住者その他の者に危害を生ずるものの発生のおそれが大きい区域であるので、厳正な調査結果に基づき適正な区域指定の促進を図るとともに、宅地所有者等において災害防止のため必要な措置が講ぜられたことが確認され、指定の事由がなくなったと認められるときは、速やかに当該指定の解除を行うこと。なお、指定の解除の判断には、宅地造成等規制法第23条で準用される同法第19条に基づき宅地所有者等から工事の状況について求めた報告の結果などを参照することが考えられること。</u>
　　<u>また、地震時に滑動崩落等のおそれがある大規模盛土造成地については、「大規模盛土造成地の変動予測調査ガイドライン（別添5）」を参考に変動予測調査を行った上で、造成宅地防災区域の指定又は宅地造成工事規制区域内における勧告を行うこと。なお、造成宅地防災区域の指定を行う場合には、「宅地造成等規制法に基づく造成宅地防災区域指定要領（別添6）」を参考とされたい。造成宅地防災区域を指定した場合の宅地造成等規制法第20条第3項の規定により準用される同法第3条第3項に基づく国土交通大臣への報告に当たっては、管轄する地方整備局長等あてに行うべきであること。</u>
　　<u>また、造成宅地防災区域の指定を行う場合には、あらかじめ関係地方公共団体の建築制限等担当部局と連絡調整を図ることが望ましいこと。</u>
 (2) 勧告、命令について
　　<u>勧告又は命令については、勧告又は命令しようとする措置の内容を具体的に明らかにして行い、かつ、当該措置が的確にとられているか否かについての確認を行うべきであること。なお、勧告又は命令を行う場合には、あらかじめ特定行政庁と連絡調整を図ることが望ましいこと。</u>

- - - - - - - - - - - - - - - - - - - - - - - - - - - - - - - - - - - - - - - - - -

（別添1）
　　　　宅地造成等規制法に基づく宅地造成工事規制区域指定要領

第1　略

第2　用語の定義

　この要領において、次の各号に掲げる用語の意義は、それぞれ当該各号に定めるところによる。

　1　造成に伴い災害の生ずるおそれの強い崖の発生しやすい地域

　　　勾配が15度を超える傾斜地が過半を占める区域をいう。

　（解説）災害の生ずるおそれの強い崖とは、地表面が水平面に対して30度を超える角度をなす土地のことであり、高さ1メートル以上の盛土又は2メートル以上の切土の崖面が生ずる場合は、法の規定により擁壁を設置しなければならないが、このような崖面は勾配が15度を超える傾斜地において、平均的な宅地造成（10メートル四方程度以上）を行った場合に必ず生ずることになる。

　2　災害の発生しやすい地盤特性を有する地域

　　　火山灰（関東ローム、シラス等）台地、風化の進行が著しい台地又は地盤の軟弱な台地が過半を占める区域をいう。

　（解説）火山灰や風化の進行しやすい土質・地質条件の場合、その特性から降雨等により土砂の崩壊や流出が発生しやすく、これらの地盤特性を有する丘陵地、台地等において宅地造成が行われた場合は、一般的に崖崩れ又は土砂の流出による災害を受けるおそれが強い。また、宅地造成が行われる地盤が軟弱である場合は、盛土等を行った際に、地盤沈下やのり面崩壊等の宅地災害が発生するおそれが強い。

　　　なお、宅地災害のおそれのある地域として、地震時に液状化する可能性のある地盤が挙げられるが、法が主として崖崩れ又は土砂の流出による宅地災害を防止することを目的としているため、原則として、地震時に液状化する可能性のみが災害の発生しやすい地盤特性としてある場合は、この要領において、災害の発生しやすい地盤特性を有する地域には含めないこととする。

　3～5　略

第3　指定の対象とする区域

　指定の対象とする区域は、次に掲げる自然的要件及び社会的要件を満たす区域とする。

　1　自然的要件

　　　自然的要件とは、次のいずれかに該当するものとする。

　　　（イ）造成に伴い災害の生ずるおそれの強い崖の発生しやすい地域

　　　（ロ）・（ハ）　略

　2　略

第４　規制区域指定のための調査

　１　略

　２　区域の調査、検討に当たっての留意事項

　　　調査の実施に際し、自然的要件及び社会的要件に該当する区域の検討にあっては、以下の事項に留意するものとする。

　　イ　自然的要件に該当する土地の区域の選定

　　　(1)　造成に伴い災害の生ずるおそれの強い<u>崖</u>の発生しやすい地域

　　　（イ）略

　　　（ロ）勾配が<u>15度</u>を超える傾斜地の区域については、ホートン法等一般に認められた斜面傾斜の算定法を用いて、勾配が<u>15度</u>を超える傾斜地をゾーニングする。斜面傾斜は、１キロメートル四方程度の一帯区域を単位として勾配を算出するものとする。

　　　　　緑辺部のゾーニングは、航空写真、現地調査等により確認する。

　　　(2)・(3)　略

　　ロ　社会的要件に該当する土地の区域の選定

　　　(1)・(2)　略

　　　(3)　上記(1)及び(2)<u>以外の区域</u>であって、現に宅地造成が行われている区域、今後宅地造成が行われると予想される区域又は関係地方公共団体の長が必要と認める区域については、１万分の１程度の縮尺の基図を用いて、上記の自然的要件を満たす区域をゾーニングする。

第５　指定の手続

　　規制区域の指定に当たっては、以下の手順により行うものとする。

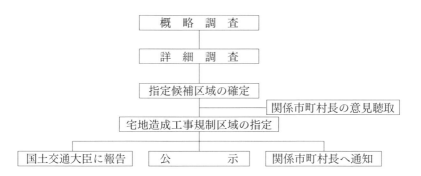

（ただし、管轄する地方整備局長等あて）

（注１）：概略調査は机上における調査を主体とし、詳細調査は現地における調査を主体とする。

（注2）：都道府県知事及び関係市町村長は、区域住民の協力が得られるよう、必要に応じて説明会、広報誌等によるＰＲなどについて積極的な対応を図ることが望ましい。

第6　略

第7　国土交通大臣への報告

　この要領に基づき規制区域の指定を行った場合は、法第3条第3項の規定により、下記の項目について国土交通大臣に報告するものとする。ただし、当該報告については、管轄する地方整備局長等あてに行うこととする。

　一・二　略

## 【資料１－③】　宅地造成工事規制区域指定状況（令和３年４月１日現在）

宅地造成工事規制区域指定状況

（16都道府県、15政令指定都市、37中核市、５施行時特例市、75事務処理市町村）

R３年４月１日現在

| 大分類 | 小分類 | 公共団体名 | 告示年月日 | 告示番号 | 施行年月日 | 指定面積(ha) | 指定区域を含む市区町村等 |
|---|---|---|---|---|---|---|---|
| 北海道 | (A) | 北海道 | 昭和38年11月19日 | 建告第2840号 | 昭和38年11月19日 | 2,247 | 室蘭市 |
| | | | 昭和40年5月19日 | 建告第1361号 | 昭和40年5月19日 | 10,184 | 札幌市 |
| | | | 昭和40年9月1日 | 建告第2519号 | 昭和40年9月1日 | 15,225 | 北広島市、登別市 |
| | | | 昭和41年3月5日 | 建告第441号 | 昭和41年3月5日 | 14,849 | 札幌市、釧路市、小樽市 |
| | | | 昭和41年10月18日 | 建告第3443号 | 昭和41年10月18日 | 3,186 | 函館市、室蘭市、白老町 |
| | | | 昭和42年10月4日 | 建告第3267号 | 昭和42年10月4日 | 14,054 | 札幌市、旭川市、小樽市、北見市(後に旭川市により1,665ha減) |
| | | | 昭和48年6月7日 | 建告第1280号 | 昭和48年6月7日 | 8,678 | 札幌市 |
| | | | 昭和48年6月12日 | 建告第1331号 | 昭和48年6月12日 | 74,146 | 小樽市、江差町、洞爺湖町、安平町、白老町、苫小牧市、厚真町、北広島市、富良野市、網走市 |
| | | | 昭和51年6月28日 | 建告第990号 | 昭和51年6月28日 | 129 | 釧路市 |
| | | | 昭和51年6月30日 | 建告第1011号 | 昭和51年6月30日 | 607 | 網走市 |
| | (C) | 旭川市 | 平成15年4月1日 | 市告第131号 | 平成15年4月1日 | 608 | (建告第3267号 の変更:2,273ha→608ha、1,665ha減) |
| 小計 | | | | | | 141,640 | |
| 岩手 | (A) | 岩手県 | 昭和42年8月30日 | 建告第2753号 | 昭和42年8月30日 | 8,441 | 盛岡市、釜石市 |
| | | | 昭和43年4月27日 | 建告第1310号 | 昭和43年4月27日 | 808 | 宮古市 |
| | | | 昭和48年10月5日 | 建告第2035号 | 昭和48年10月5日 | 2,350 | 宮古市 |
| | (C) | 盛岡市 | 平成16年6月1日 | 市告第188号 | 平成16年10月1日 | 3,110 | (建告第2753号 の変更:盛岡市1861ha→3110ha、1,249ha増) |
| 小計 | | | | | | 12,848 | |
| 宮城 | (A) | 宮城県 | 昭和40年3月11日 | 建告第527号 | 昭和40年3月11日 | 5,549 | 仙台市（青葉区、太白区、宮城野区、泉区） |
| | | | 昭和51年3月29日 | 建告第518号 | 昭和51年3月29日 | 1,608 | 仙台市（青葉区、太白区、宮城野区） |

213

| | | | | | | | |
|---|---|---|---|---|---|---|---|
| | (B) | 仙台市 | 平成6年<br>7月22日 | 市告第<br>424号 | 平成6年<br>8月15日 | 6,005 | 青葉区、太白区、泉区 |
| 小計 | | | | | | 13,162 | |
| 福島 | (A) | 福島県 | 昭和44年<br>3月26日 | 建告第<br>699号 | 昭和44年<br>3月26日 | 1,164 | 福島市 |
| 小計 | | | | | | 1,164 | |
| 栃木 | (A) | 栃木県 | 昭和40年<br>12月28日 | 建告第<br>3512号 | 昭和41年<br>1月31日 | 1,717 | 宇都宮市、足利市 |
| | | | 昭和43年<br>8月16日 | 建告第<br>2288号 | 昭和43年<br>8月16日 | 557 | 鹿沼市 |
| | (C) | 宇都宮市 | 平成12年<br>4月1日 | 市告第<br>165号 | 平成12年<br>4月1日 | 1,009 | (建告第3512号の変更:<br>1,030ha→1,009ha、21ha減) |
| 小計 | | | | | | 2,253 | |
| 群馬 | (A) | 群馬県 | 昭和42年<br>12月28日 | 建告第<br>4601号 | 昭和43年<br>2月1日 | 7,396 | 高崎市、桐生市、みどり市 |
| 小計 | | | | | | 7,396 | |
| 千葉 | (A) | 千葉県 | 昭和43年<br>11月21日 | 建告第<br>3421号 | 昭和43年<br>12月1日 | 15,279 | 千葉市(中央区、花見川区、稲毛区、若葉区、緑区)、船橋市、銚子市、市川市、木更津市、松戸市、成田市、佐倉市、柏市、勝浦市、八千代市 |
| 小計 | | | | | | 15,279 | |
| 東京 | (A) | 東京都 | 昭和37年<br>9月18日 | 建告第<br>2279号 | 昭和37年<br>10月1日 | 11,478 | 八王子市、町田市、日野市、東久留米市、多摩市、あきる野市 |
| | | | 昭和38年<br>11月4日 | 建告第<br>2794号 | 昭和38年<br>11月10日 | 8,490 | 世田谷区、板橋区、三鷹市、青梅市、調布市、八王子市、町田市、小金井市、稲城市 |
| | | | 昭和40年<br>10月11日 | 建告第<br>2969号 | 昭和40年<br>10月20日 | 2,329 | 青梅市 |
| 小計 | | | | | | 22,297 | |
| 神奈川 | (A) | 神奈川県 | 昭和37年<br>6月23日 | 建告第<br>1472号 | 昭和37年<br>7月13日 | 20,519 | 川崎市(中原区、高津区、宮前区、多摩区、麻生区)、横須賀市、小田原市、藤沢市、逗子市、鎌倉市、湯河原町、葉山町 |
| | | | 昭和37年<br>7月27日 | 建告第<br>1815号 | 昭和37年<br>8月1日 | 27,206 | 横浜市(全区) |
| 小計 | | | | | | 47,725 | |
| 石川 | (A) | 石川県 | 昭和42年<br>4月19日 | 建告第<br>1455号 | 昭和42年<br>4月19日 | 3,875 | 金沢市 |
| 小計 | | | | | | 3,875 | |
| 岐阜 | (A) | 岐阜県 | 昭和41年<br>4月27日 | 建告第<br>1320号 | 昭和41年<br>4月27日 | 3,102 | 岐阜市、多治見市 |

【資料1-③】 宅地造成工事規制区域指定状況（令和3年4月1日現在）

| | | | 昭和47年<br>12月20日 | 建告第<br>2141号 | 昭和47年<br>12月20日 | 5,388 | 多治見市、土岐市 |
|---|---|---|---|---|---|---|---|
| 小計 | | | | | | 8,490 | |
| 静岡 | (A) | 静岡県 | 昭和39年<br>5月14日 | 建告第<br>1339号 | 昭和39年<br>5月14日 | 1,100 | 熱海市 |
| | | | 昭和40年<br>5月29日 | 建告第<br>1418号 | 昭和40年<br>5月29日 | 1,616 | 伊東市 |
| | | | 昭和41年<br>6月8日 | 建告第<br>1793号 | 昭和41年<br>6月8日 | 3,218 | 熱海市 |
| | | | 昭和45年<br>9月1日 | 建告第<br>1330号 | 昭和45年<br>9月1日 | 6,261 | 御殿場市、伊豆の国市 |
| | | | 昭和46年<br>10月29日 | 建告第<br>1783号 | 昭和46年<br>10月29日 | 10,045 | 伊東市 |
| | | | 昭和47年<br>4月20日 | 建告第<br>817号 | 昭和47年<br>4月20日 | 3,220 | 浜松市 |
| | | | 昭和50年<br>3月31日 | 建告第<br>624号 | 昭和50年<br>3月31日 | 3,915 | 東伊豆町 |
| | | | 昭和59年<br>10月27日 | 建告第<br>1422号 | 昭和59年<br>10月27日 | 6,618 | 下田市、河津町、南伊豆町 |
| 小計 | | | | | | 35,993 | |
| 愛知 | (A) | 愛知県 | 昭和37年<br>9月18日 | 建告第<br>2280号 | 昭和37年<br>9月18日 | 4,755 | 名古屋市（千種区、昭和区、瑞穂区、名東区、天白区） |
| | | | 昭和38年<br>10月25日 | 建告第<br>2699号 | 昭和38年<br>10月25日 | 1,145 | 東海市 |
| | | | 昭和38年<br>11月29日 | 建告第<br>2940号 | 昭和38年<br>11月29日 | 2,050 | 名古屋市（緑区） |
| | | | 昭和40年<br>9月1日 | 建告第<br>2520号 | 昭和40年<br>9月1日 | 2,089 | 名古屋市（守山区、緑区） |
| | | | 昭和41年<br>6月2日 | 建告第<br>1747号 | 昭和41年<br>6月2日 | 7,680 | 尾張旭市、長久手市、東郷町、豊明市、大府市、日進市 |
| | | | 昭和43年<br>4月18日 | 建告第<br>1163号 | 昭和43年<br>4月18日 | 17,872 | 岡崎市、豊田市、春日井市、瀬戸市、東浦町、阿久比町、知多市、長久手市 |
| | | | 昭和49年<br>8月22日 | 建告第<br>1125号 | 昭和49年<br>8月22日 | 352 | 岡崎市 |
| 小計 | | | | | | 35,943 | |
| 滋賀 | (A) | 滋賀県 | 昭和42年<br>9月20日 | 建告第<br>3027号 | 昭和42年<br>9月20日 | 20,035 | 大津市 |
| | | | 昭和43年<br>8月27日 | 建告第<br>2411号 | 昭和43年<br>9月1日 | 25,365 | 高島市、長浜市 |
| 小計 | | | | | | 45,400 | |

資料編

| | | | 昭和37年<br>11月13日 | 建告第<br>2833号 | 昭和37年<br>11月13日 | 3,764 | 京都市（北区、上京区、左京区、東山区、右京区、伏見区） |
|---|---|---|---|---|---|---|---|
| 京都 | (A) | 京都府 | 昭和39年<br>3月31日 | 建告第<br>1052号 | 昭和39年<br>4月1日 | 6,326 | 宇治市、城陽市、八幡市、京田辺市 |
| | | | 昭和43年<br>6月5日 | 建告第<br>1566号 | 昭和43年<br>6月20日 | 14,472 | 京都市（北区、左京区、東山区、山科区、右京区、西京区） |
| | | | 昭和43年<br>11月5日 | 建告第<br>3283号 | 昭和43年<br>11月5日 | 1,452 | 向日市、長岡京市、大山崎町 |
| 小計 | | | | | | 26,014 | |
| | | | 昭和38年<br>4月11日 | 建告第<br>1185号 | 昭和38年<br>4月11日 | 11,836 | 高槻市、豊中市、吹田市、枚方市、八尾市、寝屋川市、池田市、箕面市、大東市、東大阪市、柏原市、四条畷市、交野市、島本町 |
| | | | 昭和39年<br>7月9日 | 建告第<br>1664号 | 昭和39年<br>7月9日 | 17,596 | 堺市、高槻市、枚方市、茨木市、羽曳野市、富田林市、河内長野市、和泉市、太子町、河南町、熊取町、大阪狭山市、箕面市、四条畷市、柏原市 |
| | | | 昭和43年<br>2月8日 | 建告第<br>141号 | 昭和43年<br>2月8日 | 10,066 | 富田林市、河内長野町、和泉市、貝塚市、泉佐野市、熊取町、阪南市、岬町、泉南市 |
| 大阪 | (A) | 大阪府 | 昭和51年<br>3月26日 | 建告第<br>486号 | 昭和51年<br>4月1日 | 4,194 | 岸和田市、富田林市、河南町 |
| | | | 昭和61年<br>3月24日 | 建告第<br>749号 | 昭和61年<br>3月31日 | 4,150 | 八尾市、豊能町、箕面市、河内長野市、和泉市、貝塚市、阪南市 |
| | | | 平成5年<br>4月19日 | 府告第<br>705号 | 平成5年<br>5月10日 | 6,797 | 茨木市、能勢町、池田市 |
| | | | 平成7年<br>3月31日 | 府告第<br>599号 | 平成7年<br>3月31日 | 1,334 | 河南町、千早赤阪村 |
| | | | 平成10年<br>3月31日 | 府告第<br>558号 | 平成10年<br>5月1日 | 19,126 | 高槻市、岸和田市、茨木市、豊能町、箕面市、島本町、羽曳野市、太子町、河南町、河内長野市、和泉市、貝塚市、熊取町、泉佐野市、泉南市、阪南市 |
| 小計 | | | | | | 75,099 | |
| | | | 昭和37年<br>3月30日 | 建告第<br>1060号 | 昭和37年<br>4月1日 | 11,333 | 神戸市（全区） |
| 兵庫 | (A) | 兵庫県 | 昭和37年<br>6月6日 | 建告第<br>1292号 | 昭和37年<br>6月6日 | 8,028 | 明石市、宝塚市、西宮市、芦屋市、川西市 |
| | | | 昭和37年<br>11月24日 | 建告第<br>2949号 | 昭和37年<br>11月24日 | 1,422 | 姫路市 |
| | | | 昭和39年<br>9月11日 | 建告第<br>2657号 | 昭和39年<br>9月11日 | 5,026 | 神戸市 |

| | | | | | | |
|---|---|---|---|---|---|---|
| | | | 昭和48年<br>4月7日 | 建告第<br>843号 | 昭和48年<br>4月7日 | 62,417 | 姫路市（旧夢前町、香寺町、安富町）、たつの市、西脇市、三木市、三田市、加西市、篠山市、宍粟市、加東市、猪名川町、市川町、福崎町、上郡町、佐用町、多可町 |
| | | | 昭和49年<br>5月2日 | 建告第<br>670号 | 昭和49年<br>5月2日 | 9,891 | 西宮市、洲本市、南あわじ市、淡路市 |
| | | | 昭和49年<br>12月7日 | 建告第<br>1445号 | 昭和49年<br>12月7日 | 5,858 | 神戸市 |
| | | | 昭和51年<br>3月8日 | 建告第<br>267号 | 昭和51年<br>3月8日 | 840 | 豊岡市 |
| | | | 平成1年<br>10月25日 | 建告第<br>1811号 | 平成1年<br>10月25日 | 2,013 | 宝塚市、川西市、西宮市 |
| | | | 平成3年<br>12月27日 | 県告第<br>1963号 | 平成3年<br>12月27日 | 6,150 | 西脇市、小野市、加東市 |
| | | | 平成5年<br>1月22日 | 県告第<br>131号 | 平成5年<br>4月1日 | 526 | 姫路市（旧家島町含む）、上郡町 |
| | | | 平成5年<br>12月21日 | 県告第<br>1846号 | 平成6年<br>4月1日 | 306 | 淡路市、洲本市 |
| | | | 平成6年<br>12月27日 | 県告第<br>1840号 | 平成6年<br>12月27日 | 1,698 | 丹波篠山市 |
| | | | 平成11年<br>8月24日 | 県告第<br>1239号 | 平成11年<br>10月1日 | 174 | 西宮市 |
| | | | 平成15年<br>11月4日 | 県告第<br>1290号 | 平成15年<br>12月1日 | 4,860 | 姫路市（旧夢前町） |
| | (B) | 神戸市 | 平成12年<br>3月28日 | 市告第<br>451号 | 平成12年<br>4月1日 | 713 | |
| 小計 | | | | | | 121,255 | |
| 奈良 | (A) | 奈良県 | 昭和38年<br>10月9日 | 建告第<br>2596号 | 昭和38年<br>10月9日 | 6,850 | 生駒市、王寺町、香芝市、平群町、三郷町、葛城市 |
| | | | 昭和40年<br>4月6日 | 建告第<br>1199号 | 昭和40年<br>4月6日 | 1,690 | 王寺町、香芝市、広陵町、河合町、上牧町 |
| | | | 昭和41年<br>3月12日 | 建告第<br>575号 | 昭和41年<br>3月12日 | 9,570 | 奈良市、天理市、大和郡山市、生駒市、斑鳩町、三郷町 |
| | | | 昭和48年<br>3月24日 | 建告第<br>618号 | 昭和48年<br>3月24日 | 11,975 | 御所市、五條市、大淀町、吉野町、下市町、宇陀市、桜井市 |
| 小計 | | | | | | 30,085 | |
| 和歌山 | (A) | 和歌山県 | 昭和43年<br>3月29日 | 建告第<br>503号 | 昭和43年<br>3月30日 | 3,122 | 田辺市、白浜町 |
| | | | 昭和44年<br>6月27日 | 建告第<br>3146号 | 昭和44年<br>7月1日 | 14,761 | 和歌山市、海南市、橋本市、新宮市 |

| | | | 昭和47年<br>9月18日 | 建告第<br>1608号 | 昭和47年<br>9月18日 | 1,682 | 那智勝浦町 |
|---|---|---|---|---|---|---|---|
| | | | 昭和49年<br>5月27日 | 建告第<br>817号 | 昭和49年<br>5月27日 | 1,603 | 田辺市 |
| | | | 平成12年<br>3月21日 | 県告第<br>277号 | 平成12年<br>4月1日 | 2,692 | 和歌山市、海南市、貴志川町 |
| | | | 平成13年<br>4月6日 | 県告第<br>325号 | 平成13年<br>5月1日 | 1,131 | 田辺市、新宮市 |
| | | | 平成21年<br>5月15日 | 県告第<br>686号 | 平成21年<br>6月1日 | 696 | 田辺市 |
| | | | 平成21年<br>6月2日 | 県告第<br>742号 | 平成21年<br>7月1日 | 1,152 | 橋本市 |
| 小計 | | | | | | 26,839 | |
| 岡山 | (A) | 岡山県 | 昭和43年<br>6月29日 | 建告第<br>1755号 | 昭和43年<br>6月29日 | 11,250 | 岡山市、倉敷市、玉野市、笠岡市 |
| | | | 昭和49年<br>8月28日 | 建告第<br>1151号 | 昭和49年<br>8月28日 | 28,993 | 倉敷市、備前市、美作市、勝央町、津山市、美咲町、井原市 |
| | | | 平成2年<br>11月30日 | 建告第<br>1920号 | 平成2年<br>11月30日 | 395 | 備前市 |
| 小計 | | | | | | 40,638 | |
| 広島 | (A) | 広島県 | 昭和37年<br>11月22日 | 建告第<br>2948号 | 昭和37年<br>11月22日 | 3,182 | 広島市（南区） |
| | | | 昭和38年<br>5月11日 | 建告第<br>1256号 | 昭和38年<br>5月11日 | 14,618 | 広島市（東区）、福山市、呉市、三原市、尾道市、廿日市市、府中町 |
| | | | 昭和40年<br>1月30日 | 建告第<br>162号 | 昭和40年<br>1月30日 | 4,722 | 広島市（西区）、東広島市 |
| | | | 昭和43年<br>8月28日 | 建告第<br>2417号 | 昭和43年<br>9月1日 | 27,122 | 広島市（安佐北区）、福山市、呉市、大竹市、三原市、尾道市、海田町、坂町、廿日市市 |
| | | | 昭和47年<br>7月31日 | 建告第<br>1330号 | 昭和47年<br>7月31日 | 31,770 | 広島市（安芸区）、呉市、府中町、東広島市、熊野町、廿日市市 |
| | | | 昭和49年<br>6月15日 | 建告第<br>895号 | 昭和49年<br>6月15日 | 69,186 | 広島市（佐伯区、安佐北区）、福山市、東広島市、三原市、尾道市、府中市、廿日市市 |
| | | | 平成4年<br>11月26日 | 県告第<br>1195号 | 平成5年<br>3月1日 | 74,851 | 福山市、呉市、東広島市、熊野町、江田島市、竹原市、廿日市市、三原市、尾道市、三次市 |
| | (B) | 広島市 | 平成16年<br>3月1日 | 市告第<br>54号 | 平成16年<br>3月1日 | 9,503 | 安佐北区 |
| | | | 平成18年<br>4月1日 | 市告第<br>243号 | 平成18年<br>4月1日 | 620 | 安佐北区 |
| 小計 | | | | | | 235,574 | |

| | | | | | | | |
|---|---|---|---|---|---|---|---|
| 山口 | (A) | 山口県 | 昭和40年10月23日 | 建告第3041号 | 昭和40年10月23日 | 10,387 | 下関市、岩国市、周南市 |
| | | | 昭和43年5月1日 | 建告第1312号 | 昭和43年5月1日 | 103 | 岩国市 |
| 小計 | | | | | | 10,490 | |
| 愛媛 | (A) | 愛媛県 | 昭和44年4月28日 | 建告第1666号 | 昭和44年5月1日 | 2,002 | 松山市 |
| 小計 | | | | | | 2,002 | |
| 高知 | (A) | 高知県 | 昭和40年12月28日 | 建告第3511号 | 昭和40年12月28日 | 563 | 高知市 |
| | | | 昭和42年7月7日 | 建告第1980号 | 昭和42年7月7日 | 349 | 高知市 |
| | | | 昭和44年4月8日 | 建告第1339号 | 昭和44年4月8日 | 2,214 | 高知市 |
| 小計 | | | | | | 3,126 | |
| 福岡 | (A) | 福岡県 | 昭和37年8月4日 | 建告第1921号 | 昭和37年8月4日 | 38 | 北九州市（全区） |
| | | | 昭和41年3月30日 | 建告第943号 | 昭和41年3月30日 | 5,128 | 北九州市 |
| | | | 昭和42年9月23日 | 建告第3056号 | 昭和42年9月23日 | 4,899 | 福岡市（早良区、城南区、南区、博多区）（後に福岡市により3,369ha減） |
| | (B) | 福岡市 | 平成20年6月2日 | 市告第137号 | 平成20年6月2日 | 4,718 | （建告第3056号の変更：4,899ha→4,718ha、181ha減） |
| | | | 平成21年4月30日 | 市告第147号 | 平成21年4月30日 | 1,530 | （建告第3056号の変更：4,718ha→1,530ha、3,188ha減） |
| 小計 | | | | | | 6,696 | |
| 長崎 | (A) | 長崎県 | 昭和41年3月18日 | 建告第751号 | 昭和41年3月20日 | 6,396 | 長崎市、佐世保市（後に長崎市により913ha減） |
| | (C) | 長崎市 | 平成30年8月1日 | 市告第464号 | 平成30年8月1日 | 3,127 | （建告第751号の変更：4,040ha→3,127ha、913ha減） |
| 小計 | | | | | | 5,483 | |
| 熊本 | (A) | 熊本県 | 昭和42年1月26日 | 建告第181号 | 昭和42年2月1日 | 1,453 | 熊本市、荒尾市 |
| 小計 | | | | | | 1,453 | |
| 大分 | (A) | 大分県 | 昭和43年6月17日 | 建告第1628号 | 昭和43年6月17日 | 15,221 | 大分市、別府市 |
| 小計 | | | | | | 15,221 | |

| 鹿児島 | (A) | 鹿児島県 | 昭和37年<br>6月16日 | 建告第<br>1147号 | 昭和37年<br>6月16日 | (1,695) | 鹿児島市 |
|---|---|---|---|---|---|---|---|
| | | | 昭和41年<br>4月26日 | 建告第<br>1319号 | 昭和41年<br>4月26日 | (3,266) | 鹿児島市 |
| | | | 昭和45年<br>2月6日 | 建告第<br>123号 | 昭和45年<br>2月6日 | (1,221) | 鹿児島市 |
| | (C) | 鹿児島市 | 平成16年<br>7月1日 | 市告第<br>445号 | 平成16年<br>7月22日 | 16,684 | |
| | (C) | 鹿児島市 | 平成19年<br>7月2日 | 告示第<br>593号 | 平成19年<br>10月1日 | 14,016 | |
| 小計 | | | | | | 30,700 | |
| 合計 | | | | | | 1,024,140 | |

【注意事項】
・小分類の(A)は都道府県((B)～(D)を除く)、(B)は政令指定都市、(C)は中核市、(D)は施行時特例市を表す。
・( )内の数字は指定区域の変更に伴い、無効となった指定区域の面積を表す。
・開発許可権を有する市への移行や市町村合併等のため、必ずしも告示面積が各公共団体の管轄する指定区域面積を表す訳ではない。
・建設省告示について、便宜上、地方公共団体名に都道府県名を記入している。

(出典：国土交通省ウェブサイト)

## 【資料1-④】 宅地造成工事規制区域に関する施行状況（令和2年4月1日～令和3年3月31日）

| 事 項 | | 令和2年度調査 | | 令和元年度調査（参考） | |
|---|---|---|---|---|---|
| | | 件数 | 面積（千㎡） | 件数 | 面積（千㎡） |
| 1 法第8条の規定に基づく | 許可申請 | 1,459 | 5,423.6 (2,890.3) | 1,712 | 5,040.1 (3,204.1) |
| | 許可 | 1,496 | 5,670.6 (3,062.5) | 1,653 | 4,811.2 (3,049.0) |
| | 不許可 | 0 | 0.0 (0.0) | 0 | 0.0 (0.0) |
| | 取下げ | 34 | 75.1 (15.8) | 31 | 112.7 (39.1) |
| 2 法第11条の規定に基づく | 協議申請 | 41 | 764.7 (160.9) | 42 | 1,153.8 (852.4) |
| | 協議成立 | 41 | 789.2 (214.2) | 41 | 1,152.6 (851.2) |
| | 取下げ | 0 | 0.0 (0.0) | 0 | 0.0 (0.0) |
| 3 法第12条の規定に基づく | 変更許可申請 | 720 | 7,476.9 (4,735.0) | 759 | 13,161.2 (9,391.4) |
| | 許可 | 720 | 6,695.4 (4,104.3) | 752 | 13,215.8 (9,491.6) |
| | 不許可 | 0 | 0.0 (0.0) | 0 | 0.0 (0.0) |
| | 取下げ | 5 | 257.3 (160.6) | 0 | 0.0 (0.0) |
| 4 法第13条の規定に基づく | 完了検査申請 | 1,443 | 7,172.0 (4,334.4) | 1,556 | 7,832.6 (5,039.2) |
| | 検査済証交付 | 1,454 | 8,049.6 (4,796.4) | 1,549 | 7,949.7 (5,167.4) |
| | 検査不合格 | 3 | 4.6 (2.1) | 3 | 4.6 (1.3) |
| 5 法第14条の規定 | 第1項関係 | 0 | | 0 | |

【資料１−④】 宅地造成工事規制区域に関する施行状況（令和２年４月１日〜令和３年３月31日）

| | | | | | | | |
|---|---|---|---|---|---|---|---|
| に基づく監督処分 | 第２項(工事執行停止) | 0 | | | 0 | | |
| | 第２項関係(その他) | 0 | | | 1 | | |
| | 第３項(使用禁止又は制限) | 0 | | | 0 | | |
| | 第３項関係(その他) | 0 | | | 0 | | |
| 6　法第15条の規定に基づく届出 | 第１項関係 | 0 | 0.0 | (−) | 0 | 0.0 | (−) |
| | 第２項関係 | 39 | 3.6 | (−) | 37 | 13.4 | (−) |
| | 第３項関係 | 304 | 264.9 | (−) | 338 | 550.5 | (−) |
| 7　法第16条第２項の規定に基づく勧告 | 擁壁のみ | 44 | | | 87 | | |
| | 排水施設のみ | 3 | | | 3 | | |
| | 擁壁と排水施設 | 54 | | | 16 | | |
| | その他 | 22 | | | 411 | | |
| 8　法第17条第１項の規定に基づく改善命令 | 擁壁のみ | 1 | | | 0 | | |
| | 排水施設のみ | 0 | | | 0 | | |
| | 擁壁と排水施設 | 0 | | | 0 | | |
| | その他 | 0 | | | 1 | | |
| 9　法第17条第２項の規定に基づく改善命令 | 擁壁のみ | 0 | | | 0 | | |
| | 排水施設のみ | 0 | | | 0 | | |
| | 擁壁と排水施設 | 0 | | | 0 | | |
| | その他 | 0 | | | 0 | | |

【備考】
1　面積の欄には、宅地の面積を普通書き、うち切土又は盛土した土地の面積を（　）書きで記入している。
2　面積単位は千㎡であり、小数第１位（小数第２位四捨五入）で計算している。
3　第１〜４事項は、令和２年４月１日から令和３年３月31日の間に申請、許可等の処分、取り下げ等があったもので、必ずしも「許可申請件数」＝「許可件数」＋「不許可件数」＋「取り下げ件数」とはならない。(協議、変更許可、完了検査についても同様)
4　第５事項の「第３項関係　宅地の使用禁止又は制限」の監督処分と「第３項関係　その他」の監督処分が同一宅地について同時になされた場合は、それぞれ１件として計算している。
5　第７〜９事項の件数のうち、同一箇所について調査年度前に出されているものがある場合（同一箇所について、年度をはさんで２度以上勧告をしている場合等）も含まれている。

（出典：国土交通省ウェブサイト）

## 【資料１－⑤】 造成宅地防災区域の指定状況（令和３年４月１日現在）

造成宅地防災区域の指定状況

令和３年４月１日現在

| 公共団体名 | 指定年月日 | 指定面積（㎡） | 区域を含む市町村等 |
|---|---|---|---|
| 北海道 | R1.8.9 | 25,200 | 安平町（追分柏が丘地区） |
| 熊本県 | H29.10.10 | 21,922 | 御船町小坂地区（インター団地） |
| 熊本県 | H29.10.10 | 16,874 | 御船町小坂地区（フジワ団地） |
| 熊本県 | H29.10.10 | 26,357 | 御船町滝尾地区（玉虫住宅 北ブロック） |
| 熊本県 | H29.10.10 | 4,286 | 御船町滝尾地区（玉虫住宅 南ブロック） |
| 熊本県 | H29.10.10 | 48,036 | 御船町滝尾地区（御船台団地） |
| 熊本県 | H29.12.1 | 705 | 益城町小路地区 |
| 熊本県 | H29.12.22 | 1,173 | 益城町辻地区（その２） |
| 熊本県 | H30.2.13 | 1,351 | 益城町火迫地区（その１） |
| 熊本県 | H30.2.13 | 1,376 | 益城町火迫地区（その２） |
| 熊本県 | H30.3.13 | 1,434 | 西原村雀塚地区 |
| 熊本県 | H30.3.13 | 535 | 益城町火迫地区（その３） |
| 熊本県 | H30.3.13 | 1,093 | 益城町火迫地区（その４） |
| 熊本県 | H30.3.13 | 760 | 益城町居屋敷地区 |
| 熊本県 | H30.3.13 | 536 | 益城町辻地区（その３） |
| 熊本県 | H30.3.13 | 1,003 | 益城町辻地区（その４） |
| 熊本県 | H30.3.13 | 1,135 | 益城町中道地区 |
| 熊本県 | H30.3.13 | 1,777 | 益城町城ノ本地区 |
| 熊本県 | H30.3.13 | 652 | 益城町南市ノ川地区（その１） |
| 熊本県 | H30.3.13 | 647 | 益城町東無田屋敷地区 |
| 熊本県 | H30.3.16 | 11,559 | 西原村西原地区 |
| 熊本県 | H30.3.23 | 49,096 | 西原村大切畑地区 |
| 熊本県 | H30.3.23 | 16,525 | 益城町杉堂地区（その２） |
| 熊本県 | H30.3.30 | 4,699 | 西原村滝地区（その２） |
| 熊本県 | H30.6.1 | 1,096 | 大津町十六番町屋敷地区② |
| 熊本県 | H30.7.13 | 21,703 | 益城町安永１地区（大規模） |
| 熊本県 | H30.7.13 | 1,048 | 益城町下寺中地区 |
| 熊本県 | H30.7.31 | 1,234 | 大津町新田地区③ |
| 熊本県 | H30.8.17 | 35,925 | 益城町福原１地区（大規模） |
| 熊本県 | H30.8.17 | 61,561 | 益城町宮園１地区（大規模） |
| 熊本県 | H30.8.28 | 1,418 | 大津町屋敷地区③ |
| 熊本県 | H30.8.28 | 1,038 | 大津町西鶴地区⑥ |
| 熊本県 | H30.8.28 | 909 | 大津町西鶴地区⑨ |
| 熊本県 | H30.8.31 | 69,757 | 益城町杉堂１地区（大規模） |

| 熊本県 | H30.9.21 | 158,567 | 益城町小谷地区（大規模） |
|---|---|---|---|
| 熊本県 | H30.10.5 | 707 | 大津町居屋敷地区① |
| 熊本県 | H30.10.5 | 380 | 大津町向村地区② |
| 熊本県 | H30.10.19 | 92,612 | 益城町寺迫1地区（大規模） |
| 熊本県 | H30.11.26 | 62,649 | 西原村下布田地区 |
| 熊本県 | H30.11.26 | 4,791 | 大津町尾ノ上地区① |
| 熊本県 | H30.11.26 | 237 | 大津町上鶴地区① |
| 熊本県 | H30.11.26 | 579 | 大津町西鶴地区④ |
| 熊本県 | H30.11.26 | 998 | 大津町矢鉾地区③ |
| 熊本県 | H30.11.26 | 541 | 大津町後迫地区④ |
| 熊本県 | H30.11.26 | 954 | 大津町八反畑地区⑧ |
| 熊本県 | H30.11.26 | 959 | 大津町西鶴地区⑧ |
| 熊本県 | H30.11.26 | 1,040 | 大津町岡園地区⑥ |
| 熊本県 | H30.11.26 | 1,405 | 大津町西鶴地区⑩ |
| 熊本県 | H30.12.7 | 69,564 | 西原村畑・風当地区 |
| 熊本県 | H30.12.7 | 82,515 | 益城町惣領・馬水1地区（大規模） |
| 熊本県 | H31.1.15 | 755 | 大津町上の平地区① |
| 熊本県 | H31.1.15 | 720 | 大津町西鶴地区⑫ |
| 熊本県 | H31.1.25 | 4,429 | 益城町宮園1地区（大規模）（追加） |
| 熊本県 | H31.2.5 | 10,923 | 西原村小森グリーン西原地区 |
| 熊本県 | H31.2.5 | 27,018 | 益城町下陳2地区（大規模） |
| 熊本県 | H31.2.8 | 813 | 大津町西道免地区① |
| 熊本県 | H31.2.8 | 585 | 大津町居屋敷地区⑤ |
| 熊本県 | H31.2.19 | 36,109 | 益城町惣領・馬水2地区（大規模） |
| 熊本県 | H31.3.5 | 40,871 | 益城町田原1地区（大規模） |
| 熊本県 | H31.3.15 | 51,793 | 益城町惣領1地区（大規模） |
| 熊本県 | H31.3.15 | 11,045 | 益城町惣領2地区（大規模） |
| 熊本県 | H31.3.29 | 75,148 | 益城町安永2地区（大規模） |
| 熊本県 | H31.4.5 | 120,920 | 益城町島田地区（大規模） |
| 熊本県 | H31.4.19 | 125,114 | 益城町砥川1地区（大規模） |
| 熊本県 | H31.4.19 | 51,386 | 益城町馬水1地区（大規模） |
| 熊本県 | R1.5.7 | 88,822 | 益城町安永・馬水1地区（大規模） |
| 熊本県 | R1.5.7 | 148,453 | 益城町平田・福原地区（大規模） |
| 熊本県 | R1.5.7 | 44,045 | 益城町福原2地区（大規模） |
| 熊本県 | R1.5.7 | 23,838 | 益城町福原3地区（大規模） |
| 熊本県 | R1.5.21 | 35,317 | 益城町寺迫2地区（大規模） |
| 熊本県 | R1.5.21 | 92,157 | 益城町宮園3地区（大規模） |
| 熊本県 | R1.6.4 | 27,028 | 益城町寺迫・木山地区（大規模） |

| 熊本県 | R1.6.14 | 81,903 | 益城町古閑1地区（大規模） |
|---|---|---|---|
| 熊本県 | R1.6.14 | 64,990 | 益城町下陳1地区（大規模） |
| 熊本県 | R1.6.21 | 936 | 西原村滝地区（その4） |
| 熊本県 | R1.6.21 | 849 | 西原村市川原地区（その2） |
| 熊本県 | R1.6.21 | 2,122 | 西原村瓜生迫地区（その2） |
| 熊本県 | R1.6.28 | 50,709 | 益城町広崎1地区（大規模） |
| 熊本県 | R1.6.28 | 56,197 | 益城町広崎2地区（大規模） |
| 熊本県 | R1.7.12 | 72,705 | 益城町宮園2地区（大規模） |
| 熊本県 | R1.7.19 | 870 | 西原村鬼山地区 |
| 熊本県 | R1.7.19 | 982 | 西原村上玉田地区（その2） |
| 熊本県 | R1.7.19 | 1,077 | 西原村瓜生迫地区（その3） |
| 熊本県 | R1.7.19 | 1,793 | 西原村谷頭地区（その4） |
| 熊本県 | R1.7.19 | 1,092 | 西原村滝地区（その5） |
| 熊本県 | R1.7.19 | 589 | 西原村滝地区（その6） |
| 熊本県 | R1.7.19 | 733 | 西原村秋田原地区（その3） |
| 熊本県 | R1.7.19 | 658 | 西原村平地区（その2） |
| 熊本県 | R1.7.19 | 830 | 大津町居島地区① |
| 熊本県 | R1.8.30 | 519 | 大津町西鶴地区⑫（追加分） |
| 熊本県 | R1.9.24 | 866 | 甲佐町道免地区（Cブロック） |
| 熊本県 | R1.9.24 | 1,040 | 甲佐町馬門地区（Dブロック） |
| 熊本県 | R1.9.24 | 1,062 | 大津町室西鶴地区① |
| 熊本県 | R1.9.27 | 595 | 大津町西道免地区② |
| 熊本県 | R1.12.6 | 987 | 西原村灰床地区 |
| 熊本県 | R1.12.6 | 1,648 | 西原村松ノ平地区 |
| 熊本県 | R1.12.6 | 847 | 西原村日向地区（その3） |
| 熊本県 | R1.12.27 | 2,164 | 西原村桑鶴地区 |
| 熊本県 | R2.3.6 | 1,481 | 中在目地区④ |
| 熊本県 | R2.4.21 | 1,279 | 益城町石井川地区（拡充） |
| 熊本県 | R2.8.11 | 1,362 | 西原村谷頭地区（その6） |
| 熊本県 | R2.8.11 | 812 | 西原村谷頭地区（その7） |
| 熊本県 | R2.8.11 | 1,149 | 西原村宮山地区 |
| 熊本県 | R2.11.13 | 312 | 益城町下陳③ |
| 熊本県 | R2.11.13 | 606 | 益城町宮園⑨ |
| 熊本県 | R2.11.13 | 1,340 | 益城町赤井① |
| 熊本県 | R2.11.13 | 308 | 益城町惣領④ |
| 熊本市 | H29.11.16 | 497 | 中央区坪井地区 |
| 熊本市 | H29.11.16 | 358 | 東区沼山津地区 |
| 熊本市 | H29.11.16 | 481 | 東区保田窪地区 |

| 熊本市 | H29.11.16 | 741 | 西区横手地区 |
|---|---|---|---|
| 熊本市 | H29.11.16 | 845 | 北区龍田陳内地区 |
| 熊本市 | H29.12.28 | 831 | 東区長嶺東地区 |
| 熊本市 | H29.12.28 | 3,216 | 西区河内町岳地区 |
| 熊本市 | H29.12.28 | 883 | 南区城南町宮地地区 |
| 熊本市 | H30.2.9 | 26,163 | 南区城南鰐瀬地区 |
| 熊本市 | H30.3.22 | 1,084 | 西区上高橋地区 |
| 熊本市 | H30.3.22 | 608 | 西区谷尾崎町地区 |
| 熊本市 | H30.3.22 | 1,167 | 南区城南町鰐瀬地区 |
| 熊本市 | H30.3.22 | 1,230 | 南区城南町鰐瀬地区 |
| 熊本市 | H30.3.22 | 949 | 北区室園町地区 |
| 熊本市 | H30.6.14 | 488 | 東区健軍地区 |
| 熊本市 | H30.6.14 | 1,234 | 東区戸島本町地区 |
| 熊本市 | H30.6.14 | 862 | 東区健軍地区 |
| 熊本市 | H30.6.14 | 2,145 | 東区沼山津地区 |
| 熊本市 | H30.6.14 | 704 | 西区花園地区 |
| 熊本市 | H30.6.14 | 1,021 | 北区八景水谷地区 |
| 熊本市 | H30.6.14 | 1,542 | 北区室園町地区 |
| 熊本市 | H30.6.14 | 959 | 中央区壺川地区 |
| 熊本市 | H30.6.14 | 894 | 南区城南町塚原地区 |
| 熊本市 | H30.8.6 | 536 | 南区城南町鰐瀬地区 |
| 熊本市 | H30.8.6 | 1,260 | 南区城南町今吉野地区 |
| 熊本市 | H30.8.6 | 1,306 | 南区城南町陳内地区 |
| 熊本市 | H30.8.6 | 869 | 南区城南町塚原地区 |
| 熊本市 | H30.8.6 | 1,059 | 西区島崎地区 |
| 熊本市 | H30.9.19 | 1,954 | 南区城南町陳内地区 |
| 熊本市 | H30.9.19 | 646 | 南区城南町東阿高地区 |
| 熊本市 | H30.12.11 | 756 | 西区花園地区 |
| 熊本市 | H30.12.11 | 511 | 東区健軍本町地区 |
| 熊本市 | H30.12.11 | 734 | 南区城南町鰐瀬地区 |
| 熊本市 | H30.12.11 | 498 | 西区島崎地区 |
| 熊本市 | H30.12.11 | 440 | 東区戸島地区 |
| 熊本市 | H31.1.25 | 1,556 | 南区城南町藤山地区 |
| 熊本市 | H31.1.25 | 825 | 北区室園町地区 |
| 熊本市 | H31.1.25 | 1,367 | 東区戸島地区 |
| 熊本市 | H31.1.25 | 762 | 南区城南町沈目地区 |
| 熊本市 | R1.7.24 | 668 | 南区城南町出水地区 |
| 熊本市 | R1.7.24 | 477 | 西区横手地区 |

| 熊本市 | R1.9.4 | 472 | 西区花園地区 |
|---|---|---|---|
| 熊本市 | R2.2.21 | 226 | 西区花園地区 |
| 熊本市 | R2.2.21 | 1,470 | 西区池田地区 |
| 熊本市 | R2.4.23 | 1,283 | 北区楠野町地区 |
| 熊本市 | R2.4.23 | 829 | 西区小島地区 |
| 熊本市 | R3.3.22 | 6,343 | 西区島崎地区 |
| （合計） | | 2,363,370 | |

（出典：国土交通省ウェブサイト）

## 【資料１－⑥】 造成宅地防災区域の指定および解除状況（令和３年４月１日現在）

造成宅地防災区域の指定及び解除状況

令和３年４月１日現在

| 公共団体名 | 指定年月日 | 指定面積（㎡） | 区域を含む市町村等 | 解除年月日 |
|---|---|---|---|---|
| 岩手県 | H24.3.13 | 14,000 | 一関市（館地区） | H25.3.26 |
| 宮城県 | H24.5.22 | 3,804 | 亘理町（長瀞地区） | H25.10.25 |
| 宮城県 | H24.10.16 | 3,612 | 利府町（神谷沢地区） | H25.7.12 |
| 宮城県 | H24.12.4 | 3,298 | 塩竈市（藤倉地区） | H27.6.23 |
| 宮城県 | H25.2.22 | 32,831 | 白石市（緑が丘地区） | H26.4.18 |
| 宮城県 | H25.2.22 | 13,351 | 白石市（虎子沢山地区） | H26.4.18 |
| 宮城県 | H25.3.15 | 16,841 | 塩竈市（青葉ヶ丘地区） | H27.6.23 |
| 宮城県 | H25.3.22 | 14,179 | 塩竈市（母子沢町） | H27.6.23 |
| 郡山市 | H25.3.6 | 5,490 | 郡山市（八坦地区） | H26.2.21 |
| 郡山市 | H25.3.6 | 7,562 | 郡山市（桜木一丁目地区） | H26.2.21 |
| いわき市 | H24.10.16 | 33,000 | いわき市（西郷町忠多） | H27.3.30 |
| いわき市 | H24.10.16 | 100,000 | いわき市（泉もえぎ台地区） | H27.3.30 |
| 福島県 | H25.1.11 | 44,731 | 矢祭町（矢祭ニュータウン地区） | H25.10.4 |
| 福島県 | H25.1.18 | 10,200 | 石川町（長久保地区） | H26.5.9 |
| 福島県 | H25.3.1 | 9,200 | 西郷村（東高山ニュータウン地区） | H27.2.24 |
| 福島県 | H25.3.1 | 19,600 | 西郷村（甲子ガーデン１地区） | H27.2.24 |
| 福島県 | H25.3.1 | 7,800 | 西郷村（甲子ガーデン２地区） | H27.2.24 |
| 福島県 | H25.3.1 | 4,900 | 西郷村（勝負沢地区） | H27.2.24 |
| 福島県 | H25.3.22 | 21,104 | 二本松市（太田地区） | H26.4.4 |
| 福島県 | H25.4.12 | 10,040 | 広野町（下北迫地区） | H26.11.21 |
| 福島県 | H25.4.23 | 4,150 | 福島市（一盃森地区） | H26.11.4 |
| 福島県 | H25.5.17 | 12,740 | 桑折町（新和町地区） | H26.11.21 |
| 福島県 | H25.5.31 | 16,200 | 鏡石町（岡の内地区） | H26.5.30 |
| 福島県 | H25.6.4 | 5,400 | 須賀川市（岩渕字池下地区） | H26.11.4 |
| 福島県 | H26.1.17 | 33,700 | 楢葉町（中満住宅団地地区） | H30.3.6 |

| | | | | |
|---|---|---|---|---|
| 茨城県 | H24.7.12 | 8,795 | ひたちなか市(本郷台−１地区) | H25.6.20 |
| 茨城県 | H24.7.12 | 4,980 | ひたちなか市(本郷台−２地区) | H25.5.20 |
| 茨城県 | H24.7.12 | 19,452 | ひたちなか市(東中根地区) | H25.6.20 |
| 茨城県 | H25.3.14 | 30,828 | 鹿嶋市(鹿島神宮駅南地区) | H27.11.20 |
| 茨城県 | H25.3.14 | 92,948 | 東海村(南台−１地区) | H28.5.26 |
| 茨城県 | H25.3.14 | 92,330 | 東海村(南台−２地区) | H28.5.26 |
| 茨城県 | H25.3.14 | 81,829 | 東海村(緑ヶ丘地区) | H28.5.26 |
| 茨城県 | H25.3.18 | 5,940 | ひたちなか市(勝田台地区) | H26.1.30 |
| 栃木県 | H25.2.1 | 31,800 | 矢板市(矢板市成田) | H28.5.17 |
| 栃木県 | H25.2.1 | 30,100 | 矢板市(矢板市中-１) | H28.5.17 |
| 栃木県 | H25.2.1 | 24,000 | 矢板市(矢板市中-２) | H28.5.17 |
| 栃木県 | H25.2.1 | 19,000 | 矢板市(矢板市中-３) | H28.5.17 |
| 新潟県 | H19.12.21 | 24,000 | 柏崎市 | H21.6.23 |
| 熊本県 | H29.8.18 | 2,144 | 山都町(杉木地区) | R1.8.6 |
| 熊本県 | H29.10.10 | 22,150 | 御船町辺田見地区(中原団地) | R1.5.28 |
| 熊本県 | H29.10.20 | 3,232 | 西原村(小森地区星ケ原) | R2.2.21 |
| 熊本県 | H29.10.20 | 59,857 | 宇土市花園台地区(Ａブロック) | H30.11.20 |
| 熊本県 | H29.10.20 | 63,210 | 宇土市花園台地区(Ｂブロック) | H30.11.20 |
| 熊本県 | H29.10.20 | 26,828 | 宇土市花園台地区(Ｃブロック) | H31.3.22 |
| 熊本県 | H29.12.1 | 1,184 | 益城町辻地区 | R2.2.21 |
| 熊本県 | H29.12.1 | 1,359 | 益城町三竹地区 | R2.2.21 |
| 熊本県 | H29.12.22 | 1,382 | 益城町市ノ後地区 | R2.11.6 |
| 熊本県 | H30.1.16 | 728 | 御船町上古閑原地区(Ｂブロック) | R1.5.28 |
| 熊本県 | H30.1.16 | 1,106 | 御船町久保地区(Ａブロック) | R1.5.28 |
| 熊本県 | H30.1.16 | 1,298 | 御船町南ノ下地区 | R1.5.28 |
| 熊本県 | H30.1.16 | 680 | 御船町湯ノ迫地区 | R1.5.28 |
| 熊本県 | H30.1.19 | 3,537 | 西原村(門出地区その１) | R1.9.6 |
| 熊本県 | H30.1.26 | 1,864 | 美里町丸山地区 | R2.6.9 |
| 熊本県 | H30.1.26 | 2,130 | 美里町柳谷地区 | R2.6.9 |
| 熊本県 | H30.1.26 | 982 | 美里町下村地区 | R2.6.9 |
| 熊本県 | H30.1.26 | 377 | 美里町松ノ平地区 | R2.6.9 |
| 熊本県 | H30.1.26 | 1,515 | 美里町東迫地区 | R2.6.9 |
| 熊本県 | H30.1.26 | 1,734 | 美里町上中地区 | R2.6.9 |
| 熊本県 | H30.1.26 | 649 | 美里町塩井平地区 | R2.6.9 |
| 熊本県 | H30.1.26 | 1,456 | 美里町竹迫地区 | R2.6.9 |
| 熊本県 | H30.1.26 | 685 | 美里町西原地区 | R2.6.9 |
| 熊本県 | H30.1.26 | 909 | 美里町三尾地区 | R2.6.9 |
| 熊本県 | H30.1.26 | 1,678 | 美里町中島地区 | R2.6.9 |

| | | | | |
|---|---|---|---|---|
| 熊本県 | H30.1.26 | 537 | 美里町金木屋敷地区 | R2.6.9 |
| 熊本県 | H30.1.26 | 2,276 | 美里町東立石地区 | R2.6.9 |
| 熊本県 | H30.2.9 | 1,943 | 美里町権現前地区 | R2.6.9 |
| 熊本県 | H30.2.9 | 1,469 | 美里町前田地区 | R2.6.9 |
| 熊本県 | H30.2.13 | 1,338 | 御船町阿弥陀地区（Ａブロック） | R1.5.28 |
| 熊本県 | H30.2.13 | 1,808 | 御船町阿弥陀地区（Ｂブロック） | R1.11.15 |
| 熊本県 | H30.2.13 | 1,800 | 御船町古閑原地区 | R1.11.15 |
| 熊本県 | H30.2.13 | 1,206 | 御船町下山神社地区（Ａブロック） | R2.7.21 |
| 熊本県 | H30.2.27 | 1,175 | 西原村皆元地区（その２） | R1.11.15 |
| 熊本県 | H30.2.27 | 1,892 | 西原村外村地区（その１） | R1.9.6 |
| 熊本県 | H30.2.27 | 2,040 | 西原村門出地区（その２） | R2.2.21 |
| 熊本県 | H30.2.27 | 6,366 | 西原村滝地区（その１） | R2.5.29 |
| 熊本県 | H30.3.2 | 1,616 | 宇土市（池ノ口地区） | H31.1.15 |
| 熊本県 | H30.3.6 | 3,091 | 西原村袴野鶴地区 | R1.11.15 |
| 熊本県 | H30.3.6 | 1,279 | 西原村前鶴地区（その３） | R1.9.6 |
| 熊本県 | H30.3.6 | 624 | 西原村名ケ迫鶴地区（その３） | R1.11.15 |
| 熊本県 | H30.3.6 | 3,964 | 西原村山口地区（その２） | R1.11.15 |
| 熊本県 | H30.3.6 | 1,049 | 西原村平地区 | R2.2.21 |
| 熊本県 | H30.3.6 | 1,305 | 西原村秋田原地区（その２） | R1.9.6 |
| 熊本県 | H30.3.6 | 1,805 | 西原村瓜生地区 | R2.2.21 |
| 熊本県 | H30.3.6 | 2,922 | 西原村皆元地区（その３） | R1.9.6 |
| 熊本県 | H30.3.6 | 2,472 | 西原村馬場地区 | R1.9.6 |
| 熊本県 | H30.3.6 | 405 | 西原村桃木原地区（その２） | R1.11.15 |
| 熊本県 | H30.3.6 | 3,396 | 西原村小高山地区 | R1.11.15 |
| 熊本県 | H30.3.6 | 1,040 | 西原村外村地区（その２） | R1.11.15 |
| 熊本県 | H30.3.6 | 1,494 | 西原村出ノ口鶴地区 | R1.11.15 |
| 熊本県 | H30.3.6 | 1,290 | 西原村谷頭地区（その３） | R2.2.21 |
| 熊本県 | H30.3.13 | 7,097 | 西原村皆元地区（その１） | R1.11.15 |
| 熊本県 | H30.3.13 | 1,074 | 西原村塩井社地区（その２） | R1.11.15 |
| 熊本県 | H30.3.13 | 1,156 | 西原村堤下地区 | R1.9.6 |
| 熊本県 | H30.3.13 | 1,877 | 西原村奈良山地区（その３） | R1.9.6 |
| 熊本県 | H30.3.13 | 3,603 | 西原村瓜生迫地区 | R2.2.21 |
| 熊本県 | H30.3.13 | 2,394 | 西原村葛目谷地区（その１） | R2.9.18 |
| 熊本県 | H30.3.13 | 5,043 | 西原村葛目谷地区（その２） | R2.2.21 |
| 熊本県 | H30.3.13 | 2,418 | 西原村名ケ迫鶴地区（その１） | R2.2.21 |
| 熊本県 | H30.3.13 | 947 | 西原村前鶴地区（その２） | R1.11.15 |
| 熊本県 | H30.3.13 | 1,014 | 西原村鼈形山地区 | R2.5.29 |
| 熊本県 | H30.3.13 | 2,071 | 西原村日向地区（その２） | R1.9.6 |

| 熊本県 | H30.3.13 | 6,054 | 西原村門出地区（その４） | R2.9.18 |
|---|---|---|---|---|
| 熊本県 | H30.3.13 | 500 | 益城町市ノ後地区（その２） | R2.11.6 |
| 熊本県 | H30.3.13 | 2,361 | 益城町葉山地区 | R2.2.21 |
| 熊本県 | H30.3.13 | 1,512 | 南阿蘇村立石地区（その１） | H30.12.25 |
| 熊本県 | H30.3.13 | 756 | 南阿蘇村立石地区（その２） | H30.12.25 |
| 熊本県 | H30.3.13 | 688 | 南阿蘇村立石地区（その３） | R2.6.5 |
| 熊本県 | H30.3.13 | 863 | 南阿蘇村立石地区（その４） | R1.12.24 |
| 熊本県 | H30.3.13 | 907 | 南阿蘇村本村地区（その１） | R1.12.24 |
| 熊本県 | H30.3.13 | 539 | 南阿蘇村本村地区（その２） | R1.12.24 |
| 熊本県 | H30.3.13 | 580 | 南阿蘇村本村地区（その３） | R1.12.24 |
| 熊本県 | H30.3.13 | 649 | 南阿蘇村新所地区 | R2.6.5 |
| 熊本県 | H30.3.13 | 615 | 南阿蘇村東新所地区（その１） | R2.6.5 |
| 熊本県 | H30.3.13 | 893 | 南阿蘇村東新所地区（その２） | R1.12.24 |
| 熊本県 | H30.3.13 | 922 | 南阿蘇村弁差川地区 | R2.6.5 |
| 熊本県 | H30.3.13 | 1,269 | 甲佐町森本地区 | R2.7.27 |
| 熊本県 | H30.3.13 | 778 | 甲佐町村下地区 | R2.7.27 |
| 熊本県 | H30.3.13 | 1,029 | 甲佐町蓮池地区 | R2.7.27 |
| 熊本県 | H30.3.13 | 519 | 甲佐町尾迫地区 | R2.7.27 |
| 熊本県 | H30.3.13 | 786 | 甲佐町宮ノ尾地区 | R2.7.27 |
| 熊本県 | H30.3.13 | 2,788 | 甲佐町馬門地区（Ａブロック） | R2.7.27 |
| 熊本県 | H30.3.13 | 1,642 | 甲佐町馬門地区（Ｂブロック） | R2.7.27 |
| 熊本県 | H30.3.13 | 805 | 甲佐町馬門地区（Ｃブロック） | R2.7.27 |
| 熊本県 | H30.3.13 | 1,438 | 甲佐町柿木平地区 | R2.7.27 |
| 熊本県 | H30.3.16 | 515 | 西原村名ケ迫鶴地区（その２） | R1.9.6 |
| 熊本県 | H30.3.16 | 6,669 | 西原村塩井社地区（その３） | R2.5.29 |
| 熊本県 | H30.3.16 | 2,312 | 西原村葉山地区（その１） | R1.11.15 |
| 熊本県 | H30.3.16 | 1,586 | 西原村日向地区（その１） | R1.9.6 |
| 熊本県 | H30.3.16 | 1,837 | 西原村市川原地区 | R1.11.15 |
| 熊本県 | H30.3.16 | 2,318 | 西原村滝地区（その３） | R2.6.26 |
| 熊本県 | H30.3.16 | 1,482 | 西原村山口地区（その１） | R1.9.6 |
| 熊本県 | H30.3.16 | 2,081 | 甲佐町道免地区（Ａブロック） | R2.7.27 |
| 熊本県 | H30.3.16 | 789 | 甲佐町道免地区（Ｂブロック） | R2.7.27 |
| 熊本県 | H30.3.16 | 1,196 | 甲佐町丸山地区 | R2.7.27 |
| 熊本県 | H30.3.23 | 446 | 山都町平地区（その１） | R1.8.6 |
| 熊本県 | H30.3.23 | 1,096 | 山都町平地区（その２） | R1.8.6 |
| 熊本県 | H30.3.30 | 1,730 | 西原村畑鶴地区 | R1.11.15 |
| 熊本県 | H30.3.30 | 4,116 | 西原村畑村地区 | R3.3.30 |
| 熊本県 | H30.3.30 | 1,626 | 西原村万徳原地区 | R1.9.6 |

| 熊本県 | H30.3.30 | 4,742 | 西原村中野尾地区 | R1.9.6 |
|---|---|---|---|---|
| 熊本県 | H30.3.30 | 3,180 | 西原村乾原地区 | R2.2.21 |
| 熊本県 | H30.3.30 | 4,985 | 西原村玉ノ迫地区（その1） | R2.9.18 |
| 熊本県 | H30.3.30 | 1,333 | 西原村上高下地区 | R2.5.29 |
| 熊本県 | H30.3.30 | 2,912 | 西原村塩井社地区（その1） | R1.9.6 |
| 熊本県 | H30.3.30 | 1,200 | 西原村立野地区 | R1.9.6 |
| 熊本県 | H30.4.6 | 3,701 | 西原村小東地区（その1） | R2.5.29 |
| 熊本県 | H30.4.6 | 1,305 | 西原村星ケ丘地区（その2） | R1.9.6 |
| 熊本県 | H30.4.6 | 6,383 | 西原村玉ノ迫地区（その2） | R2.9.18 |
| 熊本県 | H30.4.6 | 1,968 | 西原村中玉田地区 | R2.5.29 |
| 熊本県 | H30.4.20 | 1,077 | 西原村桃木原地区（その1） | R1.11.15 |
| 熊本県 | H30.4.27 | 4,099 | 西原村榎鶴地区 | R2.9.18 |
| 熊本県 | H30.4.27 | 1,067 | 西原村栄地区 | R2.5.29 |
| 熊本県 | H30.5.11 | 1,811 | 西原村前鶴地区（その1） | R1.9.6 |
| 熊本県 | H30.5.11 | 3,577 | 西原村奈良山地区（その1） | R1.9.6 |
| 熊本県 | H30.5.11 | 2,381 | 西原村谷頭地区（その2） | R2.5.29 |
| 熊本県 | H30.5.18 | 2,682 | 阿蘇市（三野地区①） | R2.5.29 |
| 熊本県 | H30.5.25 | 910 | 御船町南屋敷地区 | R2.7.21 |
| 熊本県 | H30.5.25 | 919 | 御船町屋敷地区 | R2.7.21 |
| 熊本県 | H30.5.25 | 989 | 御船町上野中地区 | R1.5.28 |
| 熊本県 | H30.5.25 | 1,107 | 御船町下山神地区（Bブロック） | R2.7.21 |
| 熊本県 | H30.5.25 | 852 | 御船町山下地区（Aブロック） | R1.11.15 |
| 熊本県 | H30.5.25 | 2,293 | 御船町山下地区（Bブロック） | R2.7.21 |
| 熊本県 | H30.5.25 | 662 | 御船町津留地区 | R2.7.21 |
| 熊本県 | H30.5.25 | 798 | 御船町宮ノ元地区 | R2.7.21 |
| 熊本県 | H30.5.25 | 507 | 御船町大美正地区 | R1.11.15 |
| 熊本県 | H30.5.25 | 469 | 御船町中野地区 | R1.11.15 |
| 熊本県 | H30.5.25 | 183 | 御船町西原地区 | R2.7.21 |
| 熊本県 | H30.5.25 | 7,119 | 西原村門出地区（その3） | R2.9.18 |
| 熊本県 | H30.5.25 | 942 | 南阿蘇村舞堂地区 | R2.6.5 |
| 熊本県 | H30.5.25 | 672 | 南阿蘇村馬立地区 | R1.12.24 |
| 熊本県 | H30.5.25 | 3,416 | 南阿蘇村鉢ノ久保地区 | R1.12.24 |
| 熊本県 | H30.5.25 | 1,115 | 南阿蘇村田坪地区（その2） | R1.12.24 |
| 熊本県 | H30.5.25 | 650 | 南阿蘇村下鳥小塚地区 | R1.12.24 |
| 熊本県 | H30.5.25 | 477 | 南阿蘇村一ノ峯地区（その2） | R1.12.24 |
| 熊本県 | H30.5.25 | 885 | 南阿蘇村平田地区 | R1.12.24 |
| 熊本県 | H30.5.25 | 981 | 南阿蘇村西鶴地区 | R2.6.5 |
| 熊本県 | H30.6.1 | 2,932 | 大津町上園地区① | R1.11.1 |

【資料１－⑥】　造成宅地防災区域の指定および解除状況（令和３年４月１日現在）

| 熊本県 | H30.6.1 | 1,500 | 大津町長迫地区③ | R1.11.1 |
|---|---|---|---|---|
| 熊本県 | H30.6.1 | 780 | 大津町居屋敷地区③ | R1.11.1 |
| 熊本県 | H30.6.1 | 1,416 | 大津町中鶴地区② | R2.3.31 |
| 熊本県 | H30.6.1 | 1,842 | 大津町八迫地区④ | R1.11.1 |
| 熊本県 | H30.6.1 | 1,110 | 大津町山の上地区③ | R2.3.31 |
| 熊本県 | H30.6.1 | 949 | 大津町長迫地区⑥ | R1.12.24 |
| 熊本県 | H30.6.1 | 748 | 大津町松古閑地区⑥ | R1.11.1 |
| 熊本県 | H30.6.1 | 16,100 | 大津町吹田地区① | R1.11.1 |
| 熊本県 | H30.6.1 | 32,100 | 大津町吹田地区② | R1.11.1 |
| 熊本県 | H30.6.1 | 8,100 | 大津町吹田地区③ | R1.11.1 |
| 熊本県 | H30.6.1 | 15,200 | 大津町美咲野地区 | R1.11.1 |
| 熊本県 | H30.6.22 | 15,801 | 西原村下小森地区 | R2.11.6 |
| 熊本県 | H30.7.13 | 8,390 | 益城町辻の城１地区（大規模） | R2.2.21 |
| 熊本県 | H30.7.13 | 661 | 益城町辻の城地区（拡充） | R3.3.9 |
| 熊本県 | H30.7.13 | 416 | 益城町市ノ後（その３）地区 | R2.11.6 |
| 熊本県 | H30.7.13 | 1,018 | 益城町柿添地区 | R3.3.9 |
| 熊本県 | H30.7.13 | 594 | 南阿蘇村赤瀬地区 | R1.12.24 |
| 熊本県 | H30.7.13 | 2,342 | 南阿蘇村本村地区（その４） | R1.12.24 |
| 熊本県 | H30.7.13 | 1,830 | 南阿蘇村本村地区（その５） | R2.6.5 |
| 熊本県 | H30.7.13 | 840 | 南阿蘇村本村地区（その６） | R2.6.5 |
| 熊本県 | H30.7.13 | 2,047 | 南阿蘇村本村地区（その７） | R1.12.24 |
| 熊本県 | H30.7.13 | 1,075 | 南阿蘇村井手ノ上地区 | R1.12.24 |
| 熊本県 | H30.7.13 | 1,453 | 南阿蘇村田坪地区（その１） | R1.12.24 |
| 熊本県 | H30.7.13 | 1,092 | 南阿蘇村下迫地区（その１） | R1.12.24 |
| 熊本県 | H30.7.13 | 957 | 南阿蘇村下迫地区（その２） | R1.12.24 |
| 熊本県 | H30.7.13 | 1,659 | 南阿蘇村下迫地区（その３） | R1.12.24 |
| 熊本県 | H30.7.13 | 1,075 | 南阿蘇村銭瓶地区 | R1.12.24 |
| 熊本県 | H30.7.13 | 407 | 南阿蘇村萩ノ久保地区 | R1.12.24 |
| 熊本県 | H30.7.13 | 779 | 南阿蘇村山ノ下地区 | R1.12.24 |
| 熊本県 | H30.7.13 | 2,683 | 南阿蘇村山久保地区 | R1.12.24 |
| 熊本県 | H30.7.13 | 1,234 | 南阿蘇村方野地区 | R2.6.5 |
| 熊本県 | H30.7.13 | 1,010 | 南阿蘇村上ノ久保地区 | R2.6.5 |
| 熊本県 | H30.7.13 | 3,088 | 南阿蘇村堀ノ口地区 | R1.12.24 |
| 熊本県 | H30.7.13 | 940 | 南阿蘇村柿野出口地区 | R2.6.5 |
| 熊本県 | H30.7.13 | 3,728 | 南阿蘇村岸野地区 | R2.6.5 |
| 熊本県 | H30.7.13 | 1,072 | 南阿蘇村堀渡ノ上地区 | R2.6.5 |
| 熊本県 | H30.7.13 | 983 | 南阿蘇村堀渡ノ西地区 | R2.6.5 |
| 熊本県 | H30.7.13 | 714 | 南阿蘇村前川地区 | R2.6.5 |

| 熊本県 | H30.7.13 | 1,023 | 南阿蘇村一の峯地区 | R2.6.5 |
|---|---|---|---|---|
| 熊本県 | H30.7.13 | 929 | 南阿蘇村大石川原地区 | R2.6.5 |
| 熊本県 | H30.7.13 | 1,734 | 南阿蘇村尾野地区 | R2.6.5 |
| 熊本県 | H30.7.13 | 683 | 南阿蘇村山ノ内地区 | R2.6.5 |
| 熊本県 | H30.7.13 | 1,106 | 南阿蘇村仁連森地区（その２） | R1.12.24 |
| 熊本県 | H30.7.13 | 1,344 | 南阿蘇村百田地区 | R2.6.5 |
| 熊本県 | H30.7.13 | 1,449 | 南阿蘇村小沢津地区 | R2.6.5 |
| 熊本県 | H30.7.13 | 879 | 南阿蘇村加勢ノ上地区 | R2.6.5 |
| 熊本県 | H30.7.13 | 1,883 | 南阿蘇村下ノ原地区 | R2.6.5 |
| 熊本県 | H30.7.13 | 1,202 | 南阿蘇村五ノ小石地区 | R1.12.24 |
| 熊本県 | H30.7.13 | 779 | 南阿蘇村二ノ中原地区 | R2.6.5 |
| 熊本県 | H30.7.13 | 965 | 南阿蘇村上大川原地区 | R2.6.5 |
| 熊本県 | H30.7.13 | 779 | 南阿蘇村宮ノ前地区 | R1.12.24 |
| 熊本県 | H30.7.13 | 984 | 南阿蘇村北鶴地区 | R1.12.24 |
| 熊本県 | H30.7.17 | 797 | 御船町西原地区（高木⑧） | R2.7.21 |
| 熊本県 | H30.7.17 | 198 | 御船町上古閑原地区Ａブロック（高木④） | R1.11.15 |
| 熊本県 | H30.7.17 | 690 | 御船町奥園地区（高木①） | R1.5.28 |
| 熊本県 | H30.7.17 | 633 | 御船町東原地区（豊秋③） | R1.11.15 |
| 熊本県 | H30.7.17 | 1,219 | 御船町久保地区Ｂブロック（豊秋②） | R2.7.21 |
| 熊本県 | H30.7.17 | 661 | 御船町足水地区（木倉①） | R2.7.21 |
| 熊本県 | H30.7.17 | 1,137 | 御船町東禅寺地区（辺田見⑤） | R2.7.21 |
| 熊本県 | H30.7.17 | 1,153 | 御船町山内地区（水越①） | R2.11.6 |
| 熊本県 | H30.7.17 | 770 | 御船町柿ノ平地区（上野②） | R2.7.21 |
| 熊本県 | H30.7.17 | 780 | 御船町中畑地区Ａブロック（田代①） | R2.11.6 |
| 熊本県 | H30.7.17 | 702 | 御船町中畑地区Ｂブロック（田代②） | R2.11.6 |
| 熊本県 | H30.7.17 | 1,941 | 阿蘇市（片隅地区） | R2.5.29 |
| 熊本県 | H30.7.20 | 573 | 南阿蘇村仁連森地区（その１） | R2.6.5 |
| 熊本県 | H30.7.31 | 500 | 大津町八迫地区① | R1.12.24 |
| 熊本県 | H30.7.31 | 949 | 大津町立石地区② | R1.11.1 |
| 熊本県 | H30.7.31 | 785 | 大津町小谷地区① | R2.3.31 |
| 熊本県 | H30.7.31 | 1,267 | 大津町立ノ口地区① | R1.12.24 |
| 熊本県 | H30.7.31 | 606 | 大津町新田地区② | R2.3.31 |
| 熊本県 | H30.7.31 | 569 | 大津町居屋敷地区④ | R1.11.1 |
| 熊本県 | H30.7.31 | 1,250 | 大津町鶴霞地区① | R2.3.31 |
| 熊本県 | H30.7.31 | 574 | 大津町西鶴地区② | R1.11.1 |
| 熊本県 | H30.7.31 | 4,002 | 大津町御願所地区② | R2.3.31 |
| 熊本県 | H30.7.31 | 1,863 | 大津町西高尾野地区① | R1.11.1 |
| 熊本県 | H30.7.31 | 1,197 | 大津町山ノ上地区② | R1.12.24 |

| 熊本県 | H30.7.31 | 1,038 | 大津町西鶴地区⑤ | R1.12.24 |
|---|---|---|---|---|
| 熊本県 | H30.7.31 | 767 | 大津町上尾迫地区⑨ | R2.3.31 |
| 熊本県 | H30.8.3 | 4,542 | 西原村大峯地区 | R2.5.29 |
| 熊本県 | H30.8.17 | 99,696 | 益城町辻の城2地区（大規模） | R3.3.9 |
| 熊本県 | H30.8.28 | 11,733 | 西原村小森美晴台地区 | R2.5.29 |
| 熊本県 | H30.8.28 | 1,371 | 大津町西鶴地区③ | R2.7.7 |
| 熊本県 | H30.8.28 | 4,172 | 大津町差原地区② | R2.7.7 |
| 熊本県 | H30.8.28 | 661 | 大津町八迫地区⑤ | R1.12.24 |
| 熊本県 | H30.8.28 | 947 | 大津町居屋敷地区⑦ | R2.3.31 |
| 熊本県 | H30.8.28 | 1,327 | 大津町西鶴地区⑬ | R2.7.7 |
| 熊本県 | H30.10.2 | 830 | 南阿蘇村尾道地区 | R1.12.24 |
| 熊本県 | H30.10.2 | 715 | 南阿蘇村東新所地区（その3） | R2.6.5 |
| 熊本県 | H30.10.2 | 773 | 南阿蘇村東新所地区（その4） | R2.6.5 |
| 熊本県 | H30.10.2 | 1,366 | 南阿蘇村東新所地区（その5） | R2.6.5 |
| 熊本県 | H30.10.2 | 904 | 南阿蘇村立石地区（その5） | R1.12.24 |
| 熊本県 | H30.10.2 | 1,201 | 南阿蘇村立石地区（その6） | R1.12.24 |
| 熊本県 | H30.10.2 | 857 | 南阿蘇村宮内地区（その1） | R1.12.24 |
| 熊本県 | H30.10.2 | 2,072 | 南阿蘇村宮内地区（その2） | R1.12.24 |
| 熊本県 | H30.10.2 | 831 | 南阿蘇村馬立地区（その2） | R1.12.24 |
| 熊本県 | H30.10.2 | 1,444 | 南阿蘇村田坪地区（その3） | R1.12.24 |
| 熊本県 | H30.10.2 | 624 | 南阿蘇村一ノ峯地区（その4） | R1.12.24 |
| 熊本県 | H30.10.2 | 590 | 南阿蘇村一ノ峯地区（その5） | R1.12.24 |
| 熊本県 | H30.10.2 | 891 | 南阿蘇村中家鶴地区 | R1.12.24 |
| 熊本県 | H30.10.2 | 1,296 | 南阿蘇村加勢ノ上地区（その2） | R1.12.24 |
| 熊本県 | H30.10.2 | 458 | 南阿蘇村東原地区 | R1.12.24 |
| 熊本県 | H30.10.2 | 1,540 | 南阿蘇村下ノ原地区（その2） | R1.12.24 |
| 熊本県 | H30.10.2 | 1,320 | 南阿蘇村横道下地区 | R1.12.24 |
| 熊本県 | H30.10.2 | 692 | 南阿蘇村宮寺鶴地区 | R1.12.24 |
| 熊本県 | H30.10.5 | 1,366 | 大津町向村地区① | R2.3.31 |
| 熊本県 | H30.10.5 | 499 | 大津町上尾迫地区⑥ | R1.12.24 |
| 熊本県 | H30.10.5 | 430 | 大津町八迫地区⑦ | R1.12.24 |
| 熊本県 | H30.10.5 | 580 | 大津町八窪地区⑦ | R1.11.1 |
| 熊本県 | H30.10.16 | 734 | 南阿蘇村下駄原地区 | R2.6.5 |
| 熊本県 | H30.11.9 | 38,804 | 西原村古閑地区 | R3.3.9 |
| 熊本県 | H30.11.9 | 1,213 | 西原村谷頭地区（その1） | R2.6.26 |
| 熊本県 | H30.11.9 | 3,131 | 西原村秋田原地区（その1） | R2.9.18 |
| 熊本県 | H30.11.26 | 17,842 | 西原村上布田地区 | R2.11.6 |
| 熊本県 | H30.11.26 | 2,121 | 美里町鶴ノ原地区 | R2.6.9 |

| 熊本県 | H30.11.26 | 1,114 | 大津町西道免地区③ | R2.3.31 |
|---|---|---|---|---|
| 熊本県 | H30.11.26 | 1,131 | 大津町松古閑地区⑦ | R2.3.31 |
| 熊本県 | H30.11.26 | 722 | 大津町西鶴地区⑪ | R2.7.7 |
| 熊本県 | H30.11.26 | 488 | 大津町年ノ神地区⑦ | R1.12.24 |
| 熊本県 | H30.12.11 | 1,483 | 西原村葉山地区(その2) | R2.6.26 |
| 熊本県 | H31.1.15 | 1,565 | 宇土市(前田地区) | R1.10.11 |
| 熊本県 | H31.2.8 | 166 | 大津町立ノ口地区①(追加) | R1.12.24 |
| 熊本県 | H31.2.8 | 2,975 | 大津町上後迫地区① | R2.3.31 |
| 熊本県 | H31.2.8 | 1,726 | 大津町上池鶴地区② | R2.3.31 |
| 熊本県 | H31.2.12 | 433 | 西原村鷲形山地区(その2) | R2.5.29 |
| 熊本県 | H31.3.1 | 113,093 | 益城町木山・宮園地区(大規模) | R2.11.6 |
| 熊本県 | H31.3.5 | 57,919 | 益城町堂園地区(大規模) | R3.3.9 |
| 熊本県 | H31.3.12 | 40,052 | 益城町安永・馬水3地区(大規模) | R3.3.9 |
| 熊本県 | H31.3.26 | 1,457 | 大津町長迫地区⑤ | R2.3.31 |
| 熊本県 | H31.3.29 | 46,663 | 益城町安永・馬水2地区(大規模) | R3.3.9 |
| 熊本県 | R1.5.17 | 76,500 | 益城町安永3地区(大規模) | R3.3.9 |
| 熊本県 | R1.6.7 | 1,196 | 御船町北屋敷地区(高木⑨) | R2.7.21 |
| 熊本県 | R1.6.7 | 554 | 御船町上古閑原(Cブロック)地区(高木⑩) | R2.11.6 |
| 熊本県 | R1.6.7 | 344 | 御船町下原地区(小坂①) | R2.7.21 |
| 熊本県 | R1.6.7 | 557 | 御船町中原地区(辺田見⑥) | R2.7.21 |
| 熊本県 | R1.6.7 | 771 | 御船町栗迫地区(上野③) | R2.7.21 |
| 熊本県 | R1.6.21 | 948 | 西原村上玉田地区 | R2.9.18 |
| 熊本県 | R1.6.28 | 552 | 御船町落見地区七滝③ | R2.11.6 |
| 熊本県 | R1.6.28 | 386 | 御船町大坂地区木倉④ | R2.7.21 |
| 熊本県 | R1.6.28 | 1,263 | 御船町東禅寺辺田見⑦ | R2.11.6 |
| 熊本県 | R1.7.9 | 719 | 南阿蘇村猿渡地区 | R2.6.5 |
| 熊本県 | R1.7.19 | 1,344 | 西原村名ヶ迫鶴地区(その4) | R2.9.18 |
| 熊本県 | R1.9.24 | 628 | 甲佐町森本地区(Bブロック) | R2.7.27 |
| 熊本県 | R1.9.24 | 850 | 甲佐町柿木平地区(Bブロック) | R2.7.27 |
| 熊本県 | R1.11.29 | 158 | 大津町西鶴地区⑪(追加分) | R2.7.7 |
| 熊本県 | R1.12.27 | 836 | 阿蘇市(三野地区②) | R2.5.29 |
| 熊本県 | R2.8.11 | 2,430 | 西原村皆元地区(その4) | R3.3.9 |
| 熊本市 | H29.11.16 | 560 | 中央区黒髪地区 | R2.3.30 |
| 熊本市 | H29.11.16 | 801 | 中央区千葉城町地区 | R2.3.30 |
| 熊本市 | H29.11.16 | 2,991 | 東区鹿帰瀬町地区 | R2.3.30 |
| 熊本市 | H29.11.16 | 1,097 | 東区神園地区 | R2.1.8 |
| 熊本市 | H29.11.16 | 372 | 東区沼山津地区 | R2.1.8 |
| 熊本市 | H29.11.16 | 502 | 西区春日地区 | R2.7.29 |

【資料 1 － ⑥】 造成宅地防災区域の指定および解除状況（令和 3 年 4 月 1 日現在）

| 熊本市 | H29.11.16 | 669 | 西区島崎地区 | R2.1.8 |
|---|---|---|---|---|
| 熊本市 | H29.11.16 | 436 | 西区谷尾崎町地区 | R2.7.29 |
| 熊本市 | H29.11.16 | 1,722 | 南区城南町塚原地区 | R2.3.30 |
| 熊本市 | H29.11.16 | 1,388 | 南区城南町塚原地区 | R2.7.29 |
| 熊本市 | H29.11.16 | 2,526 | 南区城南町東阿高地区 | R2.7.29 |
| 熊本市 | H29.11.16 | 1,754 | 南区城南町藤山地区 | R2.1.8 |
| 熊本市 | H29.11.16 | 1,494 | 南区城南町宮地地区 | R2.3.30 |
| 熊本市 | H29.11.16 | 703 | 北区清水東町地区 | R2.7.29 |
| 熊本市 | H29.11.16 | 675 | 北区龍田地区 | R2.7.29 |
| 熊本市 | H29.11.16 | 1,534 | 北区龍田地区 | R2.1.8 |
| 熊本市 | H29.11.16 | 730 | 北区龍田町弓削地区 | R2.3.30 |
| 熊本市 | H29.11.17 | 1,351 | 北区室園地区 | H30.5.28 |
| 熊本市 | H29.12.28 | 592 | 中央区帯山地区 | R2.1.8 |
| 熊本市 | H29.12.28 | 500 | 中央区京町地区 | R2.7.29 |
| 熊本市 | H29.12.28 | 2,093 | 東区鹿帰瀬町地区 | R2.7.29 |
| 熊本市 | H29.12.28 | 1,348 | 東区上南部地区 | R2.1.8 |
| 熊本市 | H29.12.28 | 734 | 東区佐土原地区 | R2.3.30 |
| 熊本市 | H29.12.28 | 775 | 東区長嶺東地区 | R2.3.30 |
| 熊本市 | H29.12.28 | 2,527 | 東区沼山津地区 | R2.3.30 |
| 熊本市 | H29.12.28 | 1,051 | 東区保田窪地区 | R2.3.30 |
| 熊本市 | H29.12.28 | 587 | 西区池田地区 | R2.3.30 |
| 熊本市 | H29.12.28 | 2,035 | 西区上代地区 | R2.7.29 |
| 熊本市 | H29.12.28 | 860 | 西区河内町岳地区 | R2.1.8 |
| 熊本市 | H29.12.28 | 603 | 西区谷尾崎町地区 | R2.3.30 |
| 熊本市 | H29.12.28 | 293 | 西区花園地区 | R2.1.8 |
| 熊本市 | H29.12.28 | 2,123 | 南区城南町沈目地区 | R2.7.29 |
| 熊本市 | H29.12.28 | 523 | 南区城南町塚原地区 | R2.3.30 |
| 熊本市 | H29.12.28 | 378 | 南区城南町東阿高地区 | R2.3.30 |
| 熊本市 | H29.12.28 | 1,897 | 南区城南町藤山地区 | R2.3.30 |
| 熊本市 | H29.12.28 | 2,648 | 南区城南町鰐瀬地区 | R2.1.8 |
| 熊本市 | H29.12.28 | 3,603 | 南区城南町鰐瀬地区 | R2.1.8 |
| 熊本市 | H29.12.28 | 2,713 | 南区城南町鰐瀬地区 | R2.1.8 |
| 熊本市 | H29.12.28 | 936 | 南区富合町杉島地区 | R2.7.29 |
| 熊本市 | H29.12.28 | 1,020 | 北区植木町滴水地区 | R2.3.30 |
| 熊本市 | H29.12.28 | 807 | 北区植木町滴水地区 | R2.3.30 |
| 熊本市 | H29.12.28 | 1,262 | 北区龍田地区 | R2.1.8 |
| 熊本市 | H29.12.28 | 776 | 北区徳王地区 | R2.7.29 |
| 熊本市 | H30.3.22 | 3,055 | 東区小山地区 | R2.1.8 |

| 熊本市 | H30.3.22 | 328 | 東区新生地区 | H30.12.11 |
|---|---|---|---|---|
| 熊本市 | H30.3.22 | 1,431 | 東区新外地区 | R2.1.8 |
| 熊本市 | H30.3.22 | 404 | 東区沼山津地区 | R2.3.30 |
| 熊本市 | H30.3.22 | 374 | 東区沼山津地区 | R2.3.30 |
| 熊本市 | H30.3.22 | 2,072 | 南区城南町塚原地区 | R2.1.8 |
| 熊本市 | H30.3.22 | 1,898 | 南区城南町宮地地区 | R2.1.8 |
| 熊本市 | H30.3.22 | 2,932 | 南区城南町鰐瀬地区 | R2.3.30 |
| 熊本市 | H30.3.22 | 426 | 北区植木町小野地区 | R2.3.30 |
| 熊本市 | H30.3.22 | 1,798 | 北区北迫町地区 | R2.1.8 |
| 熊本市 | H30.3.22 | 1,400 | 北区龍田地区 | R2.1.8 |
| 熊本市 | H30.6.14 | 1,984 | 北区植木町正清地区 | R2.3.30 |
| 熊本市 | H30.6.14 | 1,282 | 南区城南町築地地区 | H30.9.19 |
| 熊本市 | H30.8.6 | 1,877 | 北区八景水谷地区 | R2.1.8 |
| 熊本市 | H30.8.6 | 2,818 | 北区楡木地区 | R2.1.8 |
| 熊本市 | H30.12.11 | 1,164 | 南区城南町鰐瀬地区 | R1.11.19 |
| 熊本市 | H31.1.25 | 737 | 中央区小沢町地区 | R1.11.19 |
| 熊本市 | H31.1.25 | 561 | 東区新外地区 | R1.11.19 |
| 熊本市 | H31.3.25 | 1,020 | 西区島崎地区 | R1.11.19 |
| 熊本市 | H31.4.8 | 1,175 | 南区城南町築地地区 | R2.1.8 |
| 熊本市 | H31.4.8 | 2,397 | 東区保田窪地区 | R2.3.30 |
| 熊本市 | R1.7.24 | 1,229 | 東区戸島地区 | R2.7.29 |
| 熊本市 | R1.9.4 | 901 | 北区龍田地区 | R2.7.29 |
| 熊本市 | R1.9.13 | 1,320 | 西区花園地区 | R2.7.29 |
| 熊本市 | R1.10.17 | 1,492 | 北区龍田地区 | R2.7.29 |
| 熊本市 | R1.12.13 | 1,251 | 東区健軍本町地区 | R2.7.29 |
| 熊本市 | R1.12.13 | 418 | 西区池田地区 | R2.7.29 |
| 熊本市 | R1.12.13 | 731 | 西区京塚本丁地区 | R2.7.29 |
| | （合計） | 2,175,827 | | |

（出典：国土交通省ウェブサイト）

## 【資料４－２－①】　熱海市議会「盛土に関する規制強化を求める意見書」（令和３年12月17日）

盛土に関する規制強化を求める意見書

　令和３年７月の東海や中国、九州地方を中心とした梅雨前線の影響による記録的な豪雨は、各地で河川の氾濫や堤防の決壊、土砂災害等の被害をもたらした。中でも本市で発生した大規模な土石流は、多くの住宅等を飲み込み、多数の死傷者を出すなど、甚大な被害を発生させたが、土石流の起点付近に確認された大量の盛土の大部分が崩壊、流出したことが被害を拡大させた要因であると考えられている。

　盛土の造成は、宅地造成等規制法や都市計画法、森林法などにより、目的や場所によって規制されるが、法令の規制対象外であるものは、崩落、流出による災害の防止のため、一部の地方自治体では条例により規制を行っている。

　しかし、条例の内容や罰則等に差があるほか、罰則には地方自治法で上限が定められていることから、より規制が緩やかな所に盛土の造成が集中するなど、地方自治体ごとの規制には限界がある。

　また、最終的な解決手段として、放置された土砂などの撤去や排水施設の整備等を行政代執行により行うことがあるが、自治体の財政的な負担は非常に大きい。

　自然災害が頻発化、激甚化する中、盛土の流出や崩落による災害を防止するためには、全国統一の安全基準や違反時の罰則などを定める法制度が必要不可欠である。

　よって国においては、盛り土に関する規制強化を図るため、下記事項に取り組むよう強く要望する。

記

１　盛土の流出や崩落による災害を防止するため、新たな法制度を整備すること。
２　盛土に関する全国統一の安全基準を定めるとともに、その違反行為に抑止力のある罰則規定を設けること。
３　地方自治体が行政代執行を行う場合に、自治体の負担を軽減するための財政支援制度を創設すること。

*237*

【資料4－2－②】 全国町村会「土石流災害に関する緊急要望」（令和3年7月27日）

土石流災害に関する緊急要望

　本年7月1日からの大雨により、静岡県熱海市において大規模な土石流災害が発生し、甚大な被害が発生した。

　現在、消防、警察、自衛隊等により行方不明となっている方々の懸命の捜索救助活動が行われており、被災された地域・住民の皆様には、心からお悔やみとお見舞いを申し上げる。

　このたびの災害では、届出量を超える盛土の搬入が確認され、甚大な被害との関係が指摘されている。

　全国の土砂災害危険個所数は52万以上（うち土石流災害危険個所数は18万以上）に上る状況にあるが、これに加え、中山間地域の多い町村においては、かねてより建設残土等の大量搬入や不法投棄等が確認される等、今回の災害を契機に防災上、重大な懸念が高まっている。

　目下、政府及び各自治体では、緊急点検を行うなど応急的な対応がとられているところではあるが、今後の災害発生を未然に防止する観点から、以下の項目について対策を講じることを求める。

1．このたびの災害における盛土と土石流災害との因果関係の解明を早急に進めること。
2．全国の盛土の安全点検結果を踏まえ、関係府省が連携・情報共有する仕組みを早急に構築し、盛土に係る土石流災害について、総合的な発生防止対策を講じること。
3．盛土や土砂類の搬入について、災害防止の観点から、全国統一的な基準を含め法制度の整備など、規制の拡大・強化等の抜本的な対策を講じること。
4．町村をはじめ自治体の土石流対策に係る技術的、人的及び財政的支援を強化すること。

　令和3年7月27日

全国町村会長　荒木　泰臣

【資料４−２−③】　全国知事会「宅地造成及び特定盛土等規制法成立を受けて」（令和４年５月24日）

宅地造成及び特定盛土等規制法成立を受けて

　５月20日に、「宅地造成等規制法」が改正され、「宅地造成及び特定盛土等規制法」が成立した。これにより、指定された区域内で行われる盛土等が、全国一律の基準による都道府県知事等の許可制となり、重い罰則が設けられたほか、土地所有者等の責務が明確になった。

　今回の法改正は、国において、全国知事会の要望を受け、速やかに検討会を設置し、全国知事会と連携を密にし、都道府県の実態の把握に精力的に努め、建設残土処理の実情を踏まえた内容となっており、大いに評価する。また、都道府県が実際に直面した災害を正面から受けたものであり、迅速かつ適切な対応に感謝したい。

　都道府県は、土砂災害の発生を防ぐため、盛土等の適正処理に取り組んでいくが、全国知事会としても、国の各関係省庁としっかりと連携していく。

　国においては、改正法に基づく規制の実効性が確保されるよう、都道府県の意見を十分に聞きながら制度運用を定め、引き続き、盛土等に伴う災害の防止に都道府県とともに取り組むことを期待する。

　　令和４年５月24日

　　　　　　　　　　　　全国知事会　会長　鳥取県知事　平井伸治
　　　　　　　　　　　　全国知事会危機管理・防災特別委員会
　　　　　　　　　　　　　　委員長　神奈川県知事　黒岩祐治
　　　　　　　　　　　　全国知事会国土交通・観光常任委員会
　　　　　　　　　　　　　　委員長　大分県知事　広瀬勝貞

【資料4－2－④】 日本弁護士連合会「宅地造成及び特定盛土等規制法についての
意見書」（令和4年7月14日）（抄）

宅地造成及び特定盛土等規制法についての意見書

2022年（令和4年）7月14日
日本弁護士連合会

　当連合会は、本年5月20日、宅地造成等規制法等の一部を改正する法律（宅地造成等規制法の名称を「宅地造成及び特定盛土等規制法」（以下「盛土規制法」という。）に改めることを含む。以下、この法律による改正を「本改正」という。）が成立したこと（同月27日公布）を受けて、国に対し、今後の建設発生土及びその盛土等（土地の用途にかかわらず、一定類型の盛土や土石の堆積のこと。）に関する政策について、以下のとおり意見を述べる。

第1　意見の趣旨
　国は、本改正以降も、今後の建設発生土及びその盛土等に関する政策について、以下の観点を踏まえ、更なる改正又は運用の強化を図るべきである。また、本改正の規定は、施行時における既存の盛土等についても適用されるべきである。
1　排出者責任制度等の導入を検討すべきこと
　本改正による盛土等の規制の他に、建設発生土について、建設工事の発注者や元請事業者の排出者責任制度の導入等、廃棄物処理法の規制を参考にした法規制の導入を検討すべきである。
　とりわけ、国又は地方公共団体の公共事業及び民間業者の大規模な開発行為により発生する建設発生土について、全て発注者が請負業者に対して最終処分先を指定することとするとともに、発生場所からどこに運ばれたかを記録し追跡できるようにするトレーサビリティ制度の導入を急ぐべきである。
2　土砂の性状による環境汚染の防止を別途検討すべきこと
　本改正は、災害の防止を目的とし、土砂の性状による環境汚染の防止を目的とするものではないため、土砂の性状による環境汚染の防止を目的とする法規制について、別途検討すべきである。
3　地方公共団体の取組及び住民の意思を尊重すべきこと
　本改正以降も、地方公共団体が条例において独自に建設発生土等に関する規制を行うことは許容されるべきであり、また、規制手続における住民参加を促進する法制度を整備するなど、住民の意思を尊重すべきである。

第2　意見の理由

1～6（略）

7　本改正の適用について

　　なお、本改正は、主務大臣が策定する基本方針（盛土規制法3条）に沿って、都道府県が定期的に基礎調査を行うこととされており（同法4条）、その調査を通じて、法改正以前から存在する既存危険地の特定も進むことが期待される。

　　そして、宅地造成等工事規制区域（同法10条）や特定盛土等規制区域（同法26条）内での盛土等を伴う工事は都道府県知事の許可の対象であり（同法12条、30条）、違法工事や無許可工事については監督処分がなされる（同法20条、39条）ほか、盛土等に伴う災害の防止のために必要な措置が採られていないときは、土地所有者等及び原因行為者に対して改善命令を発出することができる（同法23条、42条）。

　　しかし、命令等の対象となる盛土等については政令で定めることとされているため（同法2条2号から4号）、法改正時に既に行われている盛土等が規制対象に含まれるかどうかは法文からは明確ではない。

　　この点、災害防止という高い公共性から、既存危険地に対する監督処分や改善命令（以下「改善命令等」という）は正当化することが十分可能である。前記のとおり、政府による盛土の総点検では、全国に安全性の点検が必要な土砂等の堆積箇所が約3万6000箇所も存在することが判明しており、既存危険地への改善命令等を認めない場合には法律が骨抜きとなってしまいかねない。

　　国会審議（本年3月23日衆議院国土交通委員会における宇野善昌政府参考人による答弁）においても、既存盛土等について改善命令等を行うことは可能である旨確認されており、今後、本改正時に既に行われている盛土等についても、改善命令等の適切な運用がなされることが期待される。

　　ただし、既存危険地に対する安全対策には通常巨額の費用がかかり、仮に行政命令の対象となったとしても、被処分者による実効的な対策実施を期待しにくい面はあることから、全国の既存危険地については財源問題も含めた検討が必要不可欠であることを付言する。

以上

【資料4-3-①】 総務省行政評価局「建設残土対策に関する実態調査結果報告書」(令和3年12月)(抄)

建設残土対策に関する実態調査
結果報告書

令和3年12月
総務省行政評価局

前書き

　建設工事の副産物である建設残土(建設発生土及び建設汚泥)のうち、建設発生土については、昭和30年代後半からの高度成長期以降、新たな都市開発用の貴重な建設資材として、発生現場内や他の建設工事等において、埋立て、土地造成、盛土等に利用されている。その一方で、山林などへの不適切な埋立てにより崩落が発生するなど社会的に問題となっているものの、その実態は十分に明らかになっているとは言い難い。

　また、建設発生土の埋立て等については、農地法(昭和27年法律第229号)、森林法(昭和26年法律第249号)等の土地の形質変更を規制する法律、土砂の埋立てを規制する条例、廃棄物が混入されている場合、当該混入されている廃棄物については廃棄物の処理及び清掃に関する法律(昭和45年法律第137号)の規制がかかるが、これらによる効果も明らかになっていない。

　一方で、建設工事発注者が、建設発生土の適正処理を図る観点から、契約で適切な処分場を搬出先として指定して、それに要した費用を負担し、また、資源の有効な利用の促進に関する法律(平成3年法律第48号)に基づく建設発生土の利用を促進するための取組として、建設発生土の利用が多い国や地方公共団体の公共工事において工事間利用を推進しているが、これらの取組が低調な地方公共団体もある。

　この調査は、以上のような状況を踏まえ、今回、不適切な建設発生土の埋立て事案の発生状況や対応状況、建設工事発注者における建設発生土の適正処理の状況について、実態を調査したものである。

目　次

- - - - - - - - - - - - - - - - - - - - - - - - - - - - - - - - - - - - - - - - -

## 第1　調査の目的等

1　目　的

 この調査は、不適切な建設発生土の埋立て事案の発生状況や対応状況の実態を明らかにするとともに、建設発生土の適正処理を推進していくための課題を整理し、関係行政の改善に資するために実施したものである。

2　対象機関

 ⑴　調査対象機関

  国土交通省、環境省、農林水産省

 ⑵　関連調査等対象機関

  都道府県 (12)、市町村 (36)、事業者 (60)、関係団体 (27)

3　担当部局　(略)

4　調査実施時期

 令和2年1月～3年12月

以下 (略)

## 【資料４－３－②】　総務省「建設残土対策に関する実態調査結果に基づく勧告（概要）」（令和３年12月）

### Ⅰ　不適切な建設発生土の埋立て事案の実態

**制度の概要**

◇ 建設発生土の埋立て等については、農地法、森林法、砂防法など土地の形質変更を規制する法律、土砂の埋立てを規制する条例（土砂条例）、廃棄物の処理及び清掃に関する法律（廃棄物が混入されている場合）等で規制。
◇ 調査した12都道府県・29市町村の土砂条例では、①一定規模（都道府県は3,000㎡以上、市町村は500㎡以上が多い）の土砂の埋立行為、②土砂の水質・土壌基準（有害物質等の安全基準）、③建設工事現場からの一定規模（500㎡以上）の土砂の搬出等を規制。
◇ 土砂条例違反への措置として、埋立てを行う者に対する報告徴収、立入検査、措置命令、罰則、違反者の公表等。

**主な調査結果**　　　　　　　　　　　　　　　　　　　　　　　　結果報告書P2〜20

● 調査した12都道府県では全て、29市町村のうち7割近く（20市町村）が、不適切な建設発生土の埋立て事案を認識（計120事案）。全ての事案で、措置命令等の対応を実施。

| 区分 | 調査対象機関数 | 不適切事案があるとしている機関数 | 把握事案数 |
|---|---|---|---|
| 都道府県 | 12 | 12(100%) | 65 |
| 市町村 | 29 | 20(69.0%) | 55 |
| 計 | 41 | 32 | 120 |

> 7割近く（79事案）が被害あり（土砂流出は34事案）又は被害のおそれ
> 規制する法令等は、土砂条例が77事案（64.2%）、土地の形質変更を規制する法律が49事案（40.8%）など（※重複あり）

● 土砂条例で対応した77事案のうち、8割近く（58事案）が無許可埋立て。

> 埋立ては、人目につかない里山や山間部の車両搬入がしやすい場所で行われる傾向
> 58事案のうち、田や水路等への土砂流出の被害発生は14事案で、以下のとおり、土砂条例のほか、砂防法、森林法等で対応
> しかし、資金繰りがつかない等の理由から是正が進まず、是正されたのは1事案（森林法）のみ
> 未是正の13事案のうち8事案は、その発生・発覚から3年以上経過し、対応が長期化

| 対応法令等 | | 対応事案数 | 対応内容 |
|---|---|---|---|
| 土砂条例 | | 14 | 行政指導：5事案、措置命令：7事案、告発：3事案、罰則適用：4事案 |
| 土地の形質変更を規制する法律 | 砂防法 | 3 | 行政指導のみ：3事案 |
| | 森林法 | 1 | 復旧命令：1事案　※是正 |
| 河川法 | | 1 | （河川に流出した土砂について代執行により緊急に除去：1事案） |

● 土地の形質変更を規制する法律で規制される49事案のうち、違法状態が是正されたものは2事案（森林法）のみ。地方公共団体からは、規制の範囲や規制面積が限定的であるため対応できない場合があるとの意見。

2

### Ⅱ　建設発生土の有効利用

**制度の概要**

（注）平成30年度建設副産物実態調査（国土交通省）から作成

◇ 「建設副産物適正処理推進要綱」※では、発注者、元請業者及び自主施工者は、建設発生土の土質確認を行うとともに、建設発生土を必要とする工事現場との情報交換システム等を活用した連絡調整、ストックヤードの確保、再資源化施設の活用、必要に応じて土質改良を行うこと等により、工事間の利用の促進に努めなければならないとされている。※平成5年1月12日付け建設事務次官通知
◇ 「建設発生土等の有効利用に関する行動計画」※1では、建設副産物協議会※2の事務局（各地方整備局）において、数年後に工事発注する予定の事業であって、仮受入地的な機能を発揮できる工事に関する情報交換などを行い、ストックヤードとしての利用調整を行うなど、建設発生土の工事間利用の調整を行うこととされている。※1平成15年10月国土交通省　※2各地方整備局、地方公共団体等※構成員
◇ 工事間利用は、資源の有効利用の促進のほか、建設発生土の処分先を探す負担の軽減や、処分費用の軽減、不適切な処分の防止の各観点から重要。

**主な調査結果**　　　　　　　結果報告書P28〜32

● 工事間利用は、地方整備局国道事務所では8割以上となっているが、都道府県（出先機関）では3割、市町村では1割にも満たない。また、民間工事における工事間利用は限定的。

| 機関名（調査対象機関数） | 場外搬出工事件数(a) | 他工事への搬出(b) | 工事間利用率(b)/(a) |
|---|---|---|---|
| 地方整備局国道事務所(6) | 120 | 97 | 80.8% |
| 都道府県（出先機関）(12) | 213 | 61 | 28.6% |
| 市町村(35) | 792 | 55 | 6.9% |

● 工事間利用を行っている地方整備局国道事務所、都道府県、市町村では、工事予定地や民間の土地を借りるなど一時的な保管場所を整備し、活用。
● 地方公共団体の多くは、工事間利用を進めるためには、工期・土質・土量の調整を行うための一時的な保管場所の整備が課題としているが、地方整備局では、一時的な保管場所として利用可能な工事等情報共有有はない。
● どの土質であっても、マッチング次第で有効利用ができているものもあれば、処分しているものもあるが、国土交通省では、平成14年度以降、土質別の搬出状況を把握していない。

**主な勧告**

国土交通省は、建設発生土の有効利用を進める観点から以下の措置を講ずる必要がある。
① 工事間利用を進めるため、各地方整備局に設けられた建設副産物協議会を活用し、工事間利用の調整のための保管場所について把握・整理を行い、同協議会の構成員のほか、参加していない地方公共団体や民間企業も利用できるようにすること。
② 建設発生土の土質別の利用実態を把握するとともに、有効利用事例を収集し、これらを地方公共団体に提示すること。

3

【資料４－３－②】 総務省「建設残土対策に関する実態調査結果に基づく勧告（概要）」（令和３年12月）

## Ⅲ 建設発生土の適切な管理（1）

**制度の概要**

◇ 国土交通省は、「条件明示について」※1により、同省直轄工事を対象に、発注者が契約業者に建設発生土の搬出先を指定するよう地方整備局に指示し、地方公共団体にも参考送付。※1平成14年3月28日付け国土交通省大臣官房技術調査課長通知

民間工事については、「今後の廃棄物・リサイクル制度の在り方について（意見具申）」※2において、搬出先の指定を始め、公共工事と同様の取組を促していくことが必要とされている。※2平成14年11月22日中央環境審議会

◇ 公共工事の品質確保の促進に関する法律（品確法）では、発注者の責務として、公共工事の実施の実態等を的確に反映した積算を行うことや、設計図書に適切に施工条件等を明示するとともに、施工条件と実際の工事現場の状態が一致しない場合には、適切に設計図書の変更及びこれに伴う請負代金額、工期等の変更を行うこととされている。

また、建設業法では、請負契約の原則として、建設工事の請負契約の当事者は、公正な契約を締結し、信義に従って履行しなければならないこととされている。

◇ 「建設副産物適正処理推進要綱」では、発注者は、発注に当たって、元請業者に対して適切な費用を負担するとともに、実施に関しての明確な指示を行うこと等を通じて、建設副産物の適正な処理の促進に努めなければならないこととされている。

**主な調査結果**　　　結果報告書P21～28

● 建設発生土が少量な場合や緊急の場合などに、建設発生土の搬出先を指定しない場合があるとしているのは、2都道府県、14市町村。

| 機関名 | 調査対象機関数(a) | 搬出先を指定しない場合がある機関数(b) | (b)/(a) |
|---|---|---|---|
| 地方整備局国道事務所 | 6 | 0 | 0% |
| 都道府県（出先機関） | 12 | 2 | 16.7% |
| 市町村 | 35 | 14 | 40.0% |

● 上記の2都道府県、14市町村においては、搬出先の指定をしない場合の搬出費用の積算方法について、運搬費・処分費を定額で積算したり、処分費は計上せず固定距離の運搬費・整地費を積算したりするなど、建設請負業者の負担となっている可能性あり。

● 調査した建設請負業者からは、「搬出先が指定されず、一律の距離での運搬費計上のみであったため、負担を感じる事案もあった」との意見。また、市町村が、関係団体から「引き取った建設発生土を自腹で処分しており、処分費もみてほしい」との意見を受け、搬出先を指定して処分費を積算した例あり。

● 建設発生土を搬出する民間工事を受注した建設請負業者9社の55件中、発注者から搬出先が指定されているものは2社の2件（3.6%）にとどまり、処分費が契約上明確でなく、計上されていない可能性あり。

**主な勧告**

国土交通省は、建設発生土の適切な管理の観点から以下の措置を講ずる必要がある。

（公共工事）

契約による搬出先の指定について、品確法の趣旨を踏まえつつ、適切な費用の負担による適正な処理の観点から、地方公共団体に対し、その徹底を図るよう要請すること。

（民間工事）

建設業法の趣旨も踏まえつつ、発注者と建設請負業者の間で搬出先の指定・確認が行われ、建設発生土の適正な処理や発注者による適切な費用負担が徹底されるよう、発注者に対し要請すること。

4

## Ⅲ 建設発生土の適切な管理（2）

**制度の概要**

◇ 建設業再生資源利用促進省令※で、建設請負業者は、1,000㎡以上の建設発生土を搬出する建設工事を施工する場合、あらかじめ再生資源利用促進計画を作成するとともに、その実施状況を記録（再生資源利用促進実施書）し、それぞれ、工事完成後1年間保存することとされている。※建設業に属する事業を行う者の指定副産物に係る再生資源の利用の促進に関する判断の基準となるべき事項を定める省令(平成3年建設省令第20号)

◇ 「建設リサイクルガイドライン」※1で、再生資源利用促進計画を発注者に提出するよう指示するとともに、再生資源利用促進実施書は、建設リサイクル法※2に基づく発注者への報告としても活用されており、それらは多くの機関で搬出先の確認書類とされている。※1平成14年5月30日国土交通省

※2建設工事に係る資材の再資源化等に関する法律（平成12年法律第104号）

**再生資源利用促進計画の主な記載事項・内容**

| 記載事項 | 記載内容 |
|---|---|
| 発生量 | 建設発生土の土質別の発生量 |
| 現場利用・減量 | 現場利用量、減量化量 |
| 搬出先名称 | 搬出先の名称、施工条件（指定・自由） |
| 搬出先場所住所 | 搬出先の住所、運搬距離、種類（売却、他の工事現場、土捨場・残土処分場等） |
| 現場外搬出量 | 現場外への搬出量 |

（注）国土交通省ホームページ掲載の「再生資源利用促進計画書」（様式）から作成

**主な調査結果**　　　結果報告書P21～28

● 建設発生土の搬出先を指定しない場合があるとする2都道府県、14市町村のうち、2市町村では、搬出先を確認できる書類の提出を求めていない。

● 調査した6地方整備局国道事務所、12都道府県（出先機関）、35市町村において、搬出先を指定する場合の搬出の確認方法は、以下のとおり区々となっている。民間工事においても、公共工事と同様に確認方法は区々。

| 確認方法 | 機関数 |
|---|---|
| 再生資源利用促進計画、職員による処分地の確認等により搬出前に確認 | 29 |
| ダンプトラック等管理表、受入伝票、写真等により搬出中に確認 | 10 |
| 再生資源利用促進実施書、ダンプの運搬記録等により完了後に確認 | 49 |

● 調査した地方公共団体の土砂条例担当部局から、「建設発生土の不適切な処理の防止策として、再生資源利用促進計画や再生資源利用促進実施書の情報を地方公共団体が共有できる仕組みを設けてほしい」との要望あり。

**主な勧告**

国土交通省は、建設発生土の適切な管理の観点から以下の措置を講ずる必要がある。

① 再生資源利用促進計画及びその実施状況の記録について、建設請負業者から発注者への報告を義務付けるとともに、搬出状況、搬出完了後の状況を示す書類について整理を行い、合わせて発注者が確認できる仕組みを整備すること。

② 土砂条例担当部局等の指導・監督部局が建設発生土の搬出先について事前に把握できるよう、再生資源利用促進計画の内容について公にすること。

5

（出典：総務省ウェブサイト。スライド１の内容は、第４部〔表４－②〕参照）

245

## 【資料4－3－③】 逢初川土石流災害に係る行政対応検証委員会「報告書」（令和4年5月）（抄）

逢初川土石流災害に係る行政対応検証委員会
報告書

令和4年5月
逢初川土石流災害に係る行政対応検証委員会

### はじめに

　令和3年7月3日に熱海市伊豆山地区の逢初川で発生した土石流については、逢初川源頭部に造成された盛り土が崩壊し、大量の土砂が下流域へ流下したと推定され、その結果、死者27名、行方不明者1名、半壊もしくは全壊の家屋128棟という甚大な被害を発生させた。

　犠牲となられた方々の恐怖や無念、ご遺族や関係者の方々の深い悲しみに思いをいたすと、誠に痛恨の極みであり、哀惜の念に堪えない。

　本委員会の目的は、盛土造成にかかる事業者の行為及び一連の行政手続きに係る静岡県、熱海市の行政対応について、県及び市が整理した事実関係を元に、公正・中立な立場で検証・評価を行い、このような災害が繰り返されることのないようにするため、何をなすべきかを提言することである。

　検証にあたって県土採取等規制条例及び県風致地区条例、森林法等に基づく一連の行政対応の事実に基づき、論点整理を行い、その対応についての個別の検証と総合的な検証を行い、その対応が適切なものであったかを明らかにすることとした。

　これらの検証をもとに今後の行政機関の連携、協力関係を密にすることにより、二度と本件のような災害がおこらぬよう、発生防止に寄与することになれば幸いである。

令和4年5月13日

逢初川土石流災害に係る行政対応検証委員会
委員長　青島　伸雄

- - - - - - - - - - - - - - - - - - - - - - - - - - - - - - - - - - - - - - - -

## 目　次

【資料4－3－③】 逢初川土石流災害に係る行政対応検証委員会「報告書」（令和4年5月）（抄）

- - - - - - - - - - - - - - - - - - - - - - - - - - - - - - - - - - - - - -

1　委員会設置趣意　（略）
2　委員会の概要　（略）

3　逢初川土石流災害の被害状況及び土地改変行為に対する行政対応の概要　（略）
4　検証の進め方　（略）
5　検証結果
　(1)　個別の検証　（略）
　(2)　総合的な検証　（略）
　(3)　総括
　　ア　はじめに
　　　　本件は、複数の事業者による不法かつ不適切な盛り土（残土処分）行為に対し、行政として根拠法令等に基づき対応したものの、業者側の規制や行政指導を逃れるための悪質な行動にうまく対処できず、結果として、大量の盛り土が残置され、大雨により、盛り土が崩壊し、多大な人的・物的被害を生じさせたものである。個々の行政対応の適否については、前述の個別の対応に記載したとおりである。本件への行政対応の過程において、行政が事業者の行為を止め、適切な処置を行う機会は幾度もあったと考えられる。本件は、適切な対応がとられていたならば、被害の発生防止や軽減が可能であったにもかかわらず、結果として成功していない。よって本件における行政対応は「失敗であった」と言える。
　　　　今回の行政対応は、被害が発生する恐れのある事案に対し、事前に適切に対処する「（事前の）危機管理」あるいは「リスクマネジメント」の観点からすれば、リスクマネジメントに失敗した事案であったと考えられる。
　　　　何故、失敗したのかについては、「個々の事象に行政がどう対応したか」を検証すると同時に、そのような「失敗が生じた本質が何処にあるのか」を見る必要がある。

　　　　※以下（略）

6　委員会からの提言　（略）

**【資料4-3-④】 静岡県「逢初川土石流災害に係る行政対応検証委員会報告書についての県の見解・対応」(令和4年5月17日)(抄)**

逢初川土石流災害に係る行政対応検証委員会報告書についての県の見解・対応

令和4年5月17日
静岡県

1　県の見解・対応のとりまとめの目的

　　様々な行政対応を行ったものの、結果として、甚大な災害の発生、それによる多くの方々の生命・財産を守ることができなかった行政対応の不十分さにつきまして、深く反省し、お亡くなりになられた方々及び被害を受けた皆様に対しおわび申し上げます。

　　令和4年5月13日、「逢初川上石流災害に係る行政対応検証委員会」は報告書をとりまとめ公表しました。県は、この報告書の内容を真摯に受け止め、内容を精査し、二度とこのような災害が起こらないよう、県の行政運営を見直す必要があります。このため、検証委員会の報告書において「検証」として指摘されていること及び「委員会からの提言」について、県として早急に取り組んでいくため、第一段階の検討として、項目ごとに県の見解と今後の対応をとりまとめました。県は、この内容に従い、早急に行政運営の改善に取り組むとともに、さらに内容を精査し、行政運営の継続的な改善を進めてまいります。

2　見解・対応

　　別紙のとおり。

3　今後の取組

　　「行政対応の失敗」と総括された本検証委員会の報告を真摯に受け止め、今回のような災害が二度と起こらないように、行政対応の改善を早急に図ってまいります。

　　新たな盛土規制条例や、県の関係部局はもとより、市町や警察なども加わった横断的な体制整備を既に行ったところですが、具体的な事案解決のためには、県職員一人ひとりが、所管する法令の射程を尊重しつつも、県民の生命・財産等を守り抜くという観点から、行政として採るべき措置(行政として何をなすべきか)に射程を広げるという意識を持つことが重要です。その上で、それを判断の基底に置いて、「最悪の事態」の想定も視野に入れた、個々人と組織の対応力の強化を図っていくことが重要です。

　　今回の検証委員会報告を、県庁全体で共有するとともに、二度とこのような災害が発生しないよう、「県の見解・対応」に示した取組を中心に、職員と組織の意識改革と行動変容を進め、関係機関と密接に連携しながら、諸対策に力を尽くしてまいります。

以下(略)

【資料４－３－⑤】　静岡県「逢初川土石流の発生原因調査報告書」（令和４年９月
　　　　　　　　　　　８日）（抄）


逢初川土石流の発生原因調査
報告書


令和４年９月８日
静岡県


はじめに

　令和３年７月３日に熱海市伊豆山地区の逢初川で発生した土石流では、逢初川
源頭部に造成されていた盛り土が崩落し、大量の土砂が下流域の集落へ流れ下っ
たことにより、死者27名（うち災害関連死１名）、行方不明者１名、全壊家屋53戸
を含む住宅等被害数は136戸に及ぶ甚大な被害となりました。

　犠牲となられた方々の恐怖や無念さ、御遺族や関係者の方々の深い悲しみに思
いをいたすと、誠に痛恨の極みであり、哀惜の念に堪えません。

　このような悲劇が繰り返されることのないようにするためには、土石流の発生
原因を究明し、公表することが必要不可欠と考えました。県は「発生原因究明作業
チーム」を立ち上げ、技術専門家からなる「逢初川土石流の発生原因調査検証委員
会」（以下「検証委員会」という。）による検証結果を踏まえ、発生原因調査の報告
書を作成することとしました。

　検証委員会は令和３年９月７日に設置し、計５回の委員会で調査結果の議論に
加え、随時、調査や解析についての指導や助言をいただきました。また第１回～
４回の委員会資料等を公表したことにより様々な外部の知見をいただき、報告書
の内容に反映させました。

　また、盛り土が崩壊に至る挙動の解析においては、地盤工学会中部支部の推薦
をいただいたＧＥＯＡＳＩＡ研究会の皆様には、精力的に数値解析を進めていた
だきました。そのおかげをもちまして、本日このように報告書をまとめることが
できました。

　報告書の作成にあたり、検証委員会の委員を引き受けていただきました技術専
門家３名におかれましては、御多忙のところ、調査・解析の指導や助言等をいた
だきましたこと、また様々な知見をいただいた皆様に心より感謝申し上げます。

　盛り土の大部分が崩落し、元の状態の土質条件がわからないこと、盛り土付近
の地下水の流れの推定が困難なこと等から、検証委員会の設置から本報告書作成
まで１年を要してしまいました。しかし、発生原因については科学的根拠に基づ
き相当程度解明することができました。

　今後、逢初川と同様の土石流災害を発生させないために、静岡県は本報告書の内容を参考にして、適切な行政対応を進めてまいります。


令和4年9月8日

静岡県

- - - - - - - - - - - - - - - - - - - - - - - - - - - - - - - - - - - - - - - -

逢初川土石流の発生原因調査　報告書
目　次

※本報告書の本編に記載する年表記は、時系列の比較が容易な西暦表記とした。

第1章〜第7章　（略）

第8章　発生原因の総括
　8.1　各章ごとの総括　（略）
　8.2　土石流発生原因の総括
　1　逢初川源頭部の地形の特性　（略）
　2　盛り土の造成及び状態　（略）
　3　降雨の状況　（略）
　4　土石流の状況　（略）
　5　盛り土崩落現象の推定　（略）
　6　まとめ
　　・逢初川源頭部は、周囲の地形・地質条件から、鳴沢川流域を含む周辺から地下水が流入しやすい場所だった。このため、源頭部は雨が降らなくとも水の流れ（基底流量）があった。かつ、渓床に非常に水を通しやすい渓流堆積物の層があった。
　　・その上に、県土採取等規制条例の届出内容とは異なる内容で、標高差が高く、高さが15mを超える盛り土が不適切な工法（排水対策が不十分、盛り土が締め固められていない、十分な土留がないなど）で造成された。

【資料4−3−⑤】　静岡県「逢初川土石流の発生原因調査報告書」（令和4年9月8日）（抄）

- 盛り土へは、常時の地下水供給があり、盛り土の土の透水係数が小さいことから、盛り土は常に湿潤度（飽和度）が高い（土中の間隙の多くが水で満たされている）状態だった。
- 盛り土造成後から2021年6月29日までの間、時間雨量633mmの降雨や2日間雨量292mm等の雨があったが、盛り土は崩落しなかった。
- 2021年6月30日の降り始めから盛り土崩落直前（7月3日午前10時）までの降雨量は461mmであった。72時間雨量は盛り土造成後で最大で、20年に1度は発生する程度の雨であった。
- 崩落発生時には、逢初川流域及び鳴沢川流域からの地下水の基底流量に加えて、6月30日からの大雨が上流域を含む広域で地下浸透した結果、逢初川の地中部を通って比較的早く盛り土底面に湧出する地下水と、鳴沢川の地下水がやや時間が経ってから盛り土底面に湧出してくる地下水の両方が増加したことにより、盛り土底面への地下水の供給量が増えた。
- これらのことを考慮して盛り土が崩壊に至る挙動の再現解析を行った。
- 解析方法は、不飽和土の強度変化と変形特性を考慮できる解析手法であるジオアジアを用いた。
- 再現解析による盛り土が崩壊に至る挙動は、以下のとおりである。
  7月1日の降雨開始後から時間が経過するに従って、多量の地下水が渓流堆積物を通して盛り土へ供給された。これによって、下部盛り土の法尻付近から盛り土上方へ間隙水圧が上昇した。せん断応力（土と土の結びつきをずらそうとする力）が大きい盛り土底部ででは、間隙水圧の上昇により、土粒子間を結びつける力が弱まり、順次局所的に土のせん断ひずみ（せん断応力によって発生するひずみ）が大きくなった。この状態でさらに地下水が供給されることで間隙水圧がさらに上昇し、盛り土底部では、土の骨格構造が崩れ、土が水をさらに吸い込み急激に軟らかくなる吸水軟化現象が発生した。盛り土底部の吸水軟化によるせん断変形（土と土の結びつきがずれる動き）をきっかけとして、盛り土内では複数箇所でせん断ひずみが大きくなり、すべり面が形成された。このすべり面付近で部分崩落が発生し、結果として盛り土のほぼ全体が崩落した。
- 盛り土材料を使用した室内土質試験によって、再現解析で示された間隙水圧とせん断応力の増大によって土が吸水軟化に至る挙動が視覚的にもわかる形で裏付けられた。

## 【資料4-4-①】 静岡県盛土等の規制に関する条例パンフレット(抜粋)

### 1 静岡県盛土等の規制に関する条例の概要

| 目 的 |
| --- |

この条例は、盛土等について必要な規制を行うことにより、土砂の崩壊等による災害の防止及び生活環境の保全を図り、もって県民の生命、身体及び財産を保護することを目的とします。

| 制 度 |
| --- |

**基準に適合しない土砂等を用いた盛土等の禁止**

何人も、土砂基準に適合しない土砂等を用いて盛土等を行ってはならない

**一定規模以上の盛土等の許可**

**①【説明会の開催等】**

許可申請予定者は、周辺地域の住民に対し、事業計画等を周知するため説明会等を実施

**②【盛土等の許可申請】(許可権者:県)**
・盛土等を行う土地の区域が
　面積1,000㎡以上又は土量1,000㎡以上
・国、地方公共団体等が行うものは
　適用除外
・盛土等が行われる土地の所有者の同意

**③【許可基準】**
・欠格要件(破産者、暴力団員など)
・申請者の資力
・災害を防止するために必要な措置
・土砂等の形状等が構造基準に適合
・水質調査を行うために必要な措置
・生活環境の保全上必要な措置など

**土砂等の搬入開始**

**④【土砂等の搬入時の規制】**
○土砂等の搬入の事前報告
　土砂等を搬入しようとするときは、搬入する土砂等の発生元及びその土砂等に汚染のおそれがないことの確認、報告

**⑤【盛土等完了までの管理に関する規制】**
○管理台帳への記載等
　土砂等管理台帳を作成し、定期的にその写しと土砂等の量を報告
○水質調査・土壌調査
　定期的に排水の水質及び土壌を調査し、結果報告
○標識の掲示　○関係書類の閲覧

**⑥【盛土等の完了時の規制】**
○盛土等の完了等の届出(土砂等の堆積の形状や水質及び土壌調査の結果報告)
○完了検査(許可の内容に適合しているかを確認し、結果の通知)

**⑦その他**

| 【公表】 | 【罰則】 | 【土砂等搬入禁止区域】 | 【経過措置】 |
| --- | --- | --- | --- |
| 措置命令、停止命令の内容及び命令を受けた者の氏名、名称、住所 | 無許可盛土等、命令違反(災害防止上の措置命令、土砂基準不適合盛土の停止命令等)、無届・虚偽報告など | 生命等を害するおそれのある場合、区域を指定し、何人も土砂等の搬入を禁止 | 条例施行の際に行われている盛土等の基準に適合させるための移行期間の設定 |

# 2　一定規模以上の土砂等の盛土等の許可申請の流れ

## (1)許可対象規模

　　土砂等の盛土等の面積が 1,000 ㎡以上、又はその土量が 1,000 ㎡以上の盛土等を行おうとする場合は、知事の許可が必要になります。

　　許可申請等に係る手数料は次のとおりです。

| 新規許可 | 変更許可 | 承継承認 |
|---|---|---|
| 68,000 円 | 42,000 円 | 42,000 円 |

## (2)申請の流れ

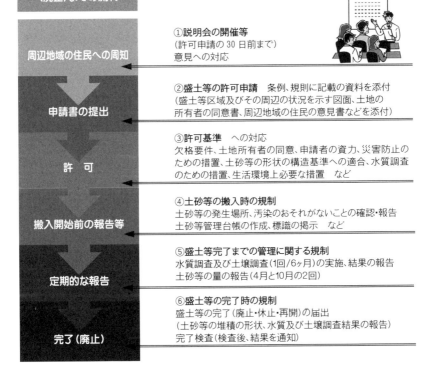

**申請から完了（廃止）までの流れ**

**周辺地域の住民への周知**

①説明会の開催等
(許可申請の 30 日前まで)
意見への対応

**申請書の提出**

②盛土等の許可申請　条例、規則に記載の資料を添付
(盛土等区域及びその周辺の状況を示す図面、土地の所有者の同意書、周辺地域の住民の意見書などを添付)

**許　可**

③許可基準　への対応
欠格要件、土地所有者の同意、申請者の資力、災害防止のための措置、土砂等の形状の構造基準への適合、水質調査のための措置、生活環境上必要な措置　など

**搬入開始前の報告等**

④土砂等の搬入時の規制
土砂等の発生場所、汚染のおそれがないことの確認・報告
土砂等管理台帳の作成、標識の掲示　など

**定期的な報告**

⑤盛土等完了までの管理に関する規制
水質調査及び土壌調査(1回/6ヶ月)の実施、結果の報告
土砂等の量の報告(4月と10月の2回)

**完了（廃止）**

⑥盛土等の完了時の規制
盛土等の完了(廃止・休止・再開)の届出
(土砂等の堆積の形状、水質及び土壌調査結果の報告)
完了検査(検査後、結果を通知)

3

## 3 土砂等・盛土等の定義

### (1)対象となる土砂等

土砂及び土砂に混入し、又は付着した物、改良土並びに再生土

土　砂:土、砂及びこれらと礫、砂利が集まったもの

改良土:土砂をセメント、石灰その他の物により安定処理したもの

再生土:汚泥等(産業廃棄物)の脱水、乾燥その他規則で定める処理により生じたものであって、土砂と同様の形状のもの

### (2)対象となる土砂等の盛土等

埋立て:周辺地盤より低い窪地等を埋め立てること

盛　土:周辺地盤より高くなるように土砂等を盛り、かつ、その形状の変更の予定がないもの（農地や宅地の造成など）

堆　積:周辺地盤面より高くなるように一時的に土砂等を盛り、その形状の変更が予定されているもの(ストックヤードなど)(一時保管含む)

※切土(土地を削り取り、平坦にしたり、周囲より低く造成したりすること)は対象外

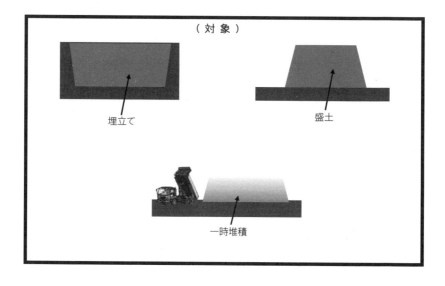

( 対 象 )

埋立て

盛土

一時堆積

4

# 4 土砂基準

## (1)汚染された土砂等の盛土等の禁止（条例第8条）

　　盛土等の許可の要否に関わらず、何人も規則で定める土砂基準に適合しない土砂等を使用して、盛土等を行ってはいけません。

　　土砂基準に適合しない盛土等が行われているおそれのあるときや確認されたときは、措置命令等の対象になります。

## (2)適用除外

・ 廃棄物処理法の許可を受けた最終処分場で行う盛土等
・ 土壌汚染対策法の許可を受けた汚染土壌処理施設で行う盛土等
・ 生活環境の保全上の支障を防止するための措置として知事が適切と認めるものを講じた上で行う盛土等　⇒　必要な事項を要綱で定めます。

## 【基準不適合土砂等の盛土等の措置に関する要綱】

　① 要綱で対象とする土砂等
・ 土砂基準に適合しない土砂等であって自然由来のもの。

　② 生活環境の保全上の支障を防止するための措置（生活環境保全措置）
　○次のいずれかに該当するものとします。
・ 土壌汚染対策法に基づく方法で行われる「汚染の除去等の措置」
・「建設工事における自然由来重金属等含有岩石・土壌への対応マニュアル（暫定版）」（以下「国土交通省マニュアル」という。）に定める措置
・ 汚染土壌処理に関する省令に規定する「自然由来等土壌構造物利用施設」に係る基準を満たす措置

　③ 生活環境保全措置を知事が適切と認める基準
・ 土壌汚染対策法及び国土交通省マニュアルに定める方法により、調査を行い、必要な措置が講じられ、継続的に管理されること等
・ 生活環境保全措置は、環境汚染の拡散防止のため、土地の造成その他の事業の実施に係る許認可等の手続きにおいて認められた事業の区域において採取された土砂等のみを用いて、当該事業の区域において行われるもの。

# ◆著者紹介◆

# 坂 和 章 平

*Shouhei Sakawa*

## ■略歴

| | |
|---|---|
| 昭和24年（1949年）1月 | 愛媛県松山市にて出生 |
| 昭和36年（1961年）4月 | 愛光学園（中学）入学 |
| 昭和39年（1964年）4月 | 愛光学園（高校）入学 |
| 昭和42年（1967年）4月 | 大阪大学法学部入学 |
| 昭和46年（1971年）10月 | 司法試験合格 |
| 昭和47年（1972年）4月 | 第26期司法修習生となる |
| 昭和49年（1974年）4月 | 大阪弁護士会へ弁護士登録・堂島法律事務所へ入所 |
| 昭和54年（1979年）7月 | 坂和章平法律事務所開設 |
| | その後、坂和総合法律事務所に改称。現在に至る |

## ■受賞

平成13年（2001年）　社団法人日本都市計画学会「石川賞」を受賞（「弁護士活動を通した都市計画分野における顕著な実践および著作活動」）

平成13年（2001年）　社団法人日本不動産学会「実務著作賞」を受賞（『実況中継　まちづくりの法と政策』）

## ■著書等

『まちづくり法実務体系』（編著、新日本法規出版、平成8年）

『Q&A改正都市計画法のポイント』（編著、新日本法規出版、平成13年）

『注解マンション建替え円滑化法──「付」改正区分所有法等の解説』（編著、青林書院、平成15年）

『実務不動産法講義』（民事法研究会、平成17年）

『建築紛争に強くなる！　建築基準法の読み解き方──実践する弁護士の視点から』（民事法研究会、平成19年）

『津山再開発奮闘記──実践する弁護士の視点から』（文芸社、平成20年）

『早わかり！　大災害対策・復興をめぐる法と政策──復興法・国土強靱化法・首都直下法・南海トラフ法の読み解き方』（民事法研究会、平成27年）

『まちづくりの法律がわかる本』（学芸出版社、平成29年）　　　　ほか多数

新旧対照・逐条解説
## 宅地造成及び特定盛土等規制法

令和5年1月21日　第1刷発行

定価　本体 3,100円＋税

著　者　坂和章平
発　行　株式会社　民事法研究会
印　刷　株式会社　太平印刷社

発行所　株式会社　民事法研究会
　　　　〒150-0013　東京都渋谷区恵比寿3-7-16
　　　　〔営業〕TEL 03（5798）7257　FAX 03（5798）7258
　　　　〔編集〕TEL 03（5798）7277　FAX 03（5798）7278
　　　　http://www.minjiho.com/　　info@minjiho.com

組版／民事法研究会
落丁・乱丁はおとりかえします。ISBN978-4-86556-547-8 C2032　¥3100E